工业和信息化部"十四五"规划教材建设
重点研究基地精品出版工程

"十四五"时期
国家重点出版物出版专项规划项目

国家出版基金项目
NATIONAL PUBLICATION FOUNDATION

高效毁伤系统丛书

DYNAMIC TESTING METHOD AND
TECHNOLOGY OF
PARTICLE CLOUD CONCENTRATION

动态云雾浓度测试
方法与技术

娄文忠　付胜华　王仲琦　李楚宝●著

U0233345

北京理工大学出版社
BEIJING INSTITUTE OF TECHNOLOGY PRESS

图书在版编目（ＣＩＰ）数据

动态云雾浓度测试方法与技术 / 娄文忠等著.--北京：北京理工大学出版社，2021.10
ISBN 978-7-5763-0611-8

Ⅰ.①动⋯　Ⅱ.①娄⋯　Ⅲ.①粉尘-空气污染监测-研究　Ⅳ.①X513

中国版本图书馆 CIP 数据核字（2021）第 231108 号

出版发行 / 北京理工大学出版社有限责任公司
社　　址 / 北京市海淀区中关村南大街 5 号
邮　　编 / 100081
电　　话 /（010）68914775（总编室）
　　　　　　（010）82562903（教材售后服务热线）
　　　　　　（010）68944723（其他图书服务热线）
网　　址 / http://www.bitpress.com.cn
经　　销 / 全国各地新华书店
印　　刷 / 三河市华骏印务包装有限公司
开　　本 / 710 毫米×1000 毫米　1/16
印　　张 / 27
彩　　插 / 6
字　　数 / 514 千字
版　　次 / 2021 年 10 月第 1 版　2021 年 10 月第 1 次印刷
定　　价 / 128.00 元

责任编辑 / 孟雯雯
文案编辑 / 李丁一
责任校对 / 周瑞红
责任印制 / 李志强

丛书序

　　国防与国家的安全、民族的尊严和社会的发展息息相关。拥有前沿国防科技和尖端武器装备优势，是实现强军梦、强国梦、中国梦的基石。近年来，我国的国防科技和武器装备取得了跨越式发展，一批具有完全自主知识产权的原创性前沿国防科技成果，对我国乃至世界先进武器装备的研发产生了前所未有的战略性影响。

　　高效毁伤系统是以提高武器弹药对目标毁伤效能为宗旨的多学科综合性技术体系，是实施高效火力打击的关键技术。我国在含能材料、先进战斗部、智能探测、毁伤效应数值模拟与计算、毁伤效能评估技术等高效毁伤领域均取得了突破性进展。但目前国内该领域的理论体系相对薄弱，不利于高效毁伤技术的持续发展。因此，构建完整的理论体系逐渐成为开展国防学科建设、人才培养和武器装备研制与使用的共识。

　　《高效毁伤系统丛书》是一项服务于国防和军队现代化建设的大型科技出版工程，也是国内首套系统论述高效毁伤技术的学术丛书。本项目瞄准高效毁伤技术领域国家战略需求和学科发展方向，围绕武器系统智能化、高能火炸药、常规战斗部高效毁伤等领域的基础性、共性关键科学与技术问题进行学术成果转化。

　　丛书共分三辑，其中，第二辑共 26 分册，涉及武器系统设计与应用、高能火炸药与火工烟火、智能感知与控制、毁伤技术与弹药工程、爆炸冲击与安全防护等兵器学科方向。武器系统设计与应用方向主要涉及武器系统设计理论与方法，武器系统总体设计与技术集成，武器系统分析、仿真、试验与评估等；高能火炸药与火工烟火方向主要涉及高能化合物设计方法与合成化学、高能固体推进剂技术、火炸药安全性等；智能感知与控制方向主要涉及环境、目标信息感知与目标识别，武器的精确定位、导引与控制，瞬态信息处理与信息对抗，新原理、新体制探测与控制技术；毁伤技术与弹药工程方向主要涉及毁伤理论与方法，弹道理论与技术，弹药及战斗部技术，灵巧与智能弹药技术，新型毁伤理论与技术，毁伤效应及评估，毁伤威力仿真与试验；爆炸冲击与安全防护方向主要涉及爆轰理论，炸药能量输出结构，武器系统安全性评估与测试技术，安全事故数值模拟与仿真技术等。

　　本项目是高效毁伤领域的重要知识载体，代表了我国国防科技自主创新能力的发展水平，对促进我国乃至全世界的国防科技工业应用、提升科技创新能力、"两个强国"建设具有重要意义；愿丛书出版能为我国高效毁伤技术的发展提供有力的理论支撑和技术支持，进一步推动高效毁伤技术领域科技协同创新，为促进高效毁伤技术的探索、推动尖端技术的驱动创新、推进高效毁伤技术的发展起到引领和指导作用。

《高效毁伤系统丛书》

编委会

前　言

　　作者从事高动态装备研究 20 年。出版本书的第一个目的是对课题组 10 余年云爆战斗部燃料抛撒浓度测试方法和技术做全面工作总结，为当前和今后从事相关工作或有兴趣的人员提供参考；另一个目的是表明我们对有关云雾爆轰浓度测试的观点和认识，试图为今后正确开展云雾爆轰测试技术和应用研究起到一定作用。

　　本专著的成果由北京理工大学机电动态控制国防重点实验室娄文忠团队、北京理工大学爆炸科学与技术国家重点实验室王仲琦团队，以及西安机电信息研究所李楚宝团队 10 余年研究总结而成，包含完整的动态云雾浓度测试内容，具有系统性和先进性。

　　动态云雾浓度测试方法与技术是云雾爆轰学的重要组成部分，主要研究问题包括：云爆燃料抛撒的动态云雾浓度分布规律，动态云雾浓度的测试方法，动态云雾浓度的测试系统技术，以及动态云雾浓度分布规律的试验研究等。动态云雾浓度测试理论与技术具有军民两方面应用背景。军用方面最突出的应用背景是云爆武器（通常称之为云爆弹）。民用方面更是有广泛的应用前景，如粉尘作业环境的粉尘云雾浓度检测，降低作业人员因吸入性粉尘对身体健康所造成的损害；通过实时粉尘浓度检测降低粉尘环境引发的爆炸危害等。本书系统阐述了云爆弹燃料抛撒的动态云雾浓度分布机理、测试方法、测试样机研制、云爆浓度动态测试试验等。动态云雾浓度测试方法与技术是由云爆弹推动发展起来的，可以说没有云爆弹的推动就没有动态云雾浓度测试方法与技术。

　　云爆弹是 20 世纪 60 年代美国首先发展起来的一种新概念武器装备，它改变了常规武器弹药的理念，是常规武器发展的一场革命。云爆弹填装的不是炸药，而是不含氧或含少量氧的燃料。在武器战斗部到达目标处时通过武器控制系统将战斗部填装的燃料抛撒至空中，形成燃料空气云雾（通常云爆弹也叫作燃料空气炸弹）。当燃料空气云雾达到理想爆轰状态时，通过引信起爆云雾，实现大范围爆轰，对大型面目标具备战略性毁伤效能。

动态云雾浓度测试方法与技术拟解决的核心问题是二次起爆引信在与云雾动态交会过程中的引战配合，二次起爆型云爆弹燃料抛撒的浓度识别与最优云雾起爆浓度的二次起爆，实现云雾爆轰最优效能。

本书包含了云爆抛撒动态云雾浓度测试的主要内容，共分四篇，第一篇：云爆燃料抛撒浓度分布模型；第二篇：动态云雾浓度测试方法；第三篇：动态云雾浓度测试技术；第四篇：动态云雾浓度检测应用。在内容设置上，本书力求具有系统性和先进性。

第一篇包括 2 章。首先介绍了固液混合燃料抛撒云雾浓度分布及其特点（第 2 章），通过流体数值仿真方法系统介绍了燃料抛撒的仿真理论和研究方法，获得固液混合燃料在不同装药量、不同抛撒初速等边界条件下的云雾动态分布特性。然后通过仿真手段介绍了二次起爆型云爆弹的动态云雾与二次起爆引信的交会状态以及爆轰能量估计（第 3 章）。通过对云爆燃料抛撒云雾浓度分布、引战配合的机理分析，对设计动态云雾浓度检测研究提供了具有直接参考价值的数据结果和设计依据。

第二篇包括 3 章。主要依据当前云雾浓度检测手段，并结合云爆抛撒的特点和当前传感器技术的发展进程，系统介绍了光学（第 4 章）、电场（第 5 章）、超声（第 6 章）云雾浓度测试方法。这些内容构成了实现二次起爆型云爆弹燃料抛撒可靠的云雾浓度感知，结合二次起爆型云爆弹燃料物理参数，给出云雾浓度计算结果，为二次起爆型云爆战斗部自主最优爆轰浓度识别奠定理论基础。

第三篇包括 4 章。针对云爆燃料抛撒云雾浓度分布的高动态性，进行了基于超声衰减的云雾浓度检测技术模型建立和测试数据分析，形成了声电复合云雾浓度检测技术（第 7 章），双频超声复合云雾浓度检测技术（第 8 章），脉冲超声云雾浓度检测技术（第 9 章）。进行了二次起爆型云爆弹引信结构设计，研制了相应的引信原理样机，以及云爆燃料抛撒模拟实验平台、燃料抛撒浓度测试验证、真实云爆燃料抛撒动态云雾浓度测试和引信—云雾交会浓度识别的试验，为二次起爆型云爆弹的引战配合设计提供数据支撑（第 10 章）。针对目前远程制导火箭云爆弹、子母式云爆弹以及航空炸药云爆弹等高速复杂系统、起爆控制难度较大的弹种，研究适合装备的云雾浓度检测系统和相应的引信控制系统。本书将经过测试研制获得的技术提供给读者分享。

第四篇包括 2 章。主要将云雾浓度的相关检测进行扩展，云雾扩散模型可以视为多相流的运动过程，对其参数检测进行流量计算与流型的辨识，以及对现实生活中粉尘云雾爆炸风险预警系统进行了概略性叙述（第 11 章）；最后，结合当前信息技术、智能技术的快速发展，进行了云雾浓度智能提取与识别技术的前沿性、概况性论述（第 12 章），为后期动态云雾浓度系统性进一步研究提供参考。

本书的出版与有关单位的支持和众多人员的参与是分不开的。首先感谢支持我们开展有关动态云雾浓度测试理论与技术研究的单位，主要有中国兵器科学研究院、西安机电信息研究所和爆炸科学与技术国家重点实验室（北京理工大学）等。

感谢参加我们有关动态云雾浓度测试理论与技术研究工作的所有人员。除几位作者外，先后参与研究工作与相关试验的有北京理工大学汪金奎博士、冯恒振博士后、刘鹏高级工程师、孙毅博士、何博博士、赵飞博士，硕士刘伟桐、吉童安、赵悦岑、苏子龙、苏文亭，西安机电信息研究所潘晓建、陈朝辉、任俊峰、张晓冬及孙君高级工程师等。此外，西安机电信息研究所邹金龙研究员、夏磊高级工程师等，北京理工大学郭明儒博士、章艳博士、武伟伟博士、陈腾飞硕士也做了原创性研究工作，在此一并表示感谢。

目　录

第 1 章　绪论 ……………………………………………………………… 001

  1.1　概述 ………………………………………………………………… 002

  1.2　背景及意义 ………………………………………………………… 003

  1.3　国内外云爆弹发展现状 …………………………………………… 008

  1.4　云爆弹毁伤威力研究现状及发展趋势 …………………………… 010

     1.4.1　云爆燃料发展现状 ……………………………………………011

     1.4.2　液固混合云爆燃料抛撒研究现状 …………………………… 012

  1.5　云爆燃料抛撒云团分布与爆轰特性研究现状 …………………… 015

  1.6　云雾浓度测试发展综述 …………………………………………… 017

     1.6.1　光学检测法 …………………………………………………… 019

     1.6.2　电场浓度检测法 ……………………………………………… 020

     1.6.3　射线衰减法及振荡天平法 …………………………………… 021

     1.6.4　超声衰减浓度检测法 ………………………………………… 022

  1.7　动态云雾浓度测试应用 …………………………………………… 025

     1.7.1　二次起爆型云爆弹 …………………………………………… 025

     1.7.2　粉尘浓度监测及爆炸预警 …………………………………… 026

第一篇　云爆燃料抛撒浓度分布模型

第 2 章　高速云爆战斗部抛撒燃料浓度分布机理分析 ·················· 031

2.1　引言 ····················· 032

2.2　高速云爆战斗部抛撒燃料浓度分布模型 ··················· 034

　　2.2.1　爆炸作用下壳体破裂刚塑性模型 ·················· 035

　　2.2.2　燃料环膨胀破裂模型 ····················· 038

　　2.2.3　燃料抛撒形貌发展模型 ···················· 040

　　2.2.4　燃料抛撒浓度分布模型 ···················· 043

2.3　高速云爆战斗部抛撒燃料浓度分布数值模拟 ··················· 048

　　2.3.1　不同初始落速条件下 50 kg 燃料抛撒过程 ··········· 048

　　2.3.2　不同初始落速条件下 500 kg 燃料抛撒过程 ············· 057

　　2.3.3　动态条件云雾抛撒过程形状与浓度分布特征 ··········· 066

2.4　结论 ····················· 070

第 3 章　云爆战斗部引战配合模型仿真分析 ················· 073

3.1　引言 ····················· 074

3.2　高速云爆战斗部引战配合数值模拟 ··················· 075

　　3.2.1　引信运动模型 ··················· 077

　　3.2.2　燃料云雾运动模型 ···················· 078

　　3.2.3　云雾运动形貌仿真模拟 ···················· 080

　　3.2.4　引战配合分析 ···················· 084

　　3.2.5　小结 ···················· 088

3.3　二次引信与云雾交会爆轰数值模拟 ··················· 089

　　3.3.1　云雾爆轰模型 ···················· 089

　　3.3.2　均匀云雾场爆轰模拟分析 ··················· 095

　　3.3.3　非均匀云雾场爆轰 ···················· 103

　　3.3.4　有落速和落角时云雾爆轰过程 ·················· 106

3.4　结论 ····················· 112

第二篇 动态云雾浓度测试方法

第 4 章 光学法云雾浓度检测 ·· 117

4.1 引言 ··· 118

4.1.1 光散射法 ·· 118

4.1.2 光透射法 ·· 118

4.1.3 光全息法 ·· 119

4.1.4 光相位多普勒法 ·· 119

4.1.5 光图像可视化法 ·· 119

4.2 光透射法浓度检测 ·· 119

4.2.1 测量原理 ·· 119

4.2.2 测量方法 ·· 121

4.3 云雾浓度检测系统 ·· 121

4.3.1 光学图像可视化云雾浓度检测 ································· 121

4.3.2 云雾粒子消光法浓度检测系统 ································· 123

4.4 云雾粒子浓度检测系统 ·· 125

4.4.1 图像法粒子扩散形貌分析 ·· 125

4.4.2 铝粉云雾粒子浓度分析 ··· 128

4.4.3 淀粉云雾粒子浓度分析 ··· 133

4.5 结论 ··· 138

第 5 章 电场法云雾浓度检测 ·· 139

5.1 引言 ··· 140

5.2 电场法云雾浓度检测方法 ··· 142

5.2.1 测量原理 ·· 142

5.2.2 云雾浓度计算模型 ·· 143

5.2.3 基于 Clausius-Mossotti 理论云雾浓度计算模型 ·········· 145

5.3 云雾浓度数值仿真分析 ·· 147

5.3.1 粒径随机分布颗粒云雾建模 ····································· 147

5.3.2 粒径随机分布颗粒云雾模型数值计算 ························ 148

5.4 全向高灵敏度电容传感器设计 ··· 151

5.4.1 同心共面环状电容传感器结构设计 ··························· 154

　　　5.4.2　参数优化设计 ··· 155

　5.5　云雾浓度检测验证方法 ··· 157

　　　5.5.1　云雾气固（颗粒）两相混合物等效样本 ···················· 157

　　　5.5.2　云雾浓度检测系统 ··· 158

　　　5.5.3　数据分析 ·· 160

　5.6　结论 ··· 161

第 6 章　超声法云雾浓度检测 ··· 163

　6.1　引言 ··· 164

　6.2　超声衰减浓度检测机理 ··· 166

　　　6.2.1　理想粒子介质中的超声传播特性 ································· 166

　　　6.2.2　理想黏性介质中的超声传播特性 ································· 168

　　　6.2.3　非理想黏性介质中的超声传播特性 ····························· 170

　6.3　超声衰减的云雾浓度模型 ··· 175

　　　6.3.1　基于经典 ECAH 云雾浓度计算模型 ··························· 175

　　　6.3.2　模型简化 ·· 178

　6.4　云雾浓度计算分析 ··· 180

　　　6.4.1　超声衰减仿真分析 ··· 180

　　　6.4.2　超声衰减数值分析 ··· 183

　6.5　云雾浓度试验验证 ··· 186

　　　6.5.1　试验系统组成 ··· 186

　　　6.5.2　测试结果与有效性评估 ·· 188

　6.6　结论 ··· 192

第三篇　动态云雾浓度测试技术

第 7 章　声—电复合云雾浓度检测方法与关键技术 ······················ 195

　7.1　引言 ··· 196

　7.2　声—电复合浓度检测方案设计 ··· 197

　7.3　声—电复合云雾浓度检测系统 ··· 199

　　　7.3.1　系统方案 ·· 199

　　　7.3.2　关键部件设计技术 ··· 200

　　　7.3.3　检测系统抗过载性能试验 ·· 204

7.4　声—电复合数据处理 ··· 205
　　7.4.1　多传感器信息融合技术 ··· 205
　　7.4.2　基于卡尔曼滤波的数据融合模型 ································· 209
　　7.4.3　数据融合模型效果评估验证 ·· 211
7.5　稳态云雾模拟试验验证 ··· 213
　　7.5.1　稳态云雾模拟试验装置方案设计 ································ 213
　　7.5.2　颗粒系运动状态的气动力学分析 ································ 215
　　7.5.3　稳态云雾模拟试验装置参数优化 ································ 216
　　7.5.4　试验分析 ··· 218
7.6　结论 ·· 220

第 8 章　双频超声云雾浓度检测方法及其关键技术 ···················· 221

8.1　引言 ·· 222
8.2　双频超声复合检测方法 ··· 223
　　8.2.1　双频超声复合检测方法 ·· 223
　　8.2.2　双频超声衰减浓度检测基本原理 ································ 223
8.3　双频超声云雾浓度复合检测 ··· 225
　　8.3.1　云雾粒径与超声最优检测频率匹配 ······························ 225
　　8.3.2　云雾浓度与最优检测频率匹配 ································ 226
　　8.3.3　超声频率与云雾浓度测试 ·· 227
8.4　双频超声浓度检测融合算法 ··· 229
　　8.4.1　数据融合作用模式及算法分析研究 ······························ 229
　　8.4.2　卡尔曼滤波融合的底层数据融合 ································ 231
　　8.4.3　基于测量误差差值的自适应加权算法的顶层数据融合 ····· 232
8.5　双频超声复合检测系统原理样机 ··· 237
　　8.5.1　低功耗声波电路 ··· 237
　　8.5.2　双频超声传感器选型 ··· 239
　　8.5.3　微处理控制器 ··· 241
　　8.5.4　数据处理流程优化设计 ·· 242
　　8.5.5　检测系统原理样机 ··· 243
8.6　双频超声浓度检测系统试验验证 ··· 245
　　8.6.1　试验云雾浓度检测装置 ·· 245
　　8.6.2　试验云雾浓度检测参数 ·· 247
　　8.6.3　试验结果与数据分析 ··· 248

8.7　结论 ……………………………………………………………… 252

第 9 章　超声波脉冲瞬态云雾浓度测试技术 ……………………… 253

9.1　引言 ……………………………………………………………… 254
9.2　超声波脉冲瞬态云雾浓度计算模型 ………………………… 254
9.2.1　计算方法 …………………………………………………… 254
9.2.2　浓度特征提取方法 ………………………………………… 257
9.3　云雾浓度检测系统设计 ……………………………………… 263
9.3.1　脉冲收/发电路总体结构 ………………………………… 263
9.3.2　控制信号电路设计 ………………………………………… 265
9.3.3　弹载引信检测系统原理样机 ……………………………… 266
9.4　瞬态云雾浓度检测系统设计 ………………………………… 268
9.4.1　试验装置设计 ……………………………………………… 268
9.4.2　铝粉扩散浓度数值仿真 …………………………………… 271
9.4.3　浓度信号处理 ……………………………………………… 273
9.5　结论 ……………………………………………………………… 277

第 10 章　云爆燃料抛撒浓度测试验证 …………………………… 279

10.1　引言 …………………………………………………………… 280
10.2　动态云雾浓度分布模拟试验系统设计 ……………………… 281
10.2.1　静态抛撒条件下燃料分散模拟试验系统设计 ………… 281
10.2.2　动态抛撒条件下模拟试验系统设计 …………………… 285
10.3　模拟系统云雾浓度分布检测试验 …………………………… 289
10.3.1　静态抛撒条件的模拟云雾浓度检测试验 ……………… 289
10.3.2　基于动态抛撒条件的模拟云雾浓度检测试验 ………… 295
10.4　燃料浓度与云雾爆轰效能的评估方法 ……………………… 305
10.4.1　铝粉爆炸特性概述 ……………………………………… 305
10.4.2　试验方法 ………………………………………………… 306
10.5　云爆燃料抛撒试验 …………………………………………… 310
10.5.1　基于缩比动态云雾的浓度检测试验 …………………… 310
10.5.2　等效云雾浓度—引信交会浓度探测试验 ……………… 315
10.5.3　云雾爆轰浓度分布试验 ………………………………… 323
10.6　结论 …………………………………………………………… 330

第四篇　动态云雾浓度检测应用

第 11 章　云雾浓度智能检测方法与关键技术 ·································· 333

11.1　引言 ··· 334

11.2　多相流智能计算概述 ······································ 334

11.3　多相流智能计算技术 ······································ 335

　11.3.1　人工神经网络（ANN） ······························ 336

　11.3.2　支持向量机（SVM） ······························· 339

　11.3.3　进化计算方法 ·································· 341

　11.3.4　模糊逻辑方法 ·································· 343

　11.3.5　概率推理方法 ·································· 343

　11.3.6　混合方法 ···································· 343

11.4　多相流智能计算应用 ······································ 345

　11.4.1　超声法智能计算 ································· 345

　11.4.2　压差法检测智能计算 ······························ 346

　11.4.3　电场法检测智能计算 ······························ 347

　11.4.4　光学法检测智能计算 ······························ 348

　11.4.5　多传感器融合法检测智能计算 ························· 349

　11.4.6　小结 ······································ 351

11.5　多相流智能计算趋势与发展 ·································· 351

　11.5.1　多传感器融合 ································· 351

　11.5.2　智能计算技术 ································· 352

　11.5.3　数据驱动模型 ································· 352

　11.5.4　应用趋势 ···································· 353

11.6　结论 ··· 353

第 12 章　多相流浓度检测应用 ·································· 355

12.1　引言 ··· 356

12.2　超低温高压冷凝多相流瞬态浓度精准检测 ················· 356

　12.2.1　概述 ······································ 356

　12.2.2　主要研究内容 ································· 360

12.3　云雾爆炸风险评估系统 ···································· 366

12.3.1　预警管理体系的要素 ································· 366

12.3.2　总体设计思路 ····································· 368

12.3.3　总体架构设计 ····································· 369

12.3.4　系统应用实施 ····································· 370

12.4　过程工业中多相流检测 ································· 371

12.4.1　管道石油运输多相流检测 ························· 372

12.4.2　发电厂煤粉运输多相流检测 ······················· 373

12.4.3　三相融合射流清洗技术流体检测 ··················· 375

12.4.4　新型智能传感系统对区域供热管网进行精确监测 ········ 375

12.5　结论 ··· 375

参考文献 ·· 377

索引 ·· 400

第 1 章

绪 论

"远程打击，高效毁伤"一直是世界军事强国竞相发展的重点技术。云爆弹作为一种面杀伤性武器，大范围爆轰是云爆战斗部的突出特点。特别是随着二次起爆云爆战斗部总体结构方面由小当量子母式向大当量整体式方向发展，引战配合由适应于低终点落速向适应于较高终点落速的方向发展；云爆战斗部通过云爆燃料的爆轰作用，形成爆轰波、冲击波、地震波、热辐射等多种杀伤方式，非常符合当前高技术、信息化条件下局部战争以及反介入和反恐作战的需求，受到各国普遍重视和深入研究。本书从云爆弹的发展现状及趋势、云爆弹毁伤效能、云爆燃料发展及检测技术等展开论述；云爆燃料扩散过程的动态云雾浓度测试方法与技术是云爆弹高效毁伤的重要环节，同时对于军民融合技术转化具有重要意义。

|1.1 概　　述|

本书中"动态云雾浓度"的含义是：本身不具备爆轰条件的云爆燃料在爆炸等驱动载荷作用下，实现燃料抛撒与空气混合，形成满足爆轰浓度的燃料空气炸药（FAE）云雾。动态云雾浓度测试理论与技术是由当前常规武器装备中占据特殊地位的云爆武器（通常称为云爆弹）发展形成的一门新兴科学技术。针对二次起爆型云爆弹，一次引信控制云爆燃料和二次引信抛撒，多个引信组网与燃料云雾动态交会，通过对云雾爆轰浓度的实时感知，反馈至控制系统，结合时间、位置和能量控制等条件起爆云雾并实现最优爆轰效能。动态云雾浓度测试理论与技术是推动云爆弹高效毁伤发展的理论和技术基础，主要包含的科学问题有：离散相颗粒流体的动态云雾浓度分布理论；基于光学、电学与声学传感器的动态云雾浓度测试方法与技术；云爆燃料抛撒过程中云雾浓度反演的试验研究等。

云雾爆轰边界—极限浓度探测，进行云雾区域多点分布式浓度实时感知与反馈，是确保云爆燃料最优爆轰、可燃粉尘不在爆炸浓度边界范围内，从根本上提高云爆战斗部毁伤效能、预防可燃粉尘爆炸事故发生的主要技术途径。然而，云雾分布具有时空分布不均匀、多态变化不确定、响应非线性等特点，实现对爆炸边界浓度、临近浓度、可控浓度等进行分段、跨量级（10～1 000 g/m³）

精准测量，仍然是检测领域的挑战性课题。

另外，动态云雾包含悬浮在空气中的固体微纳颗粒（简称粉尘）。在生活和工业生产中，粉尘是人类健康的天敌，是诱发多种疾病（主要是尘肺病）的主要原因；同时，粉尘浓度达到一定条件极易产生爆炸的危险，造成人员伤亡和巨大的经济损失。目前，国家环保部门和公共安全部门对粉尘危害非常重视，对作业场所的粉尘排放浓度制订了相关标准，严格控制粉尘浓度，以减少粉尘危害。粉尘防爆是安全生产的一个重要组成部分，建立粉尘防爆安全监测与预警系统，对提高我国安全生产水平具有重要意义。此外，云雾的扩散过程可以视为气固两相流的流动模型，其质量浓度等参数检测，对气液固多相多态流动的流型、流量监测方法与技术途径具有借鉴意义。

本书结合学科特点，主要阐述云爆弹抛撒动态云雾浓度的相关理论与检测技术，以及二次起爆型云爆弹浓度探测的起爆控制，为提高云爆武器的毁伤效能奠定试验数据基础；同时对冷凝剂多相流的流型、流量特性以及粉尘爆炸风险进行了系统讨论。

| 1.2　背景及意义 |

云爆弹是 20 世纪 60 年代由美国首先发展起来的一种新概念武器装备，它改变了常规武器弹药的概念，是常规武器发展的一次革命。云爆弹填装的不是炸药，而是不含氧或含氧少量的燃料。云爆战斗部到达目标处时首先将战斗部填装的燃料向空气中分散，形成燃料空气混合云团（也称燃料空气炸药，FAE）。当燃料空气云团混合达到理想爆轰状态时，进行二次起爆实现大范围爆轰。大范围爆轰是云爆弹的突出特点，对大型面目标具有战术性的高效毁伤效果。

在世界各军事强国的技术推动下，云爆战斗部取得了快速的发展，云爆剂由早期的纯液态燃料逐渐向液固型、全固型发展；同时云爆武器也呈系列化的发展，武器平台也由早期的机载空投，逐渐向火箭弹、弹道导弹等高落速平台发展，国外云爆战斗部的发展呈现"高威力、大装药量、适应高落速"的特点。

二次型云爆弹通过抛撒燃料云团的体爆轰对目标进行毁伤，所形成的燃料空气炸药密度为云爆剂装填密度的 10^{-4} 量级，毁伤覆盖区域大。爆轰形成的冲击波压力分为云雾区内及云雾区外，云雾区内的压力表现为爆轰压力，云雾区外符合冲击波的衰减规律。因云雾爆轰超压峰值制约，因此，二次起爆云爆战斗部适用于对中软目标的毁伤。图1-1为二次起爆云爆战斗部云爆剂抛撒形成的燃料空气炸药云团，图1-2为燃料空气炸药云团起爆形成的爆炸火球。

图1-1　二次起爆云爆战斗部云爆剂抛撒形成的炸药云团

图1-2　燃料空气炸药云团起爆形成的爆轰火球

云爆战斗部作为云爆弹的毁伤单元，不同于一般的传统战斗部，它以挥发性液体碳氢化合物与可燃金属粉的液固混合物为燃料，以空气中的氧气为氧化剂形成非均相爆炸性混合物——燃料空气炸药，进而形成云雾爆轰，具有爆炸能量高、毁伤区域大的特点。通常情况下，燃料的抛撒范围越大，覆盖目标的区域越广，爆轰威力范围也越大。燃料的抛撒范围除受云爆战斗部自身结构影响，与云爆弹的运动速度、不同环境及落角条件下的抛撒云团形态有关。

根据结构和作用特点的不同，云爆战斗部分为一次起爆型云爆战斗部和二次起爆型云爆战斗部。一次起爆型云爆战斗部通过引信一次起爆，实现战斗部的抛撒及爆轰，综合毁伤威力相当于1～4倍TNT当量。二次起爆型云爆战斗部，当到达目标上空时，通过一次引信起爆抛撒装药，将云爆剂高速分散与空气混合形成燃料空气炸药云团；再通过二次引信起爆燃料空气炸药云团形成云雾爆轰，可产生爆炸冲击波，并随之产生高温火球；通过冲击波效应、热效应及窒息效应对目标造成毁伤，云团内云雾爆轰波基本无衰减，其超压峰值为 2～4 MPa。由于云雾爆轰具有典型的大范围体爆轰特性，其正压持续时间及冲量远大于凝聚相炸药爆轰，由此使得云雾区外冲击波衰减较为缓慢，有效增大了中远场毁伤威力，大幅提高了云爆战斗部的整体毁伤效能，其综合毁伤威力可达到 4～10 倍 TNT 当量，对于中软类目标可产生大范围高效杀伤。典型的二次引爆型云爆战斗部主要由壳体、云爆剂、中心抛撒装药（包括中心抛撒管及炸药）、抛撒引信（一次引信）、云雾起爆引信（二次引信）及二次引信抛射装置等组成，其典型结构如图 1-3、图 1-4 所示。

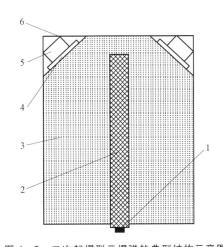

图 1-3　二次起爆型云爆弹的典型结构示意图

1—一次引信；2—分散装药；3—燃料；4—抛射装置；5—二次引信；6—壳体

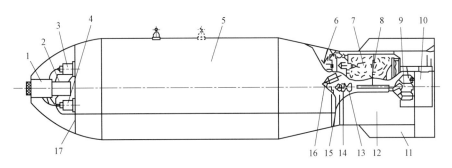

图 1-4　云爆战斗部结构简图

1—炸高探测；2—一次引信；3—电源组件；4—电路转换机构；5—弹体；6—燃料装药；

7—减速伞；8—开伞机构；9—二次引信本体；10—二次炸药；11—稳定器；

12—减速伞舱；13—抛射药筒；14—电爆管；15—电缆；16—传感器；17—隔板

典型二次起爆型云爆战斗部的作用过程为：在有效炸高下，一次抛撒引信工作，中心抛撒炸药以一定速度沿轴向爆炸，燃料空气炸药在空气中快速流动分散，与空气混合形成爆轰云团；二次引信与抛撒云团动态交会，并根据装定的延时时间起爆，释放能量，引爆燃料空气炸药，产生云雾爆轰，实现高效毁伤，如图1-5所示。

现有的二次起爆型云爆战斗部均采用"一次定高＋二次延时"的起爆控制方式，即一次引信在到达地面一定高度时起爆，将云爆燃料以及二次起爆引信抛撒到空气中；二次引信根据预设的延时时间起爆，释放能量并引起燃料云雾发生爆轰反应。通常二次起爆引信的延时时间是在武器设计阶段，根据理想条件下的引战配合模型计算获得，并预先固化装定在引信内部。该方法具有结构简单、技术成熟等优点，适用于低落速弹道环境。但在实际作用过程中，由于燃料云雾扩散过程受使用环境、弹道环境、战场条件等诸多因素影响，云雾扩散状态往往与理想状态不一致，延时时间到达时燃料云雾的浓度没有处于最佳浓度状态，造成引战配合不理想，不能保证在最佳浓度条件下起爆，制约了云爆战斗部的威力发挥。如何解决二次起爆型云爆战斗部的最优引战配合，实现高效毁伤一直是制约云爆战斗部发展的薄弱环节。

图1-5　二次起爆型云爆战斗部的作用过程

需要特别指出，高速精确打击作为攻防对抗体系中的重要组成部分，高速云爆弹具备大型面目标、重点目标的反拦截性强、高精度打击优点，有着迫切的应用需求。如何解决大型云爆弹在高落速及附带落角条件下的二次精确起爆是云爆战斗部研制的一项重要任务。

云雾爆轰物理学研究表明，抛撒形成的燃料云雾存在爆轰极限浓度和最佳起爆边界浓度，合适的云雾浓度是云爆燃料爆轰的前提条件，在爆轰浓度边界范围内，实现充分爆轰，形成最大爆轰速度，同时产生最大爆压和温度。本书主要从影响云雾爆轰的形态因素中提取云雾的浓度特征，进行动态云雾浓度模型建立、测试理论与技术研究，力争通过新型传感器技术、信息技术的起爆控制增强云爆战斗部的毁伤效能。

对于二次起爆型云爆战斗部，引信高速运动时的高动态性、瞬态性，与抛撒云团的动态交会，进而快速实时获取云团浓度信息，实现引信在云团最优爆轰浓度条件下起爆控制，该技术在国内外文献中未见报道。云爆战斗部二次起爆应具备在复杂条件下云爆燃料动态浓度快速准确检测的能力。

（1）云爆燃料成分复杂，由云爆燃料、助燃剂、分散剂及填充剂等构成，根据形态可以分为液态燃料、固态燃料和液固混合燃料。各种燃料成分的理化特性差异较大，因此要求检测方法能够对不同类型和混合比例的云爆剂进行检测。

（2）云爆燃料浓度也具有较大的动态特性，燃料抛撒过程中，燃料浓度变化范围可跨越 3～4 个数量级，因此要求浓度检测方法具备 $10～10^3\ \mathrm{g/m^3}$ 范围内的云雾浓度进行检测。

（3）云爆燃料扩散是一个快速变化的过程，二次引信与燃料云雾的交会时间极短（10 ms 量级），云雾区域内燃料浓度变化过程十分剧烈，这就要求检测方法必须具有足够的响应速度和分辨率。

（4）在抛撒过程中，燃料颗粒受到爆炸驱动力和空气阻力作用，整体显示为扩散运动，但是由于燃料颗粒之间存在大量的碰撞作用，在微观层面燃料运动方向显示出一定的随机性，要求测量方法对燃料运动方向不敏感，能够实现全向检测。

综上所述，通过对云爆燃料理化特性及其抛撒规律进行研究，设计能够对复杂燃料混合物浓度进行快速准确检测的原理和方法，开发具备燃料浓度识别功能的智能引信系统，对于保证云爆弹最大毁伤威力的充分发挥具有重要的现实意义。

|1.3 国内外云爆弹发展现状|

云爆弹不同于传统凝聚炸药装药战斗部，云爆弹形成的云雾爆轰波基本无衰减，超压峰值可达到 MPa 量级，云雾区外冲击波衰减缓慢，有效增大中远场毁伤威力，大幅提高云爆弹整体毁伤效能。燃料空气炸药具有云雾爆轰体积大、压力衰减慢且冲量大、毁伤因素多等优势，在近几十年来的局部战争中发挥了重要作用，自 20 世纪 60 年代起已经历四个发展阶段。

第一阶段的云爆战斗部主要装填液体燃料，其主要组分为挥发性液体燃料，所用的燃料主要为环氧乙烷，装备航空炸弹为主，适合于采用直升机或低速飞机投放，典型产品有美国的 CBU－55B 航空云爆弹、BLU－72B 航空云爆弹等（图 1－6），并成功将其应用于越南战场。单枚子弹可在半径 12.5m 范围内造成暴露人员死亡或重伤。

(a)　　　　　　　　　　　　　　　　　　(b)

图 1－6　第一代云爆战斗部典型产品

（a）CUB－55B 航空云爆弹；（b）BLU－72B 航空云爆弹威力试验

第二阶段的云爆战斗部装填的液体燃料主要为环氧丙烷、MAPP（即丙烷—丙二烯—丙炔混合物）、压缩丙烯或者丁烯硝酸酯混合物等，改善了勤务处理和安全性能，扩大了该弹药的使用范围，适用于高速战斗机的投放，并提高了对目标的破坏范围，其代表产品有美国的 CBU－72 航空云爆弹、BLU－96B 航空云爆弹（图 1－7）和苏联的 DDAB－500Л 航空云爆弹。

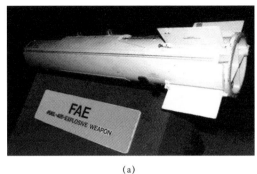

(a)　　　　　　　　　　　　　　　　　　(b)

图 1-7　第二代云爆战斗部典型产品

（a）BLU-96B 航空云爆弹；（b）BLU-96B 航空云爆弹威力试验

第三阶段的云爆战斗部以液固混合或固态炸药为主，其组分为液体燃料、高能炸药及活性金属粉等，装填密度大幅增加，能量密度值大幅提高。最典型的是俄罗斯吨级装药量的二次引爆型"炸弹之父"（图 1-8），炸药配方中采用了纳米级铝粉，使反应活性和释能速率大幅提高，目标毁伤半径可达 300 m。

(a)　　　　　　　　　　　　　　　　　　(b)

图 1-8　第三代云爆战斗部典型产品——"炸弹之父"

（a）"炸弹之父"；（b）"战弹之父"威力试验

第四阶段的云爆战斗部以发展高速、大型、整体式二次起爆云爆战斗部为主，发展含纳米金属燃料的高能云爆剂，大幅提高毁伤威力。随着纳米级高活性金属粉的成功研制，国外逐渐将高活性金属材料、高能燃料等新材料应用于燃料空气炸药配方，美俄等国均大力发展吨级装药量以上的大型云爆战斗部技术。

自 20 世纪 70 年代末期开展云爆弹技术研究以来，我国云爆战斗部技术也获得了长足进步，开展了一次云爆战斗部及二次云爆战斗部技术研究，并已有多型子母式/整体式云爆战斗部完成定型并装备应用。

国内外二次起爆云爆战斗部主要发展情况如表 1-1 所示。

表 1-1 国内外起爆云爆战斗部发展情况

序号	型号	弹重/kg	药剂，重量/kg	国家
1	CBU-55	232	环氧乙烷，97.2	美国
2	CBU-55B	227	环氧乙烷，97.2	美国
3	CBU-72	230	环氧丙烷，99	美国
4	BLU-72B	1 200	环氧乙烷，450	美国
5	BLU-96B	909	环氧药剂，635	美国
6	DDAB-500JI	466	戊二烯，245	俄罗斯
7	"炸弹之父"	8 600	环氧乙烷、纳米铝粉 RDX，7 100	俄罗斯
8	航空云爆弹	—	环氧丙烷、纳米铝粉	中国

由此可见，国外大型云爆弹有了巨大发展，有几十个型号装备，云爆战斗部的二次起爆控制已完成多型号定型，主要配用航空炸弹、大口径火箭弹或导弹，适宜对付大面积的软目标和中硬目标。

美国 CBU-55/B 云爆弹属于早期航空炸弹，引信碰触地面后弹射出两枚延期雷管起爆云爆剂混合云团。

美国 BLU-82 云爆弹采用一次 YX 触发抛撒燃料，二次引信与云雾交会起爆。其工作原理为：飞机高空投弹，弹体于目标上空 150 m 处以大落角落向目标点，一次 YX 触发 QB 抛撒燃料、形成燃料云团；二次延期引信进入云团 QB，实现云雾爆轰。

美国 CBU-72/B 子母弹包含三个燃料空气子弹。子弹引信抛撒云爆剂高度为 9.14 m，采用连续波多普勒探测体制；子弹烟雾云直径达 18.29 m，厚 2～44 m，并且通过内含的起爆管延期引爆。

俄罗斯 ODAB-500PM 燃料空气炸弹，使用触发起爆控制，弹出 3 m 的电缆和前触发传感器定高一次起爆，电子延期二次起爆。

除美国云爆炸弹早期使用弹出探杆起爆控制、子母弹连续波多普勒无线电定高 30 ft（约 9 m）起爆控制和俄罗斯的两种触发起爆控制外，其余的报道很少。

1.4 云爆弹毁伤威力研究现状及发展趋势

近年来燃料空气炸药研究已为世界所瞩目，国内外学者主要在爆炸驱动燃料分散、起爆技术、爆轰机理、爆轰效应、高能燃料配方以及测试技术等方面开展了大量工作。燃料空气炸药总体呈现高密度、高威力、大装药量、适应高落速的发展趋势，云爆战斗部正朝着装填战术导弹和火箭等武器战斗部的方向发展，现阶段最新研究热点体现为较高终点落速武器平台的适应性。

毁伤威力是云爆弹的首要战技指标。云爆弹的毁伤威力与云爆燃料选取、云爆燃料抛撒、云爆燃料爆轰特性等密切相关。现代军事技术的弹药及装药具有很大的末端运动速度，而高落速云雾爆轰试验操作复杂，云爆装置容易出现落点位置不准、云雾爆轰可靠性低等问题。在多因素影响方面，目前研究主要集中于特定条件下多因素对云雾形成和爆轰的影响。

1.4.1 云爆燃料发展现状

早期的云爆弹主要装填环氧乙烷及环氧丙烷等环氧烷烃类燃料，随着云爆剂配方体系及云雾爆轰机理的研究，选择含氧量更少、毁伤效率更高的燃料，碳氢类燃料逐渐取代环氧烷烃成为云爆弹的主装药。为了提高毁伤威力，液固混合的云爆剂逐渐取代液态云爆剂。随着纳米级高活性金属粉的成功研制，国外逐渐将高活性金属材料、高能燃料等新材料应用于云爆弹。云爆燃料历经气态、液态、液固态，并逐步向微纳金属固态颗粒的发展。

1.4.1.1 气体燃料

云爆燃料最早选择丙烷、丙二烯等，是易分散和易爆轰的气体燃料。气体燃料易于起爆和爆轰传播，但装填密度小，战斗部装药总能量难以满足云爆弹药的威力需求。

1.4.1.2 液体燃料

针对气体燃料装填密度低的问题，美国选择装填密度为丙烷气体燃料 10^3 倍的环氧乙烷液体燃料作为云爆弹装填燃料。另外，环氧乙烷燃料的沸点是 $10.5\,^{\circ}\mathrm{C}$，在空气中具有良好的雾化特性，易于实现爆轰效应。世界上首次投入实战的云爆弹 CBU－55B 航空云爆弹，装填的就是环氧乙烷燃料。环氧乙烷燃料具有较大的毒性，易挥发。环氧丙烷的装填密度和分散爆轰性能与环氧乙烷相当，但物理、化学稳定性都明显优于环氧乙烷。目前，美国云爆弹型号产品的主要燃料仍然选择环氧丙烷液体。苏联的二次引爆型云爆弹主要选用石化或石化副产品液体碳氢化合物作为云爆燃料，例如，1,3－戊二烯燃料的理化性能与美国相当，但价格低廉，来源广泛，在实际应用中具有较强的毁伤效能。

1.4.1.3 液固混合燃料

随着微纳金属颗粒的发展，在液体燃料中混合一定质量的微纳金属颗粒形成液固混合燃料，可以提高爆轰能量。在已有的环氧丙烷液体燃料中，针对铝粉密度高、热值高和耗氧低的特点，美军研制了环氧丙烷—颗粒铝粉的液固云爆燃料。通过试验得出，当液固混合燃料中铝粉的质量占比为 30%时，云雾爆轰的能量提高 35%。但出现了状态不稳定问题，主要是因为铝粉存在较大的密度差，铝粉分布不均匀造成。在此基础上，美军为提高液固燃料抛撒的悬浮能力，使用 MOA（失水梨醇单油酸酯）和 Span–80（脂肪醇聚氧乙烯醚）进行液体增稠。另外，加入二氧化硅、炭黑等凝胶剂，采用胶凝华技术得到了凝胶态液固燃料。然而在爆炸载荷驱动下，凝胶态液固燃料的黏度阻力增加，抛撒形成的气固混合云团不易实现雾化，最终导致爆轰能量的降低。

1.4.1.4 固体燃料

为了大幅提高云爆弹装填燃料能量，近年来世界各国着力开展全固型金属粉云爆燃料的研究，主要是选取铝粉或镁粉等金属粉。美国科学家依据微米—纳米铝粉的制造发展，采用微米片状铝粉作为云爆燃料进行爆轰能量的效能验证。试验结果表明，起爆药量为 2.27 kg C4 炸药的爆轰能量比液固态燃料提高一倍以上，能达到 5.0 MPa。

作为云爆燃料，铝粉等金属粉尚存在两方面问题亟待攻克：① 金属粉密度小，战斗部中装填燃料的密度难以保证一致，对毁伤效能的提高有待验证；② 金属粉空气混合物的爆炸临界能量过大，激励能量存在困难。

1.4.2 液固混合云爆燃料抛撒研究现状

液固混合云爆燃料的主要组成为环氧丙烷—颗粒铝粉。其中铝粉固体颗粒为离散相，充填在环氧丙烷—液体中形成液固相特殊结构。在云爆抛撒驱动力作用下，液固混合燃料在空中稳态分布，形成具备爆轰能力的燃料空气炸药云团。其中，云团的分布状态在很大程度上决定了其爆轰效能，因此，云团的分布是云爆装置设计的基础。目前国内外针对液固燃料的抛撒分布状态开展了大量的数值模拟理论研究。然而，燃料抛撒的数值模拟对抛撒形成气固云团进行了理想化假设，对其毁伤效能只能提供设计依据。另外，通过液固混合燃料的抛撒试验，可以真实反映其爆轰效能并进行参数优化，但是与数值模拟方法相比其成本高，安全性差且试验难度大。因此，研究并建立液固混合燃料的数值方法，对于当前液固燃料云爆弹武器的毁伤效能提高具有重要意义。

20 世纪 70 年代末期，美国空军 M.Rosenblatt 等人基于对地面核爆炸形成蘑菇烟云的计算机编码进行改造，模拟 FAE 形成的爆轰过程，形成了液体 FAE 形成过程和云雾爆轰过程的初步仿真平台研制。

美国 Los Alamos 国家实验室借助 FORTRAN 语言作为开发平台，基于能量守恒方程及流体状态方程，研发亚网格尺度法或 $k-\varepsilon$ 模型建立湍流模型，并通过任意拉格朗日—欧拉法进行有限差分计算，实现了可用于云爆抛撒状态层流、湍流以及不同抛撒初速下扩散两相流的仿真计算，该数值仿真平台已被广泛应用于爆炸抛撒过程的数值模拟。

俄罗斯的 A.A.BAorisov 等人从理论和试验两方面系统研究了爆炸抛撒过程，认为爆炸抛撒和 FAE 的形成过程可划分为四个阶段：

（1）中心装药爆炸。通过爆炸加压的形式，达到云爆装置壳体裂解，实现燃料驱动抛撒与空气形成混合边界层，该阶段的范围是（1~2）R，R 是装置半径。

（2）燃料抛撒不稳定发展阶段。该阶段的范围是（2~5）R。

（3）气动阻力阶段。云雾进一步扩散并裂解分布，其范围是（15~20）R。

（4）云雾扩散湍流混合阶段。在此状态下，燃料的固体颗粒扩散速度低，接近液态化，云团内燃料主要以固体颗粒与空气形成的浓度分布，在湍流的作用下，燃料扩散逐渐均匀化。

1990 年，美国桑迪亚国家实验室的 D.R.Gardner 和 M.W.Glass 指出，云爆燃料的爆炸抛撒为两个作用阶段：燃料的破碎过程（该过程也称为近场抛撒阶段）和因气动阻力作用而产生的燃料分布过程（该过程也称为远场抛撒阶段）。二者分别由爆炸力和气动阻力起主导作用。

高速摄像是云爆燃料爆炸抛撒试验的重要测试手段，既为理论建模与数值计算提供了原始数据，又可用于模型修正与验证。薛社生等利用高速摄像机获取了 6~250 kg 云爆装置云雾形成的测试数据，基于 D.R.Gardner 和 M.W.Glass 的近场与远场理论进行抛撒过程中燃料分布分析，通过建立简化解析模型进一步描述液体燃料的近场膨胀，求出在加速阶段液体燃料的极限速度，改进 KIVA 程序；并通过该程序对远场云雾物理特性进行数值仿真，得到了云雾速度场、云雾内部燃料浓度以及燃料蒸汽浓度的分布状态。

任晓冰等通过高速摄像对不同中心装药量及不同填充液体质量的云爆装置进行抛撒过程的研究，发现填充液体在壳体破裂后沿裂缝处向外飞散；据此进一步展开数值模拟，得到云爆抛撒远场过程中气相速度场分布、云雾场的压力分布、粒径分布，以及液滴相的浓度和体积范围等参数随时间的变化规律。

李磊等为了模拟云爆抛撒的过程，设计了一种水平约束的抛撒装置，将云爆燃料装入装置中驱动实现抛撒，通过布置高速摄影仪，利用激光诱导荧光对抛撒的云雾进行显像拍摄记录，得到了模拟云雾抛撒的变化过程，图像结果显示了液体在抛撒过程中的不均匀性。但是由于抛撒的高动态及时间短，所得图像无法显示壳体破裂时燃料抛撒形状，而只能显示抛撒形成较大云团的形状。

丁珏等以近远场理论为基础，通过对抛撒分布的边界处理，建立了一维燃料流动模型（针对近场阶段）；应用抛撒线性不稳定模型采用多相流模型描述了燃料运动过程（针对远场阶段）；通过近远场抛撒模拟，建立了全过程的燃料抛撒动力学模型，得到了与试验较符合的计算结果，全面描述了燃料分布状态。

惠君明等通过高速摄像，建立燃料分布状态的运动分析系统，将云爆燃料抛撒的燃料分布过程分成快速射流阶段与稳定扩散运动阶段（主要表现为燃料从抛撒中心向四周膨胀运动和燃料与空气混合形成云雾的运动阶段），用半径 $r(t)$、高度 $h(t)$、液滴直径 $d(r,t)$、云雾中燃料浓度 $\delta(r,t)$ 等参数描述了不同阶段的流体动力学特征。

张奇等采用无约束空间试验方法并结合量纲分析法，将云爆弹药装置燃料分散过程分解为加速、减速和湍流三个阶段，模拟了云爆装置长径比结构和燃料抛撒中心位置对燃料颗粒分布速度的影响，最终建立了燃料分散过程的拟合模型，得到燃料抛撒径向运动的三个阶段（加速阶段、减速阶段和湍流）的拟合曲线。试验结果表明，燃料分散的径向范围主要受到前两个阶段的影响，湍流主要使得云雾分布更为均匀。

肖绍清等利用 ANSYS/DYNA3D 对 FAE 抛撒的初期阶段（表现形式为壳体破裂，燃料射流）进行了数值模拟，得到抛撒方式导致 FAE 壳体的不同位置破裂，影响云雾分散效果的结论。

石艺娜等以热力学第二定律的最大熵增理论为基础，通过设置约束条件方程，建立了 FAE 抛撒的初期阶段（表现形式为壳体破裂，燃料射流）模型，并提出了一种燃料云雾尺寸分布的方法，得到云雾直径变化和浓度分布的模型。

在固体颗粒抛撒研究方面，王仲琦等建立了固体颗粒在一维状态下抛撒的理论模型，结果表明燃料在抛撒过程中固体颗粒速度和密度分布呈非线性变化。

罗艾民等根据流体动力学理论和爆轰产物等熵膨胀原理，将爆炸抛撒过程分成三个阶段，并利用抛撒过程中能量熵值的膨胀原理为基础，对中心装药爆炸抛撒燃料、燃料云雾扩散的膨胀范围进行估算，建立了抛撒距离的计算方法（即燃料颗粒抛撒的二相流运动模型），并以此为基础通过进一步研究发现燃料的抛撒距离与固体燃料颗粒尺寸大小、颗粒密度等存在较大关系。因此，要对云雾状态进行燃料分布优化，需要从装药特征、颗粒性质等方面进行考虑。

由于 FAE 燃料抛撒的过程十分复杂，目前还未能完全建立 FAE 燃料抛撒的整个不同燃料分布阶段的物理模型，现有的模型多以预设条件为基础。基于模型的数值模拟仿真方法虽然能解决部分问题，提供 FAE 抛撒的状态参考，但其结果还需通过试验验证其理论模型的正确性和优化手段。另外，工程试验还可获取理论假设和理想化参数的修正，以及难以设定的参数特性。FAE 的工程试验仍是研究云爆武器、提高其毁伤性能的主要方法。

|1.5 云爆燃料抛撒云团分布与爆轰特性研究现状|

云爆燃料抛撒云团是燃料在分散装药的爆炸作用下与空气形成的复杂混合物。燃料抛撒技术对云雾形状、尺寸、速度和浓度分布具有决定性影响，也是国内外云爆战斗部高效毁伤研究的重点。对这一技术研究现状和发展规律进行梳理分析有助于了解云爆燃料云团动态分布的基本规律及与云雾爆轰的关系。

云雾燃料抛撒的分布特性直接决定云爆弹的威力。大量文献研究了比药量、介质性质、长径比、壳体材质对爆炸形成气溶胶云团半径、体积的影响，得到了云雾半径、被抛撒颗粒速度随时间的变化规律和影响因素，主要结论总结如下：

（1）FAE 燃料抛撒的装药量与燃料云雾分散速度、分布状态的关系。在设定参数相同情况下，FAE 燃料抛撒的云雾分散速度和分布状态与装药量相关，当装药量增加到一定程度时，分散速度与分布状态和装药量呈正比例关系。但是，装药量增加到某一临界值后，分散速度与分布状态和装药量呈相持状态，即速度和云雾的最终半径也不再随装药量的增加而增大。由此可知，装药量不一定是绝对影响因素，只是在一定程度上增加云雾范围，不能无限制增加。

（2）FAE 燃料抛撒形成云雾的径向抛撒速度与抛撒燃料介质特性的影响。在设定参数相同情况下，FAE 抛撒的轴向燃料云雾分布比径向分布速度明显快，主要原因是燃料的表面张力和黏度造成。相同装药条件下，FAE 填装的固体燃料抛撒的云雾分布与固体介质的密度和粒径呈反比例关系。云雾初始抛撒速度会随抛撒物粒径或装填密度的减小而增大。对于 FAE 固体颗粒燃料，在设定参数相同情况下，对不同形状的颗粒，其抛撒的速度随颗粒介质尺寸的减小而增大。其速度随体积增大而减小，随迎风面积增大而增大。燃料云团半径可通过适当增大颗粒直径来增加，各种粒度颗粒速度弛豫遵循负指数衰减规律，大颗粒的速度弛豫时间长，当 FAE 燃料的颗粒粒径增加时，抛撒的速度变快。

（3）FAE 燃料装置的长径比对燃料分布的影响。小的长径比会使燃料云雾初始速度显著增快，导致云雾半径变大。FAE 燃料装置的长径比与燃料介质的径向抛撒速度呈反比，即长径比越大，燃料云雾半径越小；FAE 燃料装置的长径比与燃料介质的径向分布浓度呈正比，即长径比越大，燃料云雾的浓度越大。长径比较大的装置有利于颗粒的径向抛撒，可以提高气溶胶云团的均匀性，但在一定范围内长径比并非是影响云团外形尺寸的主要因素。

（4）FAE 装置壳体的结构与性质。FAE 装置壳体的材料力学（包括材料强度和焊接工艺）性能对燃料抛撒的分布影响主要集中在抛撒的近区阶段。张奇等通过分析 FAE 装置壳体对燃料抛撒近区分布过程的影响规律，建立了装置壳体对燃料近区（加速阶段）抛撒燃料分布速度的计算方法。研究表明，FAE 装置壳体对燃料在轴向上的抛撒分布有较大影响（主要导致燃料抛撒速度减小）。FAE 装置壳体轴向两端强度与近区阶段燃料抛撒速度呈正比关系。试验表明，相同条件下，钢质材料的 FAE 装置壳体使得燃料抛撒的云雾燃料浓度、粒度分布的均匀性比铝质壳体更优。

FAE 燃料抛撒在空气中形成固体颗粒—空气混合云团。研究云团内的颗粒浓度与粒径对保证一定时间范围内云团分布的稳定性、提高有效抛撒率和评估云爆弹的毁伤效能意义重大。在 FAE 燃料抛撒至无约束空间的环境设置下，可以利用颗粒着色法进行可见光影像分析。另外，激光散射和分幅式高速图像分析方法可以有效测定 FAE 燃料抛撒的整个动态过程，进而通过采集的燃料特征信息确定云雾状态的浓度和尺寸分布。

1963 年，R.A.Dobbins 等首次提出使用光线衍射和散射的方法测定 FAE 燃料抛撒的颗粒粒径的分布状态，引入激光器和自动数据处理系统后，建立了完善的燃料抛撒粒径分布评估系统。1989 年，M.Samirant 等基于激波管模拟 FAE 燃料抛撒装置，建立闪频激光技术测量系统，建立燃料抛撒的粒径和浓度分布与激光多普勒效应的关系曲线，得到模拟 FAE 燃料抛撒的全过程分布状态（燃料分布的时间为百毫秒，燃料粒径分布为 10～1 000 μm）。

加拿大的 J.L.D.S.Labbe 等建立了二极管激光器 FAE 燃料抛撒模拟装置，建立了 FAE 燃料抛撒形成云雾的浓度分布的测试方法。此后，通过光学方法对气固多相悬浮混合介质的微小颗粒特性（介质粒径与浓度）进行研究得到广泛应用和推广。

由于 FAE 燃料抛撒的燃料分布过程影响因素充满不确定性和参数复杂的难题，影响因素如战斗部的结构参数、燃料的本身性质、装药结构、燃料抛撒过程的高动态性等对云雾的分布耦合影响，无法建立统一的物理模型进行计算分析。当前在 FAE 燃料抛撒的研究领域，主要根据燃料颗粒分布状态（燃料粒径、浓度、湍流）将抛撒过程分解为若干个阶段进行分析；同时对各阶段分别建模，然后耦合求解，得到 FAE 燃料抛撒云雾分布的外形尺寸、颗粒速度、颗粒粒径及浓度的状态。

|1.6 云雾浓度测试发展综述|

针对燃料分散过程的研究已取得了一定成果，但受到燃料分散过程复杂和测试设备不完善等因素阻碍，云雾内部燃料浓度动态分布的研究仍处于起步阶段。仅有部分文献获得了燃料分散云雾场浓度分布的数值结果，而高落速瞬态燃料分散云雾场研究少有涉及，云雾场浓度动态分布的试验研究仍有大片空白。

云爆燃料抛撒与空气混合形成多相混合物云团，通过起爆云团实现云雾爆轰毁伤效能。合适的燃料云团浓度是云爆燃料爆轰的前提条件，燃料分散过程中，云雾浓度不可能处处均匀，因此，一般选择在容器内进行试验。容器内粉尘浓度的分布规律是分析云爆燃料爆轰试验结果的重要基础。

Klippel 等采用消光法测量了两种不同充填方式下 50 m³ 筒仓的粉尘浓度，并通过 CFD 数值模拟方法对试验结果进行了验证。Hauert 等采用消光法测量了 12 m³ 筒仓的粉尘浓度，结果显示靠近筒仓壁面区域，随着测量高度的增加，粉尘浓度逐渐降低；筒仓中心区域，在每一个测量高度水平，粉尘浓度都较高。

Liu 和 Zhang 利用消光法估算 20 L 圆柱形爆炸罐体内不同位置处铝粉浓度随时间的变化。Bing 等采用高速摄影系统，分析了粉尘云在 20 L 透明圆形罐中的扩散过程，利用图像处理技术，对粉尘云的透光率进行了定性分析。结果表明，粉尘云扩散过程有三个连续阶段：粉尘快速注入阶段、稳定阶段和粉尘沉降阶段。

M.Spida 等利用传导率法对颗粒浓度分布进行试验研究，针对两种颗粒直径和两种颗粒体积浓度进行测量，设计 8 个不同的试验系统，测量颗粒的轴向和径向浓度分布。H.Yamazaki 等利用消光法对体积浓度为 30% 的高浓度颗粒进行测量。Kalejaiye 等通过光学法研究 20 L 罐体内粉尘浓度分布的均匀性，利用光线在不同浓度粉尘悬浮体内的衰减特性，判断粉尘在罐体内的浓度分布。由于光线衰减特性与粉尘浓度之间的函数关系很难确定，因此并不能直接给出粉尘瞬态浓度分布的确切值。由此可见，脉冲驱动下粉尘瞬态浓度检测是当前世界上尚未解决的技术难题。

在粉尘浓度检测方面，将粉尘抽象为微纳固体颗粒—空气的两相混合物模型，其浓度检测技术在经济、环保、国防和民生等诸多领域具有广泛的应用，得到各个行业的广泛关注和研究。Monazam 等基于循环装置水平段压降测量的方法实现固体质量浓度流量的估算。Juliusz B.Gajewski 等使用基于静电感应的探针以及实时监测粒子质量流量或浓度的数学模型，具备非接触式、非阻塞式装置，用于管道中气固两相流量计量。

当前，基于传感器探测多相物浓度的方法及技术研究主要包括光学检测法、电场法、射线衰减法和超声衰减法等。随着传感器技术和智能技术的全面发展，基于感知多相混合物浓度的传感器在理论研究、模型建立、浓度特征分析方面取得显著成果，传统的人工称重法逐渐向智能传感检测方向发展，如图 1−9 所示。

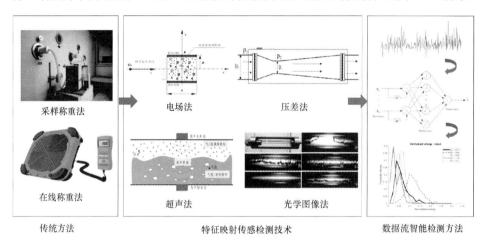

图 1−9　多相物/流检测发展路线图

基于传感的信号特征进行多相流参数（流量、流速、密度等）检测具有非接触、在线检测的优点，因此得到了国内外流体检测领域的青睐，包括电学检测法、光学检测法、声学法等检测方法的广泛研究，如图 1−10 所示。

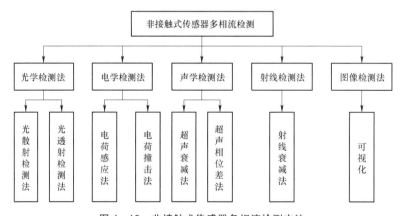

图 1−10　非接触式传感器多相流检测方法

1.6.1　光学检测法

光学检测方法根据检测原理、适用范围和数据处理方法的不同，可以分为光散射检测法和光透射检测法。

1.6.1.1　光散射检测法

光散射检测法主要基于 Mie 散射理论，根据颗粒粒径确定检测散射角度；通过检测前向散射强度或后向散射强度，按照散射模型进行颗粒数量统计检测。为了实现最佳检测精度，需要优化测试光频谱特性和散射夹角。光散射检测法原理：含尘气流可以认为是空气中散布着固体颗粒的气溶胶，当光束通过含尘空气时，会发生吸收和散射，从而使光在原来传播方向上的光强减弱。粉尘浓度传感器就是通过探测变化的光信号，经过换算从而实现粉尘浓度测量的，其结构原理如图 1-11 所示。采用光散射检测法测量空气中的粉尘浓度，具有快速、简便、连续测量的特点。根据测试原理及理论研究，光散射检测法适合低浓度的多相物浓度检测。

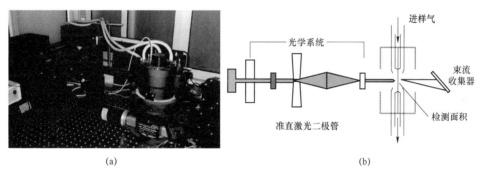

(a)　　　　　　　　　　　　　　　　　(b)

图 1-11　光散射检测法测量装置实物及结构原理图
（a）装置实物；（b）装置结构

1.6.1.2　光透射检测法

光透射检测法测量的是颗粒的非散射光信号。由于颗粒的相互作用，透射光的强度将小于入射光的强度，其衰减程度与光的散射（即颗粒粒径）有关。光透射检测法测量的就是入射光穿过含有待测颗粒介质后的透射光强度。当光波通过线性物质时，会与物质发生相互作用，光波一部分被介质吸收，转化为热能；一部分被介质散射，偏离了原来的传播方向，剩下的部分仍按原来的传播方向通过介质。透过部分的光强与入射光强之间符合朗伯—比尔定律。光吸收型粉尘浓度传感器以朗伯－比尔定律为基础，通过测量入射光强与出射光强，经过计算得到粉尘浓度，其原理如图 1－12 所示。光透射检测法具有在高粉尘浓度情况下测量准确的特点。

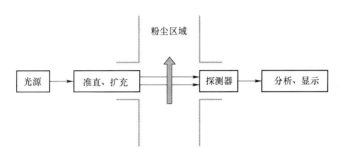

图 1－12　光吸收型粉尘浓度监测仪原理示意图

　　光学法具有非接触检测、检测速度快、适应性广、粒径测量范围宽的优点，可用于气固和气液混合物的浓度检测。但是该方法对于颗粒特性较为敏感，颗粒粒径、形状和颜色都会对检测结果造成影响；同时要求检测精度高，数据计算处理复杂，浓度检测范围低（否则影响透光性）；另外，光学测量系统容易受到粉尘污染而影响测量准确度，因此该方法主要用于实验室多相物浓度的精密标定测试。

1.6.2　电场浓度检测法

　　电场浓度检测法是近 10 年来国际上受重视的一种粉尘浓度在线测量方法。电场浓度检测法主要包括电感应法和电荷撞击法。

1.6.2.1　电感应法

　　电感应法又称库尔特法，利用悬浮于电解液的颗粒流过孔口时的感应电荷变化测量粒径尺度和数量，测量结果表示为一定容积中的颗粒总数和各种尺度颗粒的数量，即粒径分布，粒径测量范围通常为 0.5～100 μm，检测原理及结构如图 1－13 所示。电感应法具有成本低廉、简单易用、安装方便、反应速度快、抗干扰能力强和实时性好等诸多优势。但是由于影响颗粒带电的因素很多，电荷量的正负和多少不仅与颗粒自身的属性（颗粒的位置、形状、粒度、体电阻、理化性质、相对湿度等）有关，还和管道材料布设位置、颗粒介质在管内的流动环境（管道规格、温度、压力和湿度）等有关。此外，在测量之前必须估算被测物体的粒径大小，粒径过大容易造成测量孔堵塞。

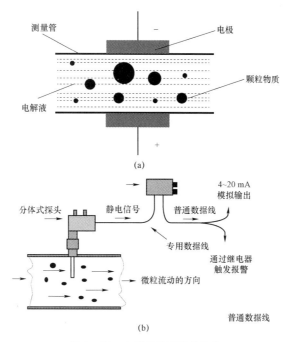

图 1-13 电感应法原理及结构

（a）电感应法原理图；（b）电感应法结构图

1.6.2.2 电荷撞击法

动态气固混合物中，由于颗粒物之间存在碰撞摩擦等作用，会引起颗粒物发生极化现象，使颗粒物产生与质量和电介特性相关的电荷量。如果在垂直于颗粒运动方向上设置测试电极，颗粒物将与电极发生接触和电荷转移，电极上产生的感应电荷总量与颗粒浓度统计特性相关，因此通过检测电极上感应电荷变化即可根据一定模型计算颗粒物浓度。电荷撞击法适用于对单向运动气固混合物浓度进行检测。该方法要求颗粒物具备稳定的电特性以及精密的撞击概率与浓度的物理关系模型，计算过程复杂，对电荷检测系统精度要求高，而且该方法通常需要进行按时标定，通常用于管道输送和污染物排放领域。

1.6.3 射线衰减法及振荡天平法

射线衰减法检测混合物浓度主要基于颗粒物对 β 射线的吸收作用，该方法也适用于气固混合物浓度检测，如图 1-14 所示。检测系统中存在一个滤膜，可以收集空气中的颗粒物；滤膜两侧分别布置射线源和射线传感器，当滤膜上颗粒物增多时，会吸收与颗粒质量相关的射线强度，从而降低传感器的测试强度，根据射线强度的变化即可计算出被测混合物中颗粒物的质量浓度。射线衰减法可以通过自动检测方式完成气固混合物浓度检测，而且该方法只对颗粒物的质量敏感，不会受到粒径、颜色等特性影响。但是由于采用 β 射线作为检测特征量，对系统精度和安全防护等提出较高要求。

振荡天平法是一种基于滤膜质量变化的浓度检测方法，使用抽气装置和过滤装置完成定量气体中颗粒物的收集。该方法将颗粒物质量附加到振动元件上，通过定时检测振动元件共振频率变化确定被测气体中颗粒物质量，通过计算获得混合物浓度。理论上该方法可以实现对气固混合物的精确检测，但存在检测范围小、不能实现在线检测，并受到温湿度影响大等缺陷。振荡天平法检测装置实物如图 1－15 所示。

图 1－14　射线衰减法检测装置实物图　　　图 1－15　振荡天平法检测装置实物图

1.6.4　超声衰减浓度检测法

现有粉尘浓度检测装置中光学管路易堵塞、光学窗口易污染，需要对传感器进行频繁维护；静电感应传感器根据粉尘的静电特性，在不同浓度下的电荷量解算浓度，未能实现浓度特征信息的提取，由于静电效应，外界静电会对传感器探测产生干扰，且静电累积不能实时释放，对于云爆燃料抛撒浓度的高动态性，实现云雾浓度的实时测量存在困难。

超声波在含颗粒的气固两相流中传播时，会产生能量的衰减和相位变化，其中能量衰减主要表现为声散射、黏性损失和热损失。超声波在两种不同的介质中传播时，声能会损耗，即为声衰减。与其他的多相物浓度检测方法相比，超声衰减检测法具有以下显著特点：

（1）无损检测，不易受混杂污染物影响，硬件简单，节省时间，性价比高。

（2）测量粒径范围大，单一探测器的测粒范围为 5～1 000 μm，有较宽的波带范围，保证测量数据有效，较易区分声散射和声吸收的影响。

（3）可消除声吸收的影响，进行多种分散介质混合检测。

根据超声能量衰减和相位变化表征粉尘浓度，具有嵌入式、非接触式、灵敏度高、功耗低等优点。针对云爆燃料动态探测，建立多超声粉尘浓度检测机制，建立多尺度粒径（微米级、纳米级）、颗粒团聚行为与超声衰减的映射模型，构建超声波脉冲信号感知、浓度信号处理、功耗、微型化的集成系统，从检测机理、模型构建及技术手段上进行研究与突破，实现微纳尺度、非接触、多频谱超声融合的云雾瞬态浓度在线监测，力争形成重要科学仪器平台。超声衰减检测浓度的系统方案如图 1-16 所示。对动态云雾浓度分布与超声能量衰减的非接触定量分析，为二次型云爆弹最优爆轰性能提供了理论和工程应用支撑。

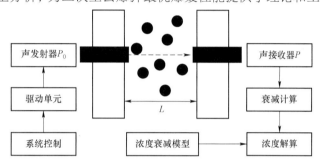

图 1-16　超声衰减检测浓度的系统方案

鉴于超声的优良特性，自 19 世纪初以来，两相流动态特性参数的声波理论模型得到了显著发展，Allegra 和 Hawley 对超声衰减特性进行了深入研究，解决了超声波在两种不同颗粒介质中传播产生衰减及声速检测的问题，形成了基于 EACH 模型的多相物声波衰减基础模型。至今超声多相流检测在模型优化、实验方法、测量技术上形成了较为完善的体系，在气固颗粒离散相、气液流体连续相等多相混合物检测领域广泛应用，如图 1-17 所示。与颗粒测量相关的声学研究进展如表 1-2 所示。

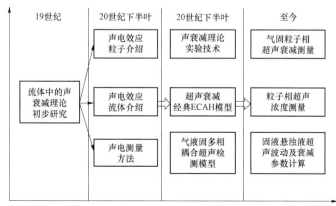

图 1-17　国外超声多相流超声检测发展

表 1-2 与颗粒测量相关的声学部分研究

时间	作者	主题
19 世纪初	Laplace	流体中的声速，理论，绝热假设
1808—1820	Poisson	任意扰动下空气中散射与反射
1845—1851	Stokes	流体中的声衰减，理论，黏性损失
1868	Kirchhoff	流体中的声衰减，理论，热损失
1870—1880	Henry，Tyndall，Reynolds	胶体的最初应用——烟雾中声传播
1875—1880	Rayleigh	声波的衍射与散射
1910	Sewell	胶体中的黏性衰减，理论
1933	Debye	电声效应，离子介绍
1936	Morse	波长与尺寸任意比下的散射理论
1938	Hermans	电声效应，胶体介绍
1944	Foldy	关于气泡的声学理论
1948	Isakovich	胶体中的热衰减，理论
1948	R.J.Urick	悬浊液中的声吸收，理论和实验
1946	Pellam，Galt	脉冲技术
1951—1953	Yeager，Hovorka，Derouet，Denizot	早期电声测量方法
1951—1952	Enderby，Booth	关于胶体的早期电声理论
1953	Epstein，Carhart	稀释胶体中的声衰减通用理论
1958—1959	Happel，Kuwabara	流体动力 Cell 模型
1962	Andreae 等	多频衰减测量
1967	Eigen	流体中化学反应声学理论
1972	Allegra，Hawley	稀释胶体的完整 ECAH 理论
1973	Cushman	声学颗粒粒径测量的首项专利
1978	Beck	超声波 ζ 电势测量
1983	Marlow，Fairhurst，Pendse	高浓度液体的初学电声理论
1983	Uusutalo	平均粒径的声学测量
1983	Oja，Peterson，Cannon	ESA 电声效应
1987	U.Riebel	粒径分布测量，大颗粒测量技术
1988	Harker，Temple	高浓度声学耦合相模型
1988—1989	O'Brien	颗粒粒径与 ζ 电势的研究
1989	Richae D.L.Gibson 等	高浓度声学耦合相模型

时间	作者	主题
1990 至今	L.W.Anson	声波动理论，声散射数值计算
1990 至今	R. E. Challis	颗粒声散射理论，数值计算和测量
1990 至今	Mc Clements，Povey	乳剂中的声测量
1992	F.Alba	超声颗粒分布和浓度测量专利
1995	F.Eggersy，U.Kaataze	宽带声衰减测量技术
1996	S.Temkin	悬浊液中声波动和衰减
1996 至今	A.Dukhin，P.Goetz	超声和电声理论对于颗粒粒径测量
1996 至今	J.M.Evans 等	考虑热损失效应的耦合相模型

1.7 动态云雾浓度测试应用

1.7.1 二次起爆型云爆弹

二次起爆型云爆弹由于大面积高效毁伤的特点以及针对复杂地形目标的毁伤优势，受到美国及俄罗斯等国的高度重视，尤其是"炸弹之父"的研制成功，极大地推动了国内外云爆弹技术的发展，如图 1-18 所示。

图 1-18 俄罗斯二次起爆型云爆弹"炸弹之父"

云雾燃料浓度是二次起爆型云爆弹的爆轰威力能否充分发挥的决定性因素。合适的云雾浓度是云爆燃料爆轰的前提条件。因此，为提高云爆弹药输出的云雾爆轰威力，迫切需要掌握云爆燃料的扩散分布规律，构建云雾浓度实时快速测量方法。但目前，云爆燃料浓度检测的相关理论和方法研究尚处于起步阶段，缺乏有效的测试方法和模拟手段，主要表现为以下几点：

（1）现有云雾浓度检测技术尚难以满足动态燃料云雾浓度弹载快速检测的需求。现有检测方法均基于具体应用，在特定的应用场合可以实现良好的测试效果，但是在检测范围、检测精度、检测速度、结构尺寸和抗干扰特性方面，特别是对高速抗过载云爆燃料的云雾浓度探测存在明显的技术瓶颈。

（2）数值仿真是云雾扩散浓度特性研究的重要手段。云雾浓度分布特性是研究云爆战斗部毁伤效能、建立浓度检测方法和检测系统研究的重要支撑。云爆燃料抛撒试验困难（试验过程具有一定的危险性，需要花费大量的人力、物力），且试验重复性较差，不确定性因素多；但数值仿真方法重复性好、效费比高，在云雾扩散浓度特性研究中得到广泛应用。

（3）云雾浓度检测的模拟测试与评估方法尚不完善。对云雾浓度检测系统的可行性进行验证，需要设计便于应用并具备良好安全性和可重复性的模拟研究平台，通过引入云雾等效、地面模拟等方法和装置，为开展浓度检测方法和检测系统研究奠定硬件试验基础。

（4）需要建立可行和可信的验证方法和手段。为客观地验证和评估研究成果，在云雾形态、浓度与分布特征的研究过程中，需要建立可行和可信的验证方法和手段，通过对比测试等方式对测试精度、测试速度等技术指标进行验证，形成完整的研究闭环。

1.7.2　粉尘浓度监测及爆炸预警

随着生产技术向均质化、流态化发展，出现可燃性粉尘的行业越来越多。如金属：镁粉、铝粉、锌粉；碳素：活性炭、电炭、煤；粮食：面粉、淀粉、玉米面；饲料：鱼粉；农产品：棉花、亚麻、烟草、糖；林产品：木粉、纸粉；合成材料：塑料、染料，等等。粉尘的火灾爆炸事故多发生在煤矿、面粉厂、糖厂、纺织厂、硫磺厂、饲料厂、塑料厂、金属加工厂及粮库等厂矿企业。

粉尘是引发职业病的主要因素之一，主要在煤矿、有色金属、钢、水泥、发电、面粉、机械和建筑行业等作业场所，如图 1-19 所示。工人长时间接触粉尘可引发尘肺病，尘肺病是一种不可治愈之症。近 10 年来，尘肺病发病率在我国一直居高不下。据国家卫生计生委统计，2015 年新增尘肺病 26 873 例，尘肺病报告病例数占 2015 年职业病报告总例数的 89.66%。环保部和国家煤矿安全监察局对粉尘危害非常重视，对作业场所的粉尘排放浓度制订了相关标准，严格控制粉尘浓度，以减少粉尘危害。

图 1-19 粉尘作业环境

另外，可燃粉尘是指爆炸边界内以一定浓度在空气中悬浮及扩散的微纳颗粒混合云团，遇到热源（明火或温度），极易形成爆炸。近年来，粉尘爆炸事故频发，诸如小麦面粉厂爆炸、铝粉管道内燃爆炸，如图 1-20 所示。根据美国化学安全调查委员会的统计，1985—2015 年，美国发生粉尘爆炸事件 281 起，死亡 119 人，受伤 718 人。根据东北大学工业爆炸及防护研究所不完全统计，2005—2015 年，我国共发生粉尘爆炸事故 72 起，死亡 262 人，受伤 634 人。其中我国仅 2014 年粉尘爆炸事故就多达 7 起。昆山铝合金粉尘爆炸事故造成 146 人死亡，114 受伤的惨痛悲剧。2015 年，中国台湾新北市发生玉米淀粉颜色粉尘爆炸意外事故，造成 12 人死亡，500 余人受伤，带来巨大的人员和经济损失。2019 年 1 月 7 日，江苏泰州巨腾电子科技有限公司废料仓库发生镁铝粉爆炸事故。

爆炸浓度是可燃粉尘爆炸的前提条件，对易形成粉尘云团的区域进行分布式浓度监测，是确保可燃粉尘不在爆炸浓度边界范围内，从根本上预防可燃粉尘爆炸事故发生的主要技术途径。因此，及时有效地对作业场所的粉尘浓度进行监测，研制探测粉尘浓度传感器，研发一套智能检测识别粉尘扩散浓度系统，更好地掌握粉尘浓度状况，进行有效的除尘和降尘，建立粉尘防爆安全监测与预警系统，对确保人身安全和提高环境质量有着极其重要的作用。

图 1-20 可燃粉尘爆炸事故图

（a）小麦面粉厂爆炸；（b）玉米淀粉厂爆炸；（c）铝粉管道内燃发生爆炸；（d）铝粉厂爆炸

第一篇

云爆燃料抛撒浓度分布模型

　　针对云爆战斗部高效毁伤的需求，本篇主要面向国家中长期发展规划及"高速/大当量二次起爆云爆战斗部"军事发展战略，开展高速/大当量云爆战斗部在高落速/落姿下的云爆燃料抛撒浓度分布特性、二次起爆引信与云团最优起爆浓度交会的引战配合模型研究。将云爆战斗部实现毁伤前环节划分为燃料抛撒运动和引信—燃料云雾交会运动两个阶段，分析燃料动态浓度分布的特性和规律。

　　（1）燃料抛撒运动阶段：本篇研究的云爆燃料主要为微纳铝粉、环氧丙烷、空气组成的气固液多相物。云爆燃料在中心分散装药爆炸驱动力和空气阻力共同作用下向外运动。考虑液体燃料的蒸发和铝粉颗粒（云爆燃料）对燃料分散过程的影响，最终形成铝粉颗粒、空气的云团，其爆轰威力在很大程度上取决于云团的状态与浓度分布。对云雾燃料的抛撒过程进行数值模拟计算，理论上主要分析燃料云雾形貌与尺寸变化规律、燃料颗粒运动速度特性、燃料与空气混合云团浓度特征以及云雾空洞现象，最终得到云雾浓度的时空分布状态与规律，为云雾浓度测试提供理论支撑。

　　（2）引信—燃料云雾交会运动阶段：对高落速云爆装置的燃料抛撒，引信—燃料云雾交会过程的云雾扩散浓度分布特性与规律研究，是开展动态复杂环境下云雾燃料浓度快速检测、实时引信自主识别云雾浓度及起爆、实现高效毁伤效能的基础。该阶段燃料扩散运动认为处于准静止状态，云团中燃料分布较为均匀。对引信—燃料云雾的时空交会分析，可以获得引信—燃料云雾交会时间窗口与适合起爆的浓度区域信息，为二次起爆控制提供理论支撑。

第 2 章

高速云爆战斗部抛撒燃料浓度分布机理分析

2.1 引 言

燃料抛撒动态云雾浓度分布特性一直是云爆弹技术研究的核心与关键，但是受限于弹体参数不同、测试环境高危、测试手段缺乏等原因，目前相关研究仍然主要采用"理论分析＋试验验证＋数据修正"的研究方式。

1969 年，R.J.Zabelka 采用高速摄像图像分析方法，对云爆燃料抛撒过程开展了试验研究，并将燃料抛撒过程划分为"抛撒药起爆—壳体破碎—形成环状燃料带—裂解为稳定云雾"四个阶段，同时还对四个阶段爆轰产物的平均压力和液体环运动速度进行了计算。I.G.Popoff、A.A.Borisov 等获得了类似的结果。

1976 年，M.Rosenblatt 等以核爆炸蘑菇云模拟程序为基础，开展了 BLU－73 型云爆弹燃料抛撒模拟仿真，获得了燃料抛撒过程的数学模型。虽然仿真过程忽略了抛撒过程中的液滴破碎和融合，但是仍被认为具有极强的开创性。1982 年，苏联的 A.L.Ivanduev 采用相似的边界条件开展了关于燃料抛撒过程的数值仿真，同样获得了特定边界条件下的抛撒模型。

进入 20 世纪 90 年代，美国桑迪亚国家实验室开展了较为全面的抛撒过程特性研究，根据燃料受力情况将燃料抛撒过程划分为两个阶段：由爆炸作用力主导的燃料破碎过程称为近场阶段；由空气阻力为主导的裂解膨胀过程称为远场阶段。随后，D.R.Gardner 建立了远场—近场耦合数值模拟程序，实现了燃料抛撒过程的全程数值仿真，该研究对抛撒过程远场—近场的划分进行了定性验证。

2000 年后，燃料抛撒研究重心从理论模型转移到抛撒过程影响因素研究。2005 年，M.Spida 采用基于传导率法的测试装置对燃料浓度分布开展了专项试验研究，获得了 8 种试验条件下的燃料浓度分布数据，但未形成颗粒浓度分布的理论模型。2010 年，Omotayo Kalejaiye 对 20 L 爆炸罐体内粉尘浓度分布开展了研究，研究引入了透射光衰减方法，根据试验数据对粉尘分布的均匀性进行了分析，但是并未获得燃料浓度的瞬态数值。2012—2014 年，Y.Grégoir 等采用 C4 球形中心抛撒装药，开展了自由爆轰场燃料颗粒分布特性研究，采用纹影方法实现信息采集，对惰性颗粒和活性颗粒的燃料颗粒分布状态进行了对比试验，分析了抛撒过程中燃料浓度分布情况。2013 年，M.J.Charles 对不同粒径铝粉—钨粉燃料的抛撒过程进行了试验研究，通过高速摄像和粒子图像测速仪得到了铝粉—钨粉的瞬态运动矢量，测试结果与数值模型较为接近。

在国内，北京理工大学春华教授、张奇教授、王仲琦教授，南京理工大学慧君明教授、薛社生教授等，依托高校研究团队和相关研究所的合作，围绕燃料抛撒的特征开展了大量研究，在燃料运动数值仿真建模理论研究及抛撒过程的试验研究等方面取得许多成果。

固液混合云爆燃料形成的三相混合云雾具备爆炸毁伤威力大的特点，同时存在的分布不均匀性、爆轰影响因素复杂多变，仍是当前薄弱的研究领域，对于多相混合物分散浓度分布的研究更是处于起步阶段。蒋丽等通过对铝粉、硝基甲烷、乙醚、空气等的不同混合物的燃烧转爆轰过程进行试验对比，初步得到三相混合物的燃烧转爆轰的宏观规律，以及三相混合物燃爆性能随质量浓度变化的规律。而高落速瞬态燃料分散云雾场研究更是少有涉及，云雾场浓度动态分布的试验研究仍有大片空白。

本章主要针对云爆战斗部终点高落速、落角的作用全过程参数分析模型缺乏、燃料抛撒机理不清楚、爆炸威力场影响规律无法评估的难题，开展云爆战斗部落速及落姿对抛撒云团形态及云雾爆轰全过程影响的机理研究，建立云爆战斗部终点全过程参数分析与仿真模型，获取落角、落速等参数对云雾爆轰威力的影响规律，为云爆战斗部的工程化应用提供基础支撑。

| 2.2　高速云爆战斗部抛撒燃料浓度分布模型 |

云爆战斗部为气固液多相物混合燃料，通过爆炸驱动形成燃料空气云团，其爆轰威力在很大程度上取决于云团的状态与浓度分布。考虑液体燃料的蒸发和铝粉颗粒（云爆燃料）对燃料分散过程的影响，最终形成铝粉颗粒—空气的云团，利用炸药爆炸产生的高温高压驱动固体颗粒或液体，从而在一定范围抛撒形成云雾是云爆燃料抛撒的基本形式。其基本结构是采用中心管式抛撒结构。云雾战斗部中心管式爆炸燃料抛撒结构如图 2-1 所示。

在燃料抛撒形成云雾模型研究中，通常分为两个阶段建模：第一阶段燃料主要受到装药爆炸产生的作用力，为近场模型，其主要特征是装药爆炸，壳体破碎，燃料环膨胀、破碎；第二阶段燃料液滴或颗粒主要受到气动阻力，为远场模型，其主要特征是燃料初始破碎形成的颗粒和液滴在空气中运动，形成云雾。

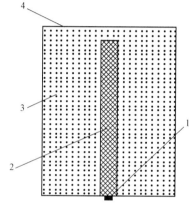

图 2-1　云爆战斗部中心管式爆炸燃料抛撒结构
1——次引信；2—分散装药；3—燃料；4—壳体

建立的云爆战斗部燃料抛撒浓度分布模型如图 2-2 所示，基本描述如下：

（1）燃料抛撒形成云雾初始阶段。燃料抛撒主要以中心装药的爆炸作用力为主，为近场模型。中心装药起爆后形成高温高压爆轰产物，壳体发生破碎，燃料环不断膨胀至破碎形成较大的颗粒和液滴，即形成按一定尺寸分布并且具有初始速度的颗粒或液滴群。

（2）燃料抛撒过程及物理状态。在燃料分散阶段，对于液相燃料抛撒，经过短暂加速后，受气动阻力及温差影响开始减速，并逐渐剥离及汽化，产生气体成分，因此形成气固两相混合云团。

（3）建立笛卡儿矩形网格的浓度分布模型。通过笛卡儿矩形网格对颗粒分布位置进行离散得到离散点处的浓度，并引入变换矩阵 $\tilde{A}$，将计算得到的单个网格点处的浓度值映射到整个区域的浓度矩阵中，建立燃料扩散的浓度分布计算模型，从而得到凝聚相浓度（包括固体颗粒与液滴）与气相浓度分布。

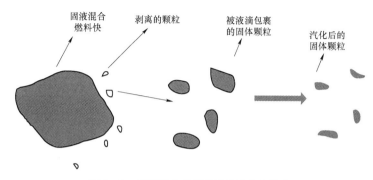

图 2 - 2　固液混合燃料云雾结构变化状态

2.2.1　爆炸作用下壳体破裂刚塑性模型

对于柱形单中心管抛撒结构，其爆炸抛撒结构截面如图 2 - 3 所示。壳体在内压作用下，壳体扩张。其受力状态如图 2 - 4 所示，壳体内表面由燃料传递的压力为 P_2，外表面受到环境空气压力为 P_1。

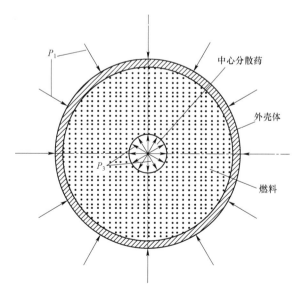

图 2 - 3　爆炸抛撒结构截面图

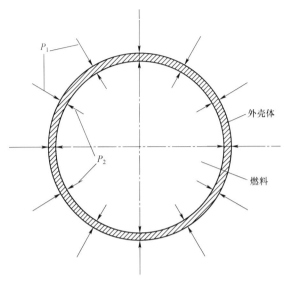

图 2-4 壳体受力情况

对壳体破裂进行简化，并引入假设条件：

（1）壳体一维径向运动。

（2）壳体在变形过程中，应力波已在其中多次反射，即不讨论应力波的传播作用。

（3）由于所研究问题为壳体的大变形问题，其弹性阶段可不考虑，采用不可压缩理想刚塑性材料模型。

由质量守恒条件可得

$$r\frac{\partial \rho}{\partial t} = -\frac{\partial \rho ur}{\partial r} \qquad (2-1)$$

式中，ρ 为流体密度；u 为流速，r 为流体半径。由问题轴对称性可知，单元体四角不发生角应变，切应力均为零，如忽略体积力，则只受面力 σ_r、σ_θ 和 σ_z。由于只有 r 方向有质量通过，因此只有 r 方向有动量流入/流出，根据动量守恒条件可得

$$\rho\left(\frac{\partial u}{\partial t} + u\frac{\partial u}{\partial t}\right) = \frac{\partial \sigma_r}{\partial r} + \frac{\sigma_r - \sigma_\theta}{\partial r} \qquad (2-2)$$

采用米塞斯（Mises）屈服准则来判断壳体材料的失效，其表达式为

$$(\sigma_1 - \sigma_2)^2 + (\sigma_2 - \sigma_3)^2 + (\sigma_3 - \sigma_1)^2 = 2\sigma_Y^D \qquad (2-3)$$

式中，σ_1、σ_2 和 σ_3 为主应力；σ_Y^D 为材料的动态屈服应力。在柱面坐标系的轴对称问题中，三个正应力 σ_r、σ_θ、σ_z 就是三个主应力，按照平面应变条件有

$$\sigma_z = \frac{1}{2}(\sigma_r + \sigma_\theta) \qquad (2-4)$$

米塞斯屈服准则可写为

$$(\sigma_\theta - \sigma_r)^2 = 1.15\sigma_Y^D \qquad (2-5)$$

利用连续方程、运动方程和米塞斯屈服准则方程（2-5）的边界条件就可以解出壳体破裂半径和破片初始速度，得到壳体内部的应力分布：

$$\sigma_r = -P_2 + 1.15\sigma_Y^D \ln\frac{r}{b} + \rho\left[\left(u_b^2 + b\frac{du_b}{dt}\right)\ln\frac{r}{b} - \frac{u_b^2}{2}\left(1 - \frac{b^2}{r^2}\right)\right] \qquad (2-6)$$

$$\sigma_\theta = -P_2 + 1.15\sigma_Y^D\left(1 + \ln\frac{r}{b}\right) + \rho\left[\left(u_b^2 + b\frac{du_b}{dt}\right)\ln\frac{r}{b} - \frac{u_b^2}{2}\left(1 - \frac{b^2}{r^2}\right)\right] \qquad (2-7)$$

$$\sigma_z = -P_2 + 1.15\sigma_Y^D\left(\frac{1}{2} + \ln\frac{r}{b}\right) + \rho\left[\left(u_b^2 + b\frac{du_b}{dt}\right)\ln\frac{r}{b} - \frac{u_b^2}{2}\left(1 - \frac{b^2}{r^2}\right)\right] \qquad (2-8)$$

在通常情况下，球腔内壁处的压力 P_2 远大于屈服应力 σ_Y^D。因此。除非 P_2 降到 σ_Y^D 值或更低，内壁处的 σ_r 和 σ_θ 都处于压应力状态：

$$\sigma_{r|a} = -P_2, \quad \sigma_{\theta|a} = -P_2 + 1.15\sigma_Y^D \qquad (2-9)$$

随着 r 的增加，由式（2-7）可知，σ_θ 的压应力值减小。设在 $r_h = (c-h)$ 处，$\sigma_\theta = 0$；则在 $r > r_h$ 处，$\sigma_\theta \geqslant 0$，即为拉应力。这里 c 是厚壁壳体的外半径，h 是从外壁量起的距离。

当压应力区消失而裂纹穿透到内壁时，壳体才会发生破碎。σ_θ 由拉应力转为压应力的界面位置 r_b，即 h 值，可由 $\sigma_\theta = 0$ 的条件给出如下公式：

$$0 = -P_2 + 1.15\sigma_Y^D\left(1 + \ln\frac{c-h}{b}\right) + \rho\left(u_b^2 + b\frac{du_b}{dt}\right)\ln\frac{c-h}{b} - \frac{u_b^2}{2}\left(1 - \frac{b^2}{(c-h)^2}\right) \qquad (2-10)$$

而 σ_θ 为压应力区消失的条件是 $h = c - b$，由此可见，只有当 P_b 值随时间下降到 $1.15\sigma_Y^D$ 时，管状壳体才会破碎。

对壳体外壁，将 $r = c$ 和 $\sigma_r = -P_1$ 代入式（2-6）得到内壁质点速度随时间变化的表达式：

$$w_b = \frac{P_2 - P_1 - 1.15\sigma_Y^D \ln\frac{c}{b}}{\rho b \ln\frac{c}{b}} - \frac{u_b^2}{b}\left(1 - \frac{1 - \frac{b^2}{c^2}}{2\ln\frac{c}{b}}\right) \qquad (2-11)$$

式中，w_b 表示壳体内壁的加速度，同时也相当于膨胀阶段燃料环外壁的加速度；P_1 是空气对壳体外壁上的压力；P_2 是通过燃料的壳体内壁的压力；b、c 分别为壳体在变形过程中的内半径、外半径；u_b 为壳体的质点速度，并等于膨胀阶段外壁火燃料粒子的速度。

综上，可以追踪壳体的运动过程，记录壳体膨胀全过程，可以得到壳体破碎时初始飞行速度。

2.2.2 燃料环膨胀破裂模型

当壳体破碎前，燃料在中心分散装药爆轰产物驱动压力 P_3 作用下向外运动，同时受到壳体约束力 $-P_2$ 作用；当壳体破碎后，燃料在中心分散装药爆轰产物的驱动下运动。由于壳体已破碎，壳体对燃料环的约束大大减小。在此假设当壳体破碎后，忽略壳体对燃料的影响，因此燃料环直接受到外部空气阻力和内部中心分散装药爆轰产物驱动力两者作用。图 2－5 给出了燃料环的受力状态。

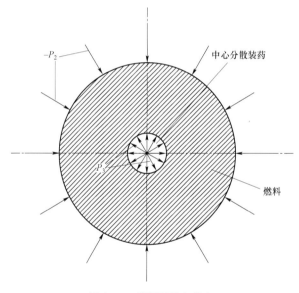

图 2－5　燃料环受力状态

在燃料环的破裂过程中，被压缩的燃料被认为是不可压缩介质。燃料环的破坏过程和壳体破坏过程类似，在 σ_θ 压应力区消失，裂纹从外壁产生穿透内壁的情况下，燃料环发生断裂。

设定燃料环内半径 a，外半径为 b。从而得到

$$\sigma_{rf} = -P_3 + 1.15\sigma_{Yf}^D \ln \frac{r}{a} + \rho \left[\left(u_a^2 + a \frac{\mathrm{d}u_a}{\mathrm{d}t} \right) \ln \frac{r}{a} - \frac{u_a^2}{2} \left(1 - \frac{a^2}{r^2} \right) \right] \quad （2－12）$$

再代入平面应变条件，可得另外两个主应力：

$$\sigma_{\theta f} = -p_3 + 1.15\sigma_{Yf}^D\left(1 + \ln\frac{r}{a}\right) + \rho\left[\left(u_a^2 + a\frac{\mathrm{d}u_a}{\mathrm{d}t}\right)\ln\frac{r}{a} - \frac{u_a^2}{2}\left(1 - \frac{a^2}{r^2}\right)\right] \quad (2-13)$$

$$\sigma_{zf} = -p_3 + 1.15\sigma_{Yf}^D\left(\frac{1}{2} + \ln\frac{r}{a}\right) + \rho\left[\left(u_a^2 + a\frac{\mathrm{d}u_a}{\mathrm{d}t}\right)\ln\frac{r}{a} - \frac{u_a^2}{2}\left(1 - \frac{a^2}{r^2}\right)\right] \quad (2-14)$$

式中，σ_{rf}、$\sigma_{\theta f}$、σ_{zf} 为燃料环内部在不同半径处的应力分布。在通常情况下，内壁处的压力远大于燃料屈服应力 σ_{Yf}^D。因此，当 P_3 降到 σ_{Yf}^D 值或更低，燃料环内壁处的 σ_r 和 σ_θ 都处于压应力状态：

$$\sigma_r|_a = -p_3, \sigma_\theta|_a = -p_3 + 1.15\sigma_{Yf}^D \quad (2-15)$$

随着 r 的增加，$\sigma_{\theta f}$ 的压应力值减小。设在 $r_{hf} = (b-h)$ 处，$\sigma_{\theta f} = 0$；则在 $r > r_h$ 处，$\sigma_{\theta f} \leqslant 0$，即为拉应力。这里 b 是燃料环的外半径，h 是从燃料环外半径量起的距离。

得到 $\sigma_{\theta f}$ 由拉应力转为压应力的界面位置 r_f，即 h 值，可由 $\sigma_\theta = 0$ 的条件给出，如下式：

$$0 = -p_3 + 1.15\sigma_Y^D\left(1 + \ln\frac{c-h}{b}\right) + \rho\left[\left(u_b^2 + b\frac{\mathrm{d}u_b}{\mathrm{d}t}\right)\ln\frac{c-h}{b} - \frac{u_b^2}{2}\left(1 - \frac{b^2}{(c-h)^2}\right)\right] \quad (2-16)$$

$\sigma_{\theta f}$ 为压应力之区域，消失的条件是 $h = b - a$，由此可见，只有当 P_3 值随时间下降到 $1.15\sigma_{Yf}^D$ 值时，燃料环开始发生破碎。

燃料破碎成碎片的初始粒径和速度可以计算如下：

$$w_a = \frac{P_3 - P_2 - 1.15\sigma_{Yf}^D\ln\frac{b}{a}}{\rho a\ln\frac{b}{a}} - \frac{u_a^2}{a}\left(\frac{1 - \frac{a^2}{b}}{2\ln\frac{b}{a}}\right) \quad (2-17)$$

$$\begin{cases} u_a = w_a \cdot \Delta t \\ u_b = w_b \cdot \Delta t \\ u_0 = (u_a + u_b)/2 \end{cases} \quad (2-18)$$

式中，w_a 表示燃料环内壁的加速度，w_b 代表的燃料环外壁的加速度；P_3 代表由分散装药爆炸产生的燃料环内壁受到的压力，P_2 代表燃料环外壁受到的空气产生的压力；a 代表燃料环内半径，b 代表燃料环的外半径；u_a 代表燃料环内壁的速度，u_b 代表燃料环外壁的速度；Δt 为时间步长。进行颗粒的初速度计算。以燃料环膨胀至破裂前，燃料环内壁与外壁的速度的平均值近似作为燃料碎片 u_0 的初速度。通过公式可以计算出颗粒的初速度，在该模型中，以膨胀后燃料环内速度和破裂前燃料环外速度的平均值作为燃料碎片 u_0 的近似初速度。

2.2.3 燃料抛撒形貌发展模型

初始破碎形成的燃料块在空气中运动，和空气产生相互作用，在阻力作用下，燃料块发生二次破碎。由于颗粒之间碰撞而发生破碎的情况很少，且过程复杂，所以忽略燃料块之间的碰撞，主要考虑燃料块与空气的作用。在空气的作用下，颗粒主要受到气动剥离和燃料蒸发效应影响，这些效应使得燃料块的尺寸逐渐减小。假设燃料块为球形，燃料块的特征尺度取其平均半径 l，则燃料块的破碎效应中剥离和蒸发分别采用剥离模型和蒸发模型描述。

2.2.3.1 剥离、蒸发效应模型

剥离方程：燃料块或液滴剥离效应主要由其与空气相对运动引起的摩擦等效应引起，其剥离速率可以按下式表示：

$$\frac{\mathrm{d}l}{\mathrm{d}t} = -\left(\frac{\rho\mu}{\rho_L^{\mathrm{ini}}\mu_L}\right)^{1/6}\left(\frac{\mu_L}{\rho_L^{\mathrm{ini}}}\right)^{1/2}\left|u-u_L\right|^{1/2}l^{-1/2} \qquad (2-19)$$

式中，ρ、ρ_L^{ini} 分别是空气、燃料介质的密度；μ、μ_L 分别是空气、燃料介质黏性系数；μ、μ_L 分别是空气、燃料介质的速度；l 为燃料液滴的平均半径。

蒸发方程：在空气的作用下，燃料块的破碎主要效应有气动剥离和燃料蒸发雾化。根据 Eidelman 蒸发模型，假设液滴的整个表面均匀蒸发，液滴的温度在蒸发过程中保持恒定，其蒸发速率如下：

$$\frac{\mathrm{d}l}{\mathrm{d}t} = -\frac{3k_{\mathrm{GAS}}Nu(T-T_L)}{\pi l\rho_L^{\mathrm{ini}}L} \qquad (2-20)$$

式中，ρ_L^{ini} 是燃料颗粒或液滴的密度；k_{GAS} 是空气的热传导率；Nu 是 Nusselt 数；T、T_L 分别是空气和燃料颗粒或液滴的温度（K）；L 是燃料液滴的蒸发热（J/kg）；颗粒温度、空气温度和声速是常数，l 为燃料液滴的平均半径。

剥离效应和蒸发效应，可以得到燃料颗粒或液滴体积变化量为两者之和，即

$$\delta = \frac{9k_{\mathrm{GAS}}Nu(T-T_L)}{\pi l^2\rho_L^{\mathrm{ini}}L} + 3\left(\frac{\rho\mu}{\rho_L^{\mathrm{ini}}\mu_L}\right)^{1/6}\left(\frac{\mu_L}{\rho_L^{\mathrm{ini}}}\right)^{1/2}\left|u-u_L\right|^{1/2}l^{-3/2} \qquad (2-21)$$

2.2.3.2 液滴、颗粒的粒径变化模型

采用破碎函数对燃料环破碎后的初始燃料颗粒粒度分布进行描述：

$$d_i = d_1 \cdot i \cdot \frac{n}{m+1}, \quad 1 \leqslant i \leqslant m \qquad (2-22)$$

式中，(d_i, d_{i+1}) 为颗粒粒径分布区间；m 为颗粒粒径的分布区间个数；n 为颗粒

总数；$\dfrac{n}{m+1}$ 为分布在同一粒径区间的颗粒个数，此处设为各粒径区间内分布颗粒个数相同。

粒子直径计算如下：

$$\begin{cases} a = a_1 + u_a \cdot \Delta t \\ b = \sqrt{b_1^2 - a_1^2 - a^2} \\ d_1 = b - a \\ d = d_1 + \delta \cdot \Delta t \end{cases} \quad （2-23）$$

式中，a_1 为燃料环的初始内半径；b_1 为燃料环的初始外半径；d_1 为粒子的初始直径；d 为随时间变化的粒子直径。初始碎片的宽度与压实层的厚度有关。在该模型中，以燃料破碎前的厚度近似为初始燃料碎片的最大尺寸。

2.2.3.3　液滴、颗粒的粒径运动模型

在忽略燃料颗粒或液滴之间碰撞时，燃料颗粒或液滴的运动可以采用单颗粒运动动力学模型。在单颗粒动力学模型中，不考虑颗粒相对连续相流体的影响，也不考虑颗粒间的相互作用和颗粒脉动，它是一种单向耦合模型，只考虑单个颗粒在连续相流体中的受力和运动。单颗粒在流场中受力如图 2-6 所示。

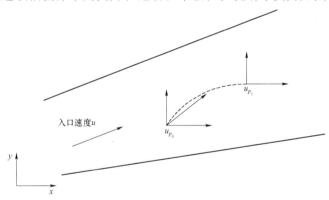

图 2-6　单颗粒在流场中的受力及运动

在拉格朗日坐标系中，单颗粒运动方程的一般形式为

$$m_p \frac{\mathrm{d} u_p}{\mathrm{d} t} = F_d + F_m + F_p + F_B + F_M + F_s$$

$$= \frac{1}{8} \rho_p \pi d_p^2 C_d \left| u_g - u_p \right| (u_g - u_p) + 0.5 \left(\frac{\pi d_p^3}{6} \right) \rho_p \frac{\mathrm{d}}{\mathrm{d} t} (u_g - u_p) + \frac{\pi d_p^3}{6} \frac{\mathrm{d} p}{\mathrm{d} x} + \quad （2-24）$$

$$\frac{3}{2} (\pi \rho_p \mu)^{0.5} d_p^2 \int_{-\infty}^{t} \frac{\mathrm{d}}{\mathrm{d} \tau} (u_g - u_p)(\tau - t) - \frac{1}{2} \mathrm{d} \tau + F_M + F_s$$

式中，右端为颗粒运动的阻力、附加质量力、压力梯度力、Basset 力、Magnus 力和 Saffman 力等。在实际应用中，大多数情况下只考虑阻力和重力，可忽略其他力的作用。

流场曳力（阻力）和阻力系数：颗粒悬浮于流体中的两相流动的主要特征是颗粒与流体的速度和速度不相等，因此两相间存在相互作用力和热交换。所谓阻力是颗粒在静止流体中作匀速运动时流体作用于颗粒上的力。如果来流是完全均匀的，那么颗粒在静止流体中运动所受的阻力，与运动着的流体绕球体流动作用于静止颗粒上的力是相等的。在爆炸抛撒颗粒群的问题中，当颗粒由稠密流逐渐转变为稀疏流时，此时颗粒间的相互作用力可忽略不计，而流场曳力将对颗粒的运动起着至关重要的作用。

颗粒在黏性流体中运动时，流体作用于球体上的阻力由压差阻力和摩擦阻力组成，习惯上把阻力 F_d 的表达式写成

$$F_d = C_D \frac{1}{2} \rho_f \left| V_f - V_p \right| (V_f - V_p) S \qquad (2-25)$$

式中，V_f 和 ρ_f 分别流体的速度和密度；V_p 为颗粒的速度；S 为颗粒的迎风面积，$S = \pi r_p^2$；C_D 为阻力系数。

阻力系数可以从纳维—斯托克斯（Navier – Stokes）方程的数值中获得。但由于球形颗粒表面的附面层非常复杂，只有极少数特殊情况可从方程组导出计算式。目前，阻力系数主要依靠实验来确定，从而选择合适的阻力系数公式进行计算模拟。颗粒的阻力系数是与颗粒雷诺数紧密相关的，计算如下：

$$Re = \frac{d_p \rho_f}{\mu} \left| V_f - V_p \right| \qquad (2-26)$$

Clift 等总结、分析了在不同雷诺数区间的理论研究和实验数据，推荐了适用于雷诺数范围较大的分断表达的曳力系数经验公式：

$$C_D = \begin{cases} (24/Re)[1+(3/15)Re], & Re < 0.01 \\ (24/Re)[1+0.1315Re^{0.82-0.05w}], & 0.01 < Re \leqslant 20 \\ (24/Re)[1+0.193Re^{0.6305}], & 20 < Re \leqslant 260 \\ 1.6435-1.1242w+0.1558w^2, & 260 < Re \leqslant 1\,500 \end{cases} \qquad (2-27)$$

简单常用的表达式为

$$C_D = \begin{cases} \dfrac{24}{Re}(1+0.15Re^{0.687}), & Re < 1\,000 \\ 0.44, & Re \geqslant 1\,000 \end{cases} \qquad (2-28)$$

颗粒群阻力系数修正：如果流场中同时存在多个颗粒，颗粒之间就会发生

相互作用。一种形式的相互作用是颗粒之间的直接碰撞，另一种形式的相互作用是通过颗粒尾流的间接作用，对颗粒的阻力造成显著影响。例如当颗粒一个跟着一个运动时，每个颗粒所受的阻力比单个颗粒运动所受阻力小很多。通过实验可以测定各种条件（不同的粒径，不同颗粒浓度等）下的表观阻力系数。

对于颗粒群的曳力系数，常用的计算方法为单颗粒的曳力系数 C_D 与颗粒体积分数的函数的乘积：

$$C_D = C_{DS}F(\alpha) \tag{2-29}$$

体积分数 $F(\alpha)$ 的常用表达式为 $F(\alpha) = (1-\alpha)^{-4.7}$，其中 α 为空隙率。与单颗粒的曳力系数表达式相结合，则颗粒群的曳力系数可表示为

$$C_D = \begin{cases} \dfrac{24}{Re}(1+0.15Re^{0.687})(1-\alpha)^{-4.7}, & Re < 1\,000 \\ 0.44, & Re \geqslant 1\,000 \end{cases} \tag{2-30}$$

2.2.4　燃料抛撒浓度分布模型

2.2.4.1　坐标系建立

假设云雾区域概化为扁平的圆柱体，所使用的方法是将整个圆柱状云雾沿径向分割出单位弧度的一个长方体，按照轴对称原则，计算出长方体的浓度分布，如图 2-7 所示，网格点 $H(i, j, k)$ 的坐标为 (x_i, y_j, z_k)。

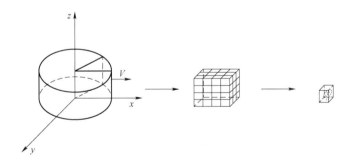

图 2-7　云雾矩阵网络划分

利用笛卡儿矩形网格对长方体 V 中的颗粒坐标进行离散，得到各个颗粒或液滴离散化以后的坐标。

根据长方体 V 中颗粒或液滴的坐标值分布范围选择把长方体 V 划分成 $m \times n \times l$ 个网格（图 2-8）；计算得到网格的步长，即小格子 ΔV 的长宽高，如下式所示：

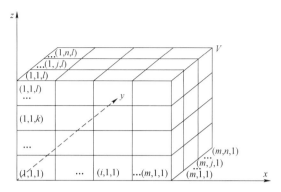

图 2-8 长方体 V 三维矩阵（$m \times n \times l$）浓度分布

$$\begin{cases} \Delta V = \Delta x \cdot \Delta y \cdot \Delta z \\ \Delta x = (x_{\max} - x_{\min}) / m \\ \Delta y = (y_{\max} - y_{\min}) / n \\ \Delta z = (z_{\max} - z_{\min}) / k \end{cases} \quad (2-31)$$

利用高斯函数，即取整函数 $y = [x]$。对计算的结果取整数，得到颗粒的新坐标，如式（2-32）。新坐标点为（i, j, k）。其与原坐标点的关系如式（2-33）所示。

$$\begin{cases} i = [(x - x_{\min}) / \Delta x] + 1 \\ j = [(y - y_{\min}) / \Delta y] + 1 \\ k = [(z - z_{\min}) / \Delta z] + 1 \end{cases} \quad (2-32)$$

$$\begin{cases} x_i = x_{\min} + \Delta x \cdot (i-1) \\ y_j = y_{\min} + \Delta y \cdot (j-1) \\ z_k = z_{\min} + \Delta z \cdot (k-1) \end{cases} \quad (2-33)$$

式中，x 表示云雾区域中液滴或颗粒的径向距离，即长；y 表示云雾区域中液滴或颗粒的高度；z 表示云雾区域中液滴或颗粒的宽度距离。

2.2.4.2　浓度分布描述

对于颗粒的运动形成云雾过程，每个网格即小矩形盒子里的颗粒数量与颗粒质量均随时间发生动态变化。计算小矩形盒子在每个时刻的颗粒总质量，如下式所示：

$$c_{ijk}^{(t)} = \frac{\sum\limits_{q=1}^{N} m_q^{(t)}}{\Delta V} \quad (2-34)$$

式中，m_q 代表小矩形（ΔV）中颗粒在 t 时刻的质量（$q = 1, 2, \cdots, N$）；t 代表时

间。假设这个网格（小矩形盒子 ΔV）足够小，浓度可视为该网格，即该点（x_i, y_j, z_k）处的浓度。

将所有小矩形盒内颗粒的总质量按其空间分布位置进行排列组合，可以得到整个区域的浓度分布。引入三维矩阵，如式（2-35）。其中 a_{ijk} 表示三维矩阵的第 i 行、第 j 列、第 k 页元素。

$$A_k = \begin{bmatrix} a_{11k}, a_{12k}, \cdots, a_{1nk} \\ a_{21k}, a_{22k}, \cdots, a_{2nk} \\ a_{m1k}, a_{m2k}, \cdots, a_{mnk} \end{bmatrix} \tag{2-35}$$

$$A_k = \overbrace{[0,0,\cdots,1,\cdots,0]}^{m}{}^T \times \overbrace{[0,0,\cdots,1,\cdots,0]}^{n} \tag{2-36}$$

$$l = \overbrace{[0,0,\ldots,1,\ldots,0]}^{l}{}^T \tag{2-37}$$

$$A = A_1 : A_2 : \cdots : A_l \tag{2-38}$$

定义三维矩阵 A 的第 i 行、第 j 列、第 k 页的元素为 1，其余元素均为 0，如式（2-35）所示。如果 $A = A_1 : A_2 : \cdots : A_l$，则三维矩阵 A（$m \times n \times l$）可以反映出图 2-8 中矩阵中各元素的位置分布。变换矩阵 A 用于将计算得到的单个网格点（小矩形盒子）的浓度值映射到整个区域的浓度矩阵中，并确定其在区域中的位置。

因此，燃料颗粒或液滴浓度分布为网格点处存在的颗粒质量分布的叠加，进一步为各小矩形盒颗粒质量分布的叠加。

2.2.4.3　浓度分布计算

设 $c_{ijk}^{(t)}$ 表示第 t 时刻小矩形框 $\Delta V(i,j,k)$ 的凝聚相浓度，$c_{ijk}^{(t)}$ 表示第 t 时刻小矩形框（i,j,k）的凝聚相浓度矩阵，$C^{(t)}$ 表示第 t 时刻整个区域的凝聚相浓度矩阵，可以计算为

$$c_{ijk}^{(t)} = \frac{\sum_{q=1}^{N} m_q^{(t)}}{\Delta V} \tag{2-39}$$

$$c_{ijk}^{(t)} = \frac{\sum_{q=1}^{N} m_q^{(t)}}{\Delta V} \times A \tag{2-40}$$

$$C^{(t)} = \sum c_{ijk}^{(t)} \tag{2-41}$$

假定液滴由于蒸发效应和剥离效应质量减小。除蒸发效应产生气体外，由于液滴高速运动，跟周围空气的速度差引起液滴表面的气动摩擦，因此，由剥离效应产生的小液滴也转化为气体。因此可以假定颗粒减少的质量全部转化为气体，即颗粒在两个时刻（t，$t + \Delta t$）的质量差就是（$t + \Delta t$）时刻生成气体的质量。

2.2.4.4 权函数加权平均算法

为了更好地研究离散数据所表示的原来模型，首先要把离散数据向连续方面过渡，就是通过这些数据点，去拟合一个光滑的空间曲面 $z = f(x, y)$。网格化处理的常用方法有 Taylor 级数三点展开法、有限元插值法、逐步订正法、反距离加权平均法、径向基本函数法等。因为抛撒颗粒的分布是散点形式，并且空间位置的数据已知，所以选择反距离加权平均法进行曲面拟合。反距离加权法最早由 Richard 提出，并逐渐在各个领域得到发展，各样本对插值结果的影响随距离的增加而减小。反距离加权法的优点是逐步比较找出距离格点不同距离的点，根据距离远近分别给予不同的权重系数。

根据已知的数据点集（x_i, y_i, z_i）（$i = 1, 2, 3, \cdots, N$），其中 x_i, y_i, z_i 分别表示液滴或颗粒在圆柱形云雾中的径向距离、高度及所在区域的浓度，液滴或颗粒数目为 N，通过构造一个全部数据点都满足的光滑曲面 $Z = F(X, Y)$。先将点（x_i, y_i, z_i）投影到 XY 平面上，任一点（x_i, y_i, z_i）的投影为 $D(x_i, y_i)$，该点高度值为 z_i，则在 XY 平面上的任一点 $P(x, y)$ 高度值 z，是受到所有（x_i, y_i）的高度值 z_i 对该点影响的结果。这种影响的大小与点 $P(x, y)$ 到其他点之间的距离有关，距 P 点远的点的 z_i 值对 P 点影响小一点，距离 P 点近的点的 z_i 值对 P 点影响大一点。把距离作为权，所有点（x_i, y_i）对 P 点 Z 值的影响进行加权平均就得到了 P 点的 Z 值，即各数据点的 Z 值按与 P 点的距离加权平均，距离小的所加的权大，距离大的所加的权则小。

曲面拟合公式：令 Z_i 是 $D(x, y)$ 点的 Z 值，$d(P, D_i)$ 为 $P(x, y)$ 与 $D(x_i, y_i)$ 之间的距离，在 $P(x, y)$ 认定时，可简记为 d_i。当 $P(x, y)$ 在 $D(x, y)$ 的邻域时，$\dfrac{\partial f_1}{\partial x}$ 的性质类似于 $(x - x_i) d_i^{u-2}$ 或 $(d_i)^{u-1}$。因此，对于 $u > 1$，当 $P \rightarrow D_i$ 时，$\dfrac{\partial f_1}{\partial x}$ 依 $(x - x_i)$（或 d_i）趋于零，对于 $u = 1$，左右偏导数都存在，一般它们是非零的，而且符号相反；对于 $u < 1$，偏导数不存在。因此，曲面光滑性要求 $u > 1$。

根据上述，$P(x, y)$ 点的 Z 值可以表示为

$$F(X,Y) = \begin{cases} \dfrac{\sum\limits_{i=1}^{N}(d_i)^{-2}Z_i}{\sum\limits_{i=1}^{N}(d_i)^{-2}}, & d_i \neq 0\text{的所有}D_i \\ Z_i, & d_i = 0\text{的所有}D_i \end{cases} \qquad (2-42)$$

根据计算的点数由全部数据点减为 $P(x,y)$ 附近点，半径 r 以外的数据点的贡献由半径 r 以内的数据点进行补偿，这些数据点集合为 C'，并使得整个曲面处处连续可微。为此，权函数改为如下定义：

$$S(d) = \begin{cases} \dfrac{1}{d^2}, & 0 < d \leqslant \dfrac{r}{3^{-2}} \\ \dfrac{27}{4r^2}\left[\left(\dfrac{d}{r}\right)^2 - 1\right]^2, & \dfrac{r}{3^{-2}} < d \leqslant r \\ 0, & d > r \end{cases} \qquad (2-43)$$

$$r = \max\{d_i\}, \quad D_i \in C' \qquad (2-44)$$

考虑不同方向数据点的影响不同，所以进行方向加权，即对于每个 $D_i(x,y)$，同时要考虑其他各 $D_j(x,y)$ 点相对 $D_i(x,y)$ 点的分布，可以通过 D_jP 在 D_iP 上的投影来度量，因此，引入 $\overline{D_jP}$ 与 $\overline{D_iP}$ 夹角的余弦 $\cos(D_jPD_i)$ 作为分布的一种测量。

$$t_i = \frac{\Sigma_{D_i \in C'}S_i[1 - \cos(D_jPD_i)]}{\Sigma_{D_i \in C'}S_i} \qquad (2-45)$$

$$\cos(D_jPD_i) = \frac{(x-x_i)(x-x_j) + (y-y_i)(y-y_j)}{d_id_j} \qquad (2-46)$$

因此，当同时考虑距离和方向因素时，需要引入一个新的权函数：

$$W_i = (S_i)^2(1 + t_i) \qquad (2-47)$$

为了使所构造的曲面具有所估计的偏导数，对每一个属于 C' 的点 $D_i(x,y)$，必须计算一个作为 $P(x,y)$ 点的数的增量 ΔZ，将此增量加到曲面上，曲面在 $D_i(x,y)$ 点上存在期望的偏导数。这个 ΔZ 可取为

$$\Delta Z_i = [A_i(x-x_i) + B_i(y-y_i)]\frac{v}{v+d_i} \qquad (2-48)$$

$$\begin{cases} A_i = \dfrac{\sum\limits_{D_j \in C^*}W_i\dfrac{(z_j-z_i)(x_j-x_i)}{(d[D_j,D_i])^2}}{\sum\limits_{D_j \in C^*}W_i} \\[5mm] B_i = \dfrac{\sum\limits_{D_j \in C^*}W_i\dfrac{(z_j-z_i)(y_j-y_i)}{(d[D_j,D_i])^2}}{\sum\limits_{D_j \in C^*}W_i} \end{cases} \qquad (2-49)$$

$$v = \frac{Q\left[\max\{Z_i\} - \min\{Z_i\}\right]}{\left[\max\{(A_i^2 + B_i^2)\}\right]^{1/2}} \qquad (2-50)$$

当 $P(x, y)$ 点很接近某个点 $D_i(x, y)$ 时，舍入误差和截断将引起很大误差，另外计算机计算时也会有很大困难，如算术溢出等。这些问题可以通过在 $D_i(x, y)$ 上建立一个邻域加以避免，一旦点 $P(x, y)$ 落进这个邻域，则令 $f(P) = Z$。

如果 $P(x, y)$ 同时落入几个 $D_i(x, y)$ 的邻域内，则取它们的 Z 值的平均值作为 $P(x, y)$ 点的 Z 值。把这几个 $D_i(x, y)$ 组成的集合定义为 $N(P)$，则此时云雾抛撒浓度分布曲面函数如下式所示：

$$F(x, y) = \begin{cases} \dfrac{\displaystyle\sum_{D_i \in C'} W_i (Z_i + \Delta Z_i)}{\displaystyle\sum_{D_i \in C'} W_i}, & \text{对所有 } D_i, \ d_i > \xi \\[4mm] \dfrac{\displaystyle\sum_{D_i \in 'N(P)} Z_i}{\displaystyle\sum_{D_i \in 'N(P)} 1}, & \text{对某些 } D_i, \ d_i > \xi \end{cases} \qquad (2-51)$$

式中，W_i 为权函数；C' 为参加运算的点的集合；C'' 为 C 中 $P(X, Y)$ 的 ε 邻域中 D_i 的集合。

| 2.3 高速云爆战斗部抛撒燃料浓度分布数值模拟 |

根据燃料质量与云雾尺寸满足 $r = 2.413 \sqrt[3]{m}$ 的关系，设置中心驱动载荷。对 50 kg、100 kg、250 kg 以及 500 kg 大尺度燃料在不同初始下落速度（$v_0 = 0 \sim 700 \ \text{m/s}$）条件下的抛撒过程进行了数值模拟，对高速云雾尺度、速度及粒径分布变化特征进行讨论，对高速云雾抛撒过程中云雾形状及浓度分布进行分析。

2.3.1 不同初始落速条件下 50 kg 燃料抛撒过程

1. 初始静态条件下 50 kg 燃料抛撒过程（图 2-9）

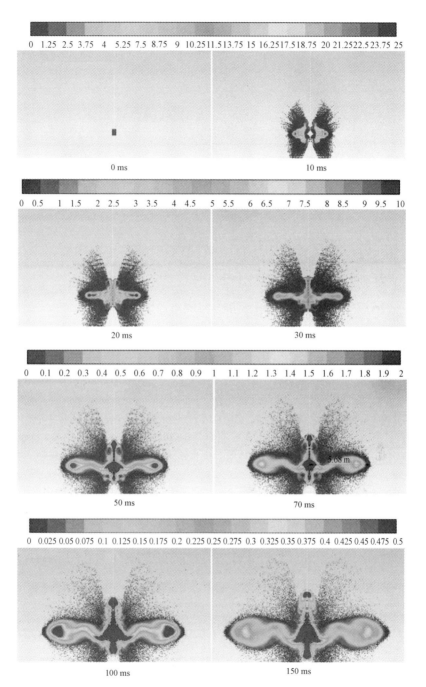

图 2-9　初始静态条件下 50 kg 燃料抛撒过程浓度分布

（颜色表示燃料浓度/（kg·m^{-3}））

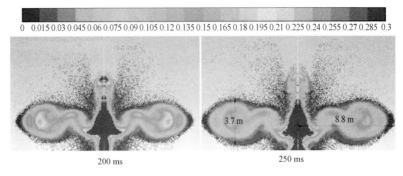

0　0.015 0.03 0.045 0.06 0.075 0.09 0.105 0.12 0.135 0.15 0.165 0.18 0.195 0.21 0.225 0.24 0.255 0.27 0.285　0.3

200 ms　　　　　　　　　　250 ms

图 2-9　初始静态条件下 50 kg 燃料抛撒过程浓度分布

（颜色表示燃料浓度/（kg·m⁻³））（续）

由图 2-9 可以看出，在中心载荷作用下，抛撒落速 100 m/s 内燃料主要沿径向运动，少量燃料在被中心气体带动向倾斜上方和下方运动，抛撒落速 50 kg 燃料抛撒过程中回流现象十分显著。抛撒落速 20 m/s 时已有回流现象出现，抛撒落速 50 m/s 时刻云雾中心已有大量燃料聚集；抛撒落速在 100 m/s 之后燃料径向运动减缓，轴向扩散作用逐渐加强；抛撒落速在 250 m/s 时燃料形成圆饼形状，其厚度为 3.7 m，半径为 8.8 m。

浓度分布方面，随着时间的推移，径向上除了中心处燃料浓度较高外，靠近云团边缘的区域也出现了一个高浓度区。中心区的燃料浓度似乎一直处于较高值，由于回流作用，该区域的燃料在径向上的扩散就受到了较强的抑制，只有在轴向上沿中轴线的运动，可以看到在 50 m/s 时刻在燃料沿中轴线向上形成了一道射流。而靠近云团边缘的高浓度区域由于一直处于运动扩散状态，因此浓度随着时间也在逐渐降低。从云雾起爆的角度考虑，中心高浓度区域的燃料浓度有可能过高，超过了燃料的爆炸上限，因此最佳的云雾起爆位置还是在边缘附近的高浓度区。

2. 初始落速 100 m/s 条件下 50 kg 燃料抛撒过程（见图 2-10）

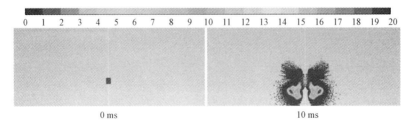

0　1　2　3　4　5　6　7　8　9　10　11　12　13　14　15　16　17　18　19　20

0 ms　　　　　　　　　　10 ms

图 2-10　初始落速 100m/s 条件下 50kg 燃料抛撒过程浓度分布

（颜色表示燃料浓度/（kg·m⁻³））

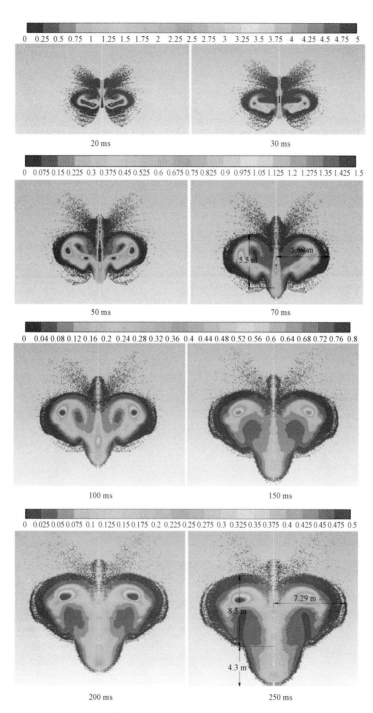

图 2－10　初始落速 100m/s 条件下 50kg 燃料抛撒过程浓度分布
（颜色表示燃料浓度/（kg·m⁻³））（续）

由图 2-10 可以看出，燃料在前 100 m/s 时间内依然主要沿径向扩散，在 20 m/s 就已经出现了显著的回流现象，回流作用线中轴线附近燃料浓度增大，在静态条件下中轴线上聚集的大量燃料在有初始落速的条件下依赖更大的惯性，其下落速度超越了云团主体，使得整个云团在轴向上被拉长。最终整个云团被分成两部分：上部的椭球形云团和下部的柱状云团。250 m/s 时刻上部椭球形云团部分径向半径为 7.3 m，轴向高度为 8.5 m；下部圆柱形部分相对较短，仅 4.3 m。

浓度分布方面，由于初始下落速度的存在，随着时间的推移，中轴线上的燃料在轴向有较大程度的分散，因此静态条件下观察到的中心高浓度区域浓度有所下降，而靠近云团边缘的高浓度区域依然存在。

3. 初始落速 300 m/s 条件下 50 kg 燃料抛撒过程（图 2-11）

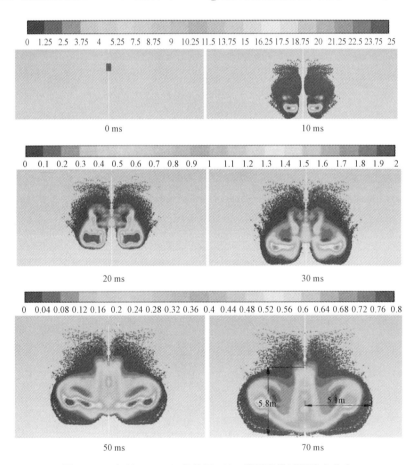

图 2-11　初始 300 m/s 条件下 50kg 燃料抛撒过程浓度分布

（颜色表示燃料浓度/（kg·m⁻³））

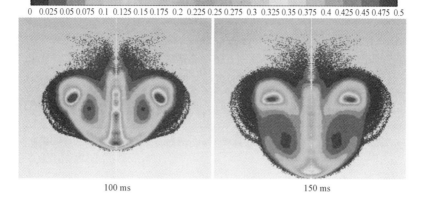

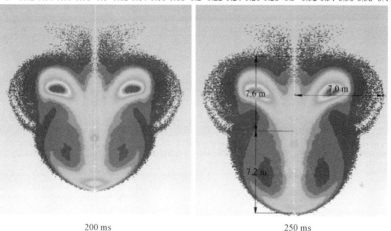

图 2-11　初始 300 m/s 条件下 50kg 燃料抛撒过程浓度分布

（颜色表示燃料浓度/（kg・m⁻³））（续）

　　随着初始下落速度增大到 300 m/s，在下落速度 100 m/s 时观察到的整个云团被分成上部椭球状云团和下部杆状云团两部分的现象变得不显著，似乎云团整体变"胖"了。为了便于分析，依然将整个云团分成上下两部分，250 m/s 时刻上部椭球形云团部分径向半径为 7 m，轴向高度为 7.6 m；下部云团与上部云团尺寸相当。

　　浓度分布方面，在 70～100 m/s 云团在中心处和径向边缘附近形成了两个高浓度区，中心的高浓度区域随着进一步的轴向扩散迅速衰减，而靠近云团边缘的高浓度区虽然也进一步扩散，但基本保持在较高范围内。

4. 初始落速 500 m/s 条件下 50 kg 燃料抛撒过程（图 2 – 12）

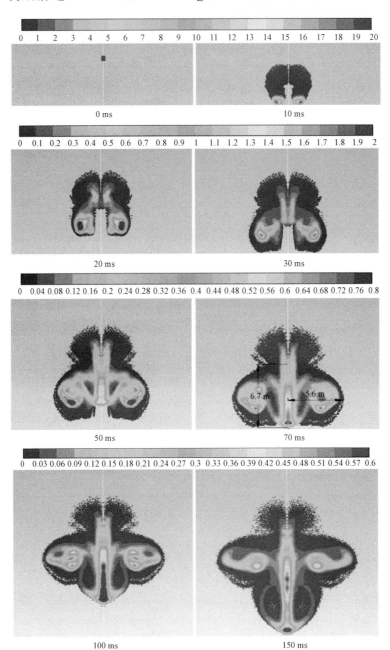

图 2 – 12　初始 500 m/s 条件下 50 kg 燃料抛撒过程浓度分布
（颜色表示燃料浓度/（kg·m^{-3}））

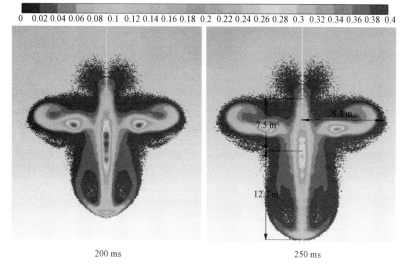

200 ms

250 ms

图 2-12　初始 500 m/s 条件下 50 kg 燃料抛撒过程浓度分布
（颜色表示燃料浓度/（kg·m^{-3}））（续）

随着初始下落速度进一步增大，云团上部椭球形、下部杆状的形态特征又逐渐清晰了起来。在初始下落速度 500 m/s 的条件下，250 m/s 时上部椭球状云团的径向半径为 8.4 m，轴向高度为 7.5 m；下部杆状云团被进一步拉长，增加到 12.2 m。

浓度分布方面，500 m/s 下落速度条件下的云团浓度分布与 300 m/s 下落速度条件下的情况较为相似。只是随着初始下落速度的增加，中轴线上的云雾浓度有所增大，而本来靠近云团边缘的高浓度区则逐渐向中轴线处靠拢。

5. 初始落速 700 m/s 条件下 50 kg 燃料抛撒过程（图 2-13）

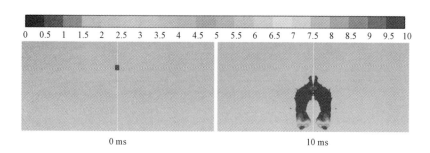

0 ms

10 ms

图 2-13　初始 700 m/s 条件下 50 kg 燃料抛撒过程浓度分布
（颜色表示燃料浓度/（kg·m^{-3}））

0　0.075 0.15 0.225 0.3 0.375 0.45 0.525 0.6 0.675 0.75 0.825 0.9 0.975 1.05 1.125 1.2 1.275 1.35 1.425 1.5

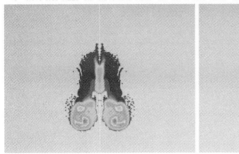
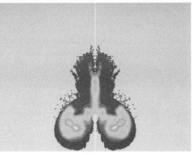

20 ms　　　　　　　　　　　　　　　　30 ms

0　0.04 0.08 0.12 0.16 0.2　0.24 0.28 0.32 0.36 0.4　0.44 0.48 0.52 0.56 0.6　0.64 0.68 0.72 0.76 0.8

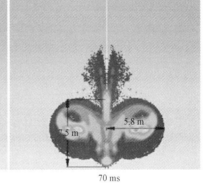

50 ms　　　　　　　　　　　　　　　　70 ms

0　0.03 0.06 0.09 0.12 0.15 0.18 0.21 0.24 0.27 0.3　0.33 0.36 0.39 0.42 0.45 0.48 0.51 0.54 0.57 0.6

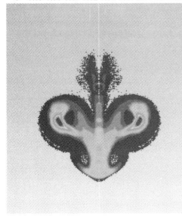
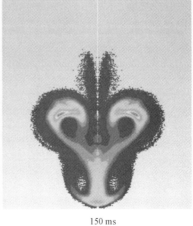

100 ms　　　　　　　　　　　　　　　150 ms

图 2 – 13　初始 700 m/s 条件下 50 kg 燃料抛撒过程浓度分布
（颜色表示燃料浓度/（kg・m⁻³））（续）

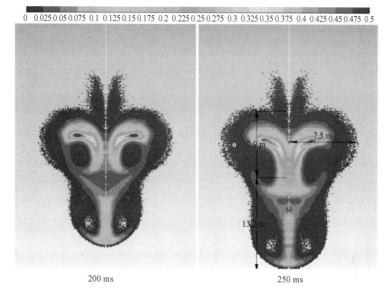

图 2 - 13　初始 700 m/s 条件下 50 kg 燃料抛撒过程浓度分布
（颜色表示燃料浓度/（kg·m⁻³））（续）

当云团初始落速增大到 700 m/s 时，云团整体在轴向上被拉扯得更长，云团上下两部分的界限也又变得相对模糊起来。落速在 250 m/s 时刻，上部云团径向半径为 7.2 m，轴向长度 8.3 m；下部云团长度被拉扯到 13.8 m。700 m/s 下落速度条件下，云团在 70 m/s 时刻依然出现了中轴线和径向四周两个高浓度区域，而径向四周的高浓度区域向中轴线处靠拢的趋势更加显著。落速在 250 m/s 时刻，两个高浓度区域几乎已经融为一体。

2.3.2　不同初始落速条件下 500 kg 燃料抛撒过程

1. 初始静态条件下 500 kg 燃料抛撒过程（图 2 - 14）

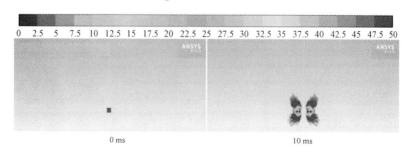

图 2 - 14　静态条件下 500 kg 燃料抛撒过程浓度分布
（颜色表示燃料浓度/（kg·m⁻³））

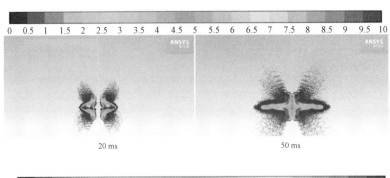

20 ms　　　　　　50 ms

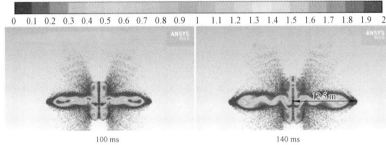

100 ms　　　　　　140 ms

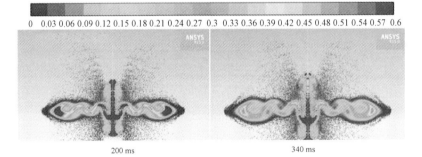

200 ms　　　　　　340 ms

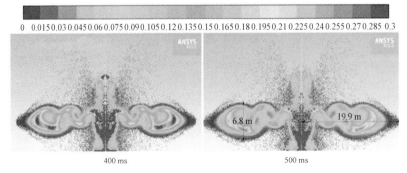

400 ms　　　　　　500 ms

图 2-14　静态条件下 500 kg 燃料抛撒过程浓度分布
（颜色表示燃料浓度/（kg·m^{-3}））（续）

如图 2-14 所示，初始静态条件下 500 kg 燃料在中心载荷作用下 200 m/s 内燃料主要沿径向运动，少量燃料在被中心燃料起爆形成的气体带动向倾斜上方和下方运动，在抛撒 50 m/s 时刻已经有回流现象出现，在抛撒 100 m/s 时刻云雾中心已经有大量燃料聚集。云雾中心的燃料在径向上的运动受阻，转而沿轴向运动，部分燃料在 100 m/s 时刻沿轴向上形成了射流，更多的燃料则是受到重力作用沉向地面。而没有受到回流作用影响的燃料则离开了云雾中心沿径向四周不断扩散，在 200 m/s 时刻之后燃料径向运动减缓，轴向扩散作用逐渐加强；在 500 m/s 时刻燃料形成了一个圆饼形状，厚度为 6.8 m，半径为 19.9 m。

浓度分布方面，同 50 kg 抛撒过程类似，500 kg 燃料抛撒过程中也出现了云团中心和边缘附近两个较高浓度区域。中心处的燃料浓度相对过高，并不适合对云雾进行起爆，因此对静爆而言，较为理想的云雾起爆位置还是在云团边缘附近的高浓度区域范围。

2. 初始 100 m/s 条件下 500 kg 燃料抛撒过程（图 2-15）

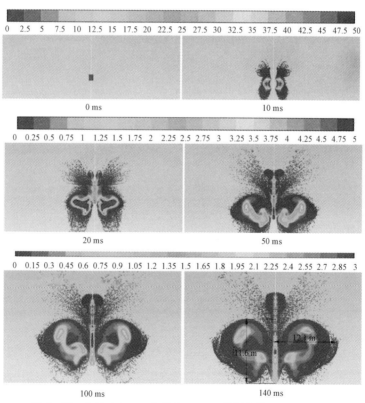

图 2-15　初速 100 m/s 条件下 500 kg 燃料抛撒过程浓度分布

（颜色表示燃料浓度/（kg·m⁻³））

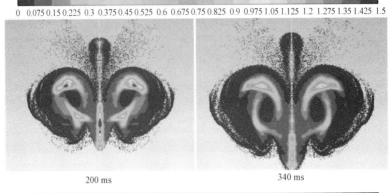

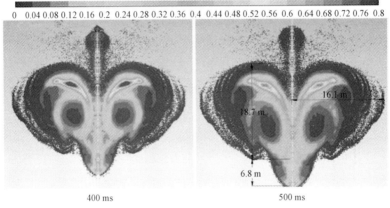

图 2-15　初速 100 m/s 条件下 500 kg 燃料抛撒过程浓度分布
（颜色表示燃料浓度/（kg·m⁻³））（续）

　　初始下落速度 100 m/s 条件下 500 kg 燃料的抛撒过程同 50 kg 燃料较为相似。在中心载荷作用下，部分燃料获得了较大的径向速度沿径向向外迅速扩散、膨胀；另一部分径向速度较小的燃料则聚集在中轴线上，在初始落速的作用下沿中轴线向下运动，逐渐脱离了上部燃料主体。最终整个云团被分成两部分：上部的椭球形云团和下部的柱状云团。下落速度 500 m/s 时刻上部椭球形云团部分径向半径为 16.3 m，轴向高度为 18.7 m；下部圆柱形部分相对较短，仅 6.8 m。

　　浓度分布方面，下落速度的存在使得静态条件下云雾中心处的高浓度区域在轴向上被"稀释"了，而对应于边缘附近的高浓度区域依然存在，然而随着时间的推移该区域也有了向中轴线上聚集的趋势。

3. 初始 300 m/s 条件下 500 kg 燃料抛撒过程（图 2-16）

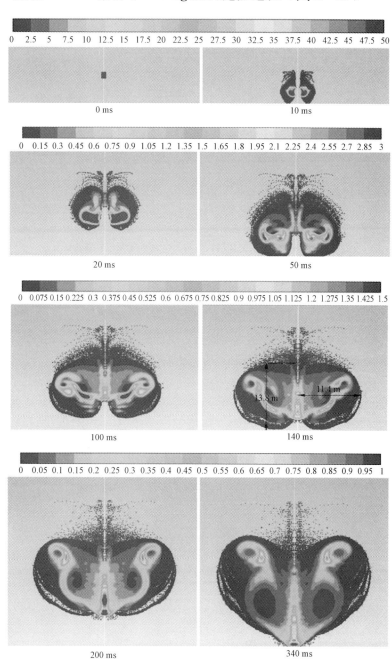

图 2-16 初速 300 m/s 条件下 500 kg 燃料抛撒过程浓度分布

（颜色表示燃料浓度/（kg·m⁻³））

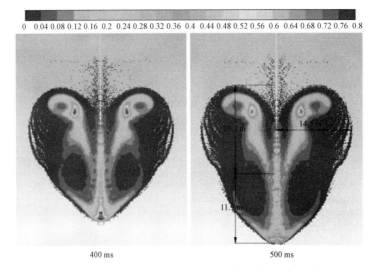

图 2-16 初速 300 m/s 条件下 500 kg 燃料抛撒过程浓度分布
（颜色表示燃料浓度/（kg·m^{-3}））（续）

随着初始下落速度增大到 300 m/s，云团在轴向方向上被进一步拉长，而在径向方向上则相对 100 m/s 下落速度有所收缩。截至 500 m/s 时刻，上部椭球状云团径向半径为 14.1 m，轴向长度为 18.9 m，下部杆状云团长度为 21.9 m。类似于 50 kg 燃料，这里实际上整个云团似乎逐渐发展成一个 V 字形的形状，上下部分云团的分界并不显著，为了便于分析，将云团分成上下两个部分来描述。

浓度分布方面，同样形成了中心和边缘两个相对较高浓度区，初始下落速度增加使得中轴线附近的燃料比例有所增加，下沉也更加迅速。边缘处高浓度区域随着时间的推移也在向中轴线逐渐靠拢，这可能是由于在初始下落速度和空气阻力两者共同作用下，在上部云团中出现了比较强烈的湍流作用。湍流将中心载荷驱动作用下运动到边缘附近的高浓度区域向中轴线处旋近，使得该区域也随着时间的推移向中轴线处靠拢。

4. 初始 500 m/s 条件下 500 kg 燃料抛撒过程（图 2-17）

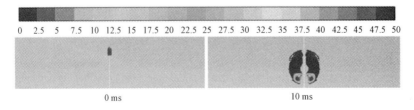

图 2-17 初速 500 m/s 条件下 500 kg 燃料抛撒过程浓度分布
（颜色表示燃料浓度/（kg·m^{-3}））

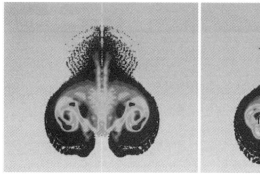
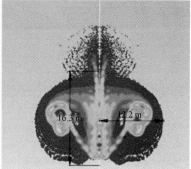

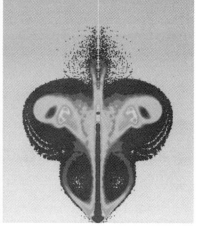

图 2－17　初速 500 m/s 条件下 500 kg 燃料抛撒过程浓度分布

（颜色表示燃料浓度/（kg・m⁻³））（续）

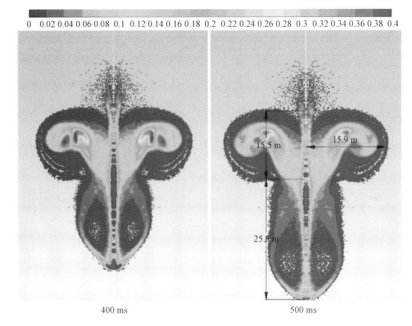

400 ms   500 ms

图 2-17 初速 500 m/s 条件下 500 kg 燃料抛撒过程浓度分布

（颜色表示燃料浓度/（kg·m⁻³））（续）

随着初始下落速度进一步增大，云团上部椭球形、下部杆状的形态特征变得更加清晰。在初始下落速度 500 m/s 的条件下，500 ms 时上部椭球状云团的径向半径为 15.9 m，轴向高度为 15.5 m；下部杆状云团被进一步拉长，长度增加到 25.8 m。

浓度分布方面，500 m/s 下落速度条件下的云团浓度分布与 300 m/s 下落速度条件下的情况较为相似。只是随着初始下落速度的增加，中轴线上聚集的燃料相对更多。

5. 初始 700 m/s 条件下 500 kg 燃料抛撒过程（图 2-18）

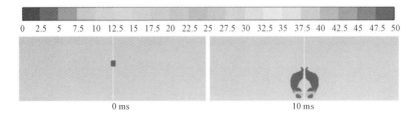

0 ms   10 ms

图 2-18 初速 700 m/s 条件下 500 kg 燃料抛撒过程浓度分布

（颜色表示燃料浓度/（kg·m⁻³））

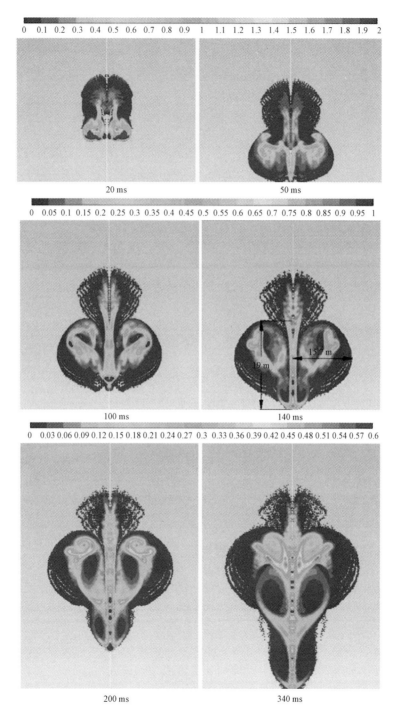

图 2-18 初速 700 m/s 条件下 500 kg 燃料抛撒过程浓度分布
（颜色表示燃料浓度/（kg·m⁻³））（续）

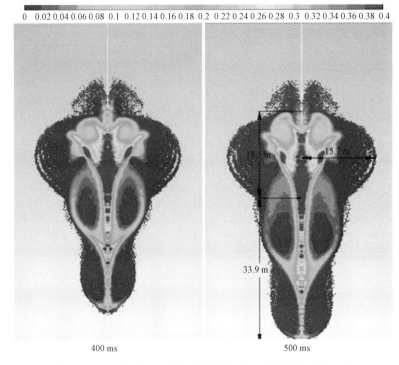

0 0.02 0.04 0.06 0.08 0.1 0.12 0.14 0.16 0.18 0.2 0.22 0.24 0.26 0.28 0.3 0.32 0.34 0.36 0.38 0.4

400 ms   500 ms

图 2-18　初速 700 m/s 条件下 500 kg 燃料抛撒过程浓度分布
（颜色表示燃料浓度/（kg·m^{-3}））（续）

当云团初始落速增大到 700 m/s 时，云团整体在轴向上被拉扯得更长，更多的燃料进入下部的杆状云团中。云团在 60 m/s 时刻依然出现了中轴线和径向四周两个高浓度区域，而径向四周的高浓度区域向中轴线处靠拢的趋势更加显著。落速在 500 m/s 时刻，两个高浓度区域几乎已经融为一体，上部云团径向半径为 15.7 m，轴向长度 18.5 m；下部云团长度拉扯到 33.9 m。

2.3.3　动态条件云雾抛撒过程形状与浓度分布特征

总结动态条件下 50 kg 和 500 kg 燃料抛撒过程中浓度分布的变化过程可以看出，云团中较高浓度区域大致经历了由倒 V 字形或者伞形转变为盆状或者 V 字形，最终变成漏斗状的过程。初始落速越大，抛撒初期形成的云雾"伞"越尖，而抛撒后期形成的云雾"漏斗"的上开口便越小，"漏斗径"越长。最佳的云雾起爆时机应该为云雾由伞状向漏斗状过渡的时期。

2.3.3.1　初始静态条件下高速云雾浓度沿径向分布特征

在云爆燃料抛撒过程中，云雾可以根据其浓度分布划分为三个区域：云雾中心高浓度区、近场云雾低浓度区以及远场云雾高浓度区。

在云雾中心高浓度区（50 kg、100 kg 云团径向半径约 1 m 范围内，250 kg、500 kg 云团径向半径约 2 m 范围内）由于抛撒过程中的回流作用聚集大量的燃料，尽管部分燃料沿中轴线向上形成了射流，大部分燃料依然聚集在此处，形成了一个浓度峰值区，综合分析图 2－18（a）、（b）、（c）、（d）可以看出，似乎随着燃料量的增加，在中心区浓度逐渐下降并且衰减速度越来越快。

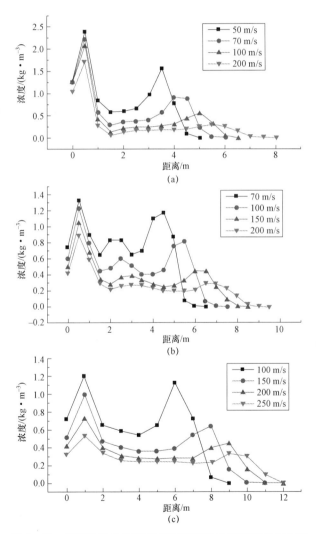

图 2－19　初始静态条件下不同时刻高速云雾浓度沿径向分布

（a）50 kg 燃料；（b）100 kg 燃料；（c）250 kg 燃料

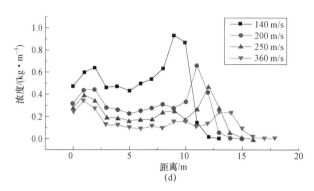

图 2−19　初始静态条件下不同时刻高速云雾浓度沿径向分布（续）

（d）500 kg 燃料

在云雾抛撒过程中，部分燃料由于回流作用被推回了云雾中心，更多的燃料获得了中心载荷较大的驱动力而沿着径向不断向外扩张；扩张的过程中空气阻力使得越来越多的颗粒停滞，停滞在扩张途中的燃料颗粒构成了近场云雾低浓度区，凭借惯性继续向外扩张的燃料颗粒则组成了远场云雾高浓度区。事实上，随着时间的推移，越来越多的燃料颗粒被空气阻力所阻滞，在云雾抛撒的过程中，近场云雾低浓度区域的范围不断扩大，而远场云雾高浓度区域内部的燃料则越来越少，浓度越来越低，随着时间的推移最终两个浓度区域合成为一个较低浓度区域。

2.3.3.2　动态条件下高速云雾浓度沿径向分布特征

云雾在动态条件下的浓度分布与静态条件下较为类似，依然可以将整个云团分为静态条件下相一致的三个区域，区别仅在于动态条件下中心高浓度区域内部的云雾浓度同静态条件下相比有了显著的下降，在云雾中心起爆具备可能性。

综合分析图 2−20（a）、（b）、（c）、（d），可以看出动态条件下近场低浓度区域内部的燃料浓度与静态条件下相比偏低，在云雾边缘附近的远场高浓度区域内，在所取时刻监测到的云雾浓度还是较高的；尤其是在初始落速较大的条件下，远远大于燃料的当量浓度，无论是对于云雾的可靠起爆还是从燃料充分利用的角度考虑都是较为不利的，因此在动态条件下适当增大中心载荷，使得在合适的点火时机云雾内部也有较为理想的浓度分布。

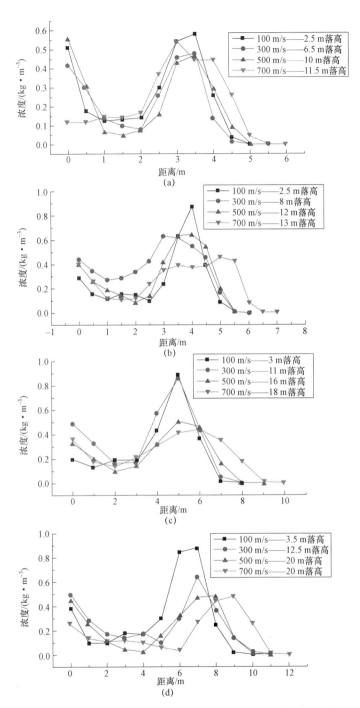

图 2-20　不同初始落速条件下不同时刻高速云雾浓度沿径向分布

（a）50 kg 燃料；（b）100 kg 燃料；（c）250 kg 燃料；（d）500 kg 燃料

|2.4 结　　论|

对 50 kg、100 kg、250 kg、500 kg 燃料在不同初始落速（0～700 m/s）条件下中心载荷作用下高速云雾的抛撒过程进行了研究，对抛撒过程中云雾浓度变化过程进行了分析与讨论，主要结论如下：

（1）初始静态条件下高速云雾主要沿径向运动，最终云团形状为圆盘状；初始动态条件下高速云雾抛撒过程中云雾较高浓度区域历经了由倒 V 字形或伞状结构转变为 V 字形或盆状结构，再转变为漏斗状结构的过程，最终整个云雾在宏观上形成了上部杆状云团和下部椭球状云团两个部分。

（2）同尺度较小的 2 kg 燃料高速云雾抛撒过程相比，在较大尺度下，由于中心载荷对于燃料的抛撒作用较不均匀，抛撒过程中出现了较为显著的回流现象，在静态条件下出现了燃料在云雾中心的堆积和沿中轴线向上的射流，并未出现较小尺度下抛撒过程中出现的云雾空洞。

（3）无论是在初始静态还是在动态条件下，高速云雾根据其浓度在径向上的分布可以分成三个部分：云雾中心高浓度区、近场云雾低浓度区以及远场云雾高浓度区。在初始静态条件下云雾中心处的燃料浓度相对过高，对云雾的可靠起爆不利；而在动态条件下由于轴向下落速度的存在，云雾中心处燃料浓度有所降低，提供了在云雾中心点火的可能性。

（4）不同初始落速条件下，高速云雾在径向上在 10 m/s 内迅速扩张，速度均可达到 200～300 m/s，随后其扩张速度迅速衰减；高速云雾在轴向上的运动可以分成三个阶段：10 m/s 内轴向迅速扩张阶段、轴向速度衰减阶段以及下部杆状云团出现后的轴向匀速下沉阶段。

（5）初始落速 300 m/s 条件下云团在轴向和径向上的绝对尺寸同其他落速相比均较小，然而整个云团在宏观上更加均匀，上下部云团的界限也较为模糊，对云雾的起爆较为有利。

（6）高速云雾抛撒过程中，较小粒径的颗粒在中心载荷作用下启速快，在空气阻力的作用下降速也快，构成了回流的主体；较大粒径的颗粒在中心载荷的作用下启速慢，然而其惯性作用使其受空气阻力影响较小，速度保持能力更强。同初始静态条件相比，初始动态条件下云雾内部液滴的破碎更加剧烈。

（7）从时间上看，初始静态条件下，随着燃料质量的增加，其抛撒开始到云雾起爆延迟时间也逐渐增加；而对于初始动态条件下，还要考虑到云团形状变化的因素，云雾起爆时间最好选择在下部杆状云团出现之前、较高浓度区域由"伞状"向"漏斗状"的过渡时期，对于 50 kg 和 100 kg 燃料，该时间燃料抛撒落速为 70 m/s；而对于 250 kg 和 500 kg 燃料，该时间燃料抛撒落速分别为 100 m/s 和 140 m/s。

第 3 章

云爆战斗部引战配合模型仿真分析

| 3.1 引　　言 |

　　二次起爆型云爆战斗部抛撒云团与引信的动态交会状态，是分析二次起爆引信的时间、空间位置的起爆控制的基础。二次起爆型云战斗部以二次引信是否参与作用为标准，可以将爆前环节划分为引信—云雾交会运动和引信—云雾作用爆轰阶段两个阶段。本章对这两个阶段关于燃料动态分布不同方面的特性和规律进行研究。

　　（1）引信—云雾交会运动阶段：该阶段燃料扩散运动处于准静止状态，二次引信在初始速度和空气阻力作用下作落体运动，与燃料云雾发生空间交会。对该阶段进行分析研究，可以获得引信—云雾交会时间起点和交会时间窗口（引信穿越云雾的时间）等信息。

　　（2）引信—云雾作用爆轰阶段：该阶段主要为多个引信在云雾中形成多点同步起爆、实现云雾爆轰能力。对该阶段的有效分析，可以获得最优爆轰效能的时间、空间区域。

　　本章主要建立落姿—高落速云爆战斗部二次起爆引信的引战配合仿真模型，分析起爆位置的毁伤威力，为二次起爆云爆战斗部的引战配合提供理论支撑。

|3.2　高速云爆战斗部引战配合数值模拟|

典型二次云爆战斗部效应作用过程如图3-1所示：首先中心抛撒炸药在引信作用下，以一定速度沿轴向爆炸，内壳体受到侧向动压，导致云爆战斗部的内壳体破裂，爆炸气体迅速作用于云爆剂，同时爆炸压力经过极少的衰减后迅速传递到外壳体。云爆燃料从破裂的壳体中形成射流，在空气中快速流动，在湍流的作用下迅速分散，与空气混合形成燃料空气炸药。同时，二次引信在一次抛撒作用力和重力的作用下，呈一定的抛物线运动，但由于作用过程极短，通常认为是直线引信—云雾交会，实现爆轰。

（1）假设二次起爆引信在探测高度为 200 m 下减速分离，初速为 200～400 m/s，减速至 60 m/s。根据常用的引战配合模型，认为引信在抛射与减速前后是匀速直线运动，且引信为稳定状态。

（2）假设引信抛射后的偏航角、滚转角为 0，俯仰角与云爆战斗部保持一致，建立引信交会仿真模型。

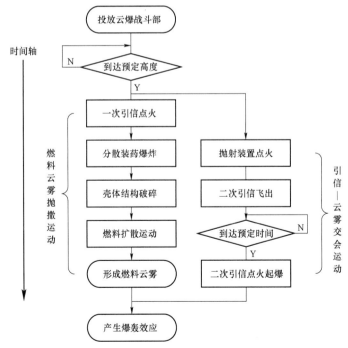

图3-1　典型二次起爆型云爆战斗部作用过程图

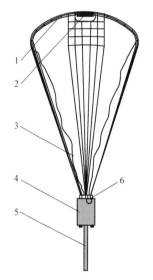

图 3 - 2　二次定点强起爆原理

1—降速伞；2—二次延迟引信；3—导爆管；
4—云爆战斗部；5——次引信；6—导爆体

传统二次起爆的工作原理如图 3 - 2 所示，当一次引信的探杆碰触目标时，引信作用并引爆燃料分散装药，分散燃料，同时给二次引信输出启动信号；燃料经一定时间扩散，与周围空气混合，形成燃料云雾；燃料分散的同时，二次引信在伞绳的约束下继续沿着原有弹道落入云雾中，经过预定延迟后引爆云雾。与随机起爆方式相比，定点强起爆依靠伞绳约束二次引信运动轨迹，能有效保证引信在云雾团内起爆。但是两者均采用固定延迟的方式实现二次起爆，难以获得最佳起爆时机，即在燃料分散达到最佳爆轰浓度时起爆。

由于云雾爆轰威力与起爆浓度密切相关，因此二次引信不仅应进入云雾团内起爆，而且还应在燃料分散到一定浓度时起爆，需要对引信—云雾的交会时间与空间进行理论分析，同时进行最优云雾爆轰的临界浓度识别与自主起爆控制，如图 3 - 3 所示。

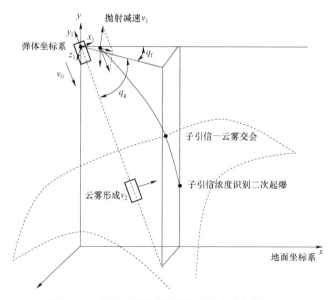

图 3 - 3　基于云雾浓度识别的定点自主起爆原理

为实现起爆位置与起爆时机的精确控制，可对定点强起爆方法进行修正，得到基于云雾浓度识别的定点强起爆控制方法，工作原理如图 3-3 所示。与图 3-2 相比，只有二次引信的起爆控制原理不同，即在继承其二次引信抛射原理和结构的基础上，将延迟起爆替换为浓度检测控制；在二次引信中增加云雾浓度实时检测模块，在二次引信与云雾团交会过程中（云雾稳定扩散阶段）实时测量云雾扩散的浓度，当到达预定浓度时起爆燃料，实现在最优爆轰浓度条件下的云雾爆轰，从而提高爆轰威力。考虑云雾浓度、粒径分布状态，二次引信云雾浓度检测应满足表 3-1 所示参数。

表 3-1　二次引信浓度探测指标参数

二次引信浓度检测指标	数值
检测浓度/（g·m⁻³）	100～1 000
燃料云雾粒径/μm	20～100
响应时间/ms	< 5
浓度检测时间/ms	> 30

3.2.1　引信运动模型

二次起爆引信的运动可理想认为是一维弹道问题。二次起爆引信运动受到起始火药推力、空气阻力和重力的作用。由于云雾形成时间很短，二次起爆引信飞行时间也很短，可以不考虑重力的影响。当壳体轴线垂直地面时，二次起爆引信沿轴线运动，因此其运动方程为

$$m\frac{\mathrm{d}v_x}{\mathrm{d}t} = P\cos\alpha - \frac{1}{2}c_D\rho_g A v_x^2 \tag{3-1}$$

$$m\frac{\mathrm{d}v_y}{\mathrm{d}t} = P\sin\alpha - \frac{1}{2}c_D\rho_g A v_y^2 \tag{3-2}$$

式中，m 为二次起爆引信质量；v_x、v_y 为速度分量；c_D 为空气阻力系数；ρ_g 为空气密度；A 为迎风面积；P 为火药气体驱动力；α 为初始抛射角。

火药气体驱动二次起爆引信时间很短，可以假设为一短时脉冲，其冲量作用使得二次起爆引信获得初速 v_0，火药气体驱动力作用曲线如图 3-4 所示。实际火药驱动力历程可通过调整曲线峰值 P_{peak} 和作用时间长度 T_d 来确定。计算中

取峰值 $P_{\text{peak}} = 100$ MPa，$T_d = 14.5$ ms。

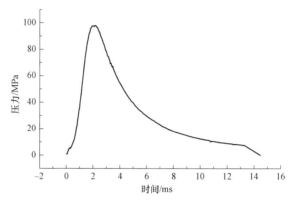

图 3 - 4 火药驱动力特征曲线

3.2.2 燃料云雾运动模型

固液态云爆战斗部的燃料在云雾形成后，可以用气固液三相流体运动模型来描述，其基本方程为：

对于气相

$$\frac{\partial U}{\partial t} + \frac{\partial F}{\partial x} + \frac{\partial G}{\partial y} = S_{G-L} \quad (3-3)$$

$$U = \begin{bmatrix} \rho \\ \rho u \\ \rho v \\ \rho E \end{bmatrix} F = \begin{bmatrix} \rho u \\ P + \rho u^2 \\ \rho uv \\ u(\rho E + P) \end{bmatrix} G = \begin{bmatrix} \rho v \\ \rho vu \\ P + \rho v^2 \\ v(\rho E + P) \end{bmatrix} \quad (3-4)$$

$$S_{G-L} = \begin{bmatrix} \rho_s \delta_s \\ -\rho_s M_x + u_s \rho_s \delta_s \\ -\rho_s M_y + v_s \rho_s \delta_s \\ -\rho_s (u_s M_x + v_s M_y) + ((u_s^2 + v_s^2)/2 + q_{\text{react}})\rho_s \delta_s \end{bmatrix} \quad (3-5)$$

对于液固凝聚相

$$\frac{\partial U_L}{\partial t} + \frac{\partial F_L}{\partial x} + \frac{\partial G_L}{\partial y} = S_{L-G} \quad (3-6)$$

$$U_L = \begin{bmatrix} \rho_L \\ \rho_L u_L \\ \rho_L v_L \\ N \end{bmatrix} F_L = \begin{bmatrix} \rho_L u_L \\ \rho_L u_L^2 \\ \rho_L u_L v_L \\ N u_L \end{bmatrix} G_L = \begin{bmatrix} \rho_L v_L \\ \rho_L v_L u_L \\ \rho_L v_L^2 \\ N v_L \end{bmatrix} S_{L\text{-}G} = \begin{bmatrix} -\rho_L \delta_L \\ \rho_L M_x - u_L \rho_L \delta \\ \rho_L M_y - v_L \rho_L \delta \\ 0 \end{bmatrix}$$

$$(3-7)$$

式中，$\rho_L = \dfrac{4}{3}\pi r_0^3 N \rho_L^{\mathrm{ini}}$；$|V - V_L| = ((u - u_L)^2 + (v - v_L)^2)^{\frac{1}{2}}$；$Re = \dfrac{2\rho r_0 |V - V_L|}{\mu}$。

$$Nu = 2 + 0.6 Pr^{0.33} Re^{0.5} \tag{3-8}$$

$$C_D = \begin{cases} 27 Re^{-0.84}, & Re < 80 \\ 0.27 Re^{0.21}, & 80 \leqslant Re < 10^4 \\ 2, & Re \geqslant 10^4 \end{cases} \tag{3-9}$$

$$M_x = \frac{3\rho C_D}{8\rho_L^{\mathrm{ini}} r_0} |V - V_L|(u - u_L) \tag{3-10}$$

$$M_y = \frac{3\rho C_D}{8\rho_L^{\mathrm{ini}} r_0} |V - V_L|(v - v_L) \tag{3-11}$$

$$\delta = \frac{9 k_{\mathrm{GAS}} Nu(T - T_L)}{\pi r_0^2 \rho_L^{\mathrm{ini}} L} + 3\left(\frac{\rho\mu}{\rho_L^{\mathrm{ini}}\mu_L}\right)^{1/6}\left(\frac{\mu_L}{\rho_L^{\mathrm{ini}}}\right)^{1/2} |V - V_L|^{1/2} r_0^{-3/2} \tag{3-12}$$

运动状态方程为

$$P = (\gamma - 1)\rho\left(E - \frac{u^2 + v^2}{2}\right) \tag{3-13}$$

以上各式中，ρ、ρ_L 分别为气相、液相介质的密度（kg/m³）；u、u_L 分别为气相、液相介质的 x 方向质点速度（m/s）；v、v_L 分别为气相、液相介质的 y 方向质点速度（m/s）；P 为两相介质中的压强（Pa）；E 为两相介质中单位质量的总能量（J/kg）；M_x 为与两相介质之间 x 方向动量交换有关的拖曳力项（m/s²）；M_y 为与两相介质之间 y 方向动量交换有关的拖曳力项（m/s²）；q_{react} 为单位质量燃料的化学反应热（J/kg）；N 为单位体积中的液滴数目；r_0 为液滴的平均半径（m）；ρ_L^{ini} 为燃料液滴本身密度（kg/m³）；k_{GAS} 为气体的热传导率（W·m⁻¹·K⁻¹）；Nu 为 Nusselt 数；Pr 为 Prandtl 数；Re 为 Reynolds 数；T、T_L 分别为气相、液相介质的温度（K）；δ 为与液滴尺寸减小有关的变量；μ、μ_L 分别为气相、液相介质的黏性系数（Pa·s）；C_D 为拖曳力系数；γ 为气相的有效绝热指数。

通过对时间积分可以得到二次起爆引信的速度和位移变化，跟踪二次起爆引信的运动轨迹，从而可以判断二次起爆引信和爆炸抛撒形成的云雾相对位置。

3.2.3 云雾运动形貌仿真模拟

根据燃料抛撒运动过程模型，对相同结构参数云雾分散在不同落速条件下的燃料抛撒过程进行引战配合建模仿真计算。分别计算云雾初速在 0.3、0.5、0.8、1.0、1.5、1.8 马赫（Ma）速度下的二次起爆引信与抛撒云团的交会状态，云雾抛撒装置参数设置如表 3 – 2 所示。

表 3 – 2 云雾抛撒装置参数详表

结构	量名称/单位	数值
外壳	直径/高度/壳体厚度/mm	$200 \times 400 \times 2$
	材料密度/（kg·m^{-3}）	7.8×10^3
	拉伸强度/MPa	235
燃料	材料密度/（kg·m^{-3}）	800
	拉伸强度/MPa	0.1
	黏性系数/（Pa·s）	0.01
空气	初始压力/MPa	0.1
	密度/（kg·m^{-3}）	1.225
	黏性系数/（Pa·s）	0.000 18
	声速/（m·s^{-1}）	340
中心管装药	直径/mm	20
	高度/mm	400
	爆压/Pa	$1.55 \times e^{10}$
	爆轰产物初始多方指数/γ	3.0

动态条件下（落速=$0.3Ma$，落角=$90°$）云雾运动形貌分析如下。

对落速为 $0.3Ma$，落角为垂直条件（$90°$）下的云爆燃料抛撒进行分析，动态云雾形貌发展过程如图 3 – 5 所示。

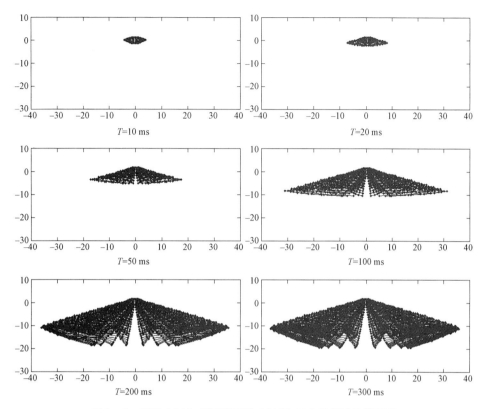

图 3 - 5　落速 0.3*Ma* 时垂直下落（90°）动态云雾形貌发展图

对落速为 0.3*Ma*，落角为垂直条件（75°）下的云爆燃料抛撒进行分析，动态云雾形貌发展过程如图 3 - 6 所示。

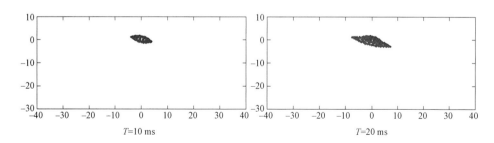

图 3 - 6　落速 0.3*Ma* 时垂直下落（75°）动态云雾形貌发展图

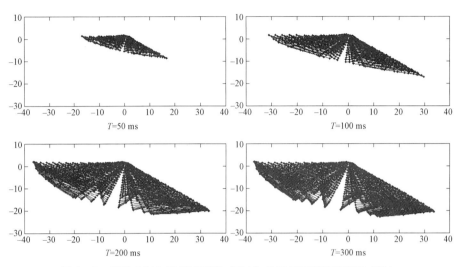

图 3 - 6   落速 0.3*Ma* 时垂直下落（75°）动态云雾形貌发展图（续）

　　通过对云雾运动边界追踪，可以得出云雾的边界速度和分布范围。动态云雾总体呈伞形，云雾的边界速度变化和边界位置变化分别如图 3 - 7、图 3 - 8所示。抛撒初期云雾边沿增长速度经历过几个不同的阶段：首先在极短的时间内，速度迅速上升，随后云雾边沿增长速度迅速降低，最后速度减小趋于缓慢。原因是早期阶段液滴通过中心装药的巨大驱动力在较短时间内获得很大的初始速度，因此阻力也较大，减速度较大，云雾边沿增长速度快速下降。当在蒸发效应和剥离效应的联合作用下液滴粒径减小时，阻力减小，因此在这一阶段减速度变小，直到速度降低，阻力降低，速度趋于 0。可以得出云雾半径稳定在半径 37 m 处，云雾高度最大处为 22 m，上半部为 14 m，下半部为 8 m。

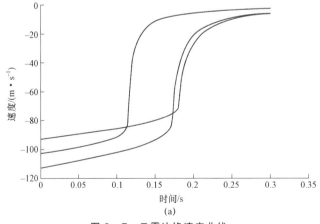

图 3 - 7   云雾边缘速度曲线

（a）轴向速度

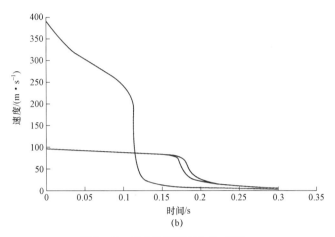

图 3 – 7　云雾边缘速度曲线（续）

（b）径向速度

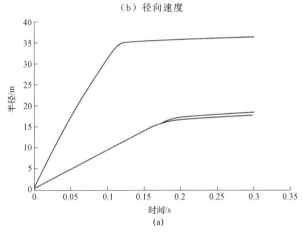

（a）

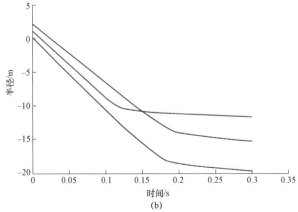

（b）

图 3 – 8　云雾边缘位移曲线

（a）云雾半径；（b）云雾高度

3.2.4 引战配合分析

通过对云雾运动和二次起爆引信运动联合分析可以得到其配合过程和参数。二次起爆引信假设为质量为 5 kg，半径 50 mm、高 100 mm 的圆柱体。轴向速度为 0.5Ma 初速云雾和不同初始条件下二次起爆引信运动轨迹如图 3−9 所示。由图 3−9 可以看出，二次起爆引信和云雾运动关系依赖于初始条件，可以通过控制初始条件使得二次起爆引信落入云雾区内合适位置。结合上述参数条件，分别计算了多组情况获取较为合理的匹配参数。图 3−10～图 3−15 分别给出了动态轴向速度为 0.3Ma、0.5Ma、0.8Ma、1.0Ma、1.5Ma 和 1.8Ma 时云雾以及不同运动初始条件下匹配情况。

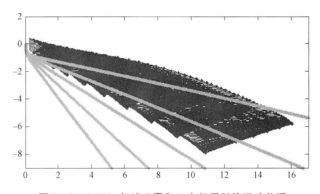

图 3−9　0.5Ma 初速云雾和二次起爆引信运动关系

（1）0.3Ma 时：图 3−10 中 4 条曲线对应不同初始参数时二次起爆引信运动轨迹，表 3−3 列出了初始条件参数。

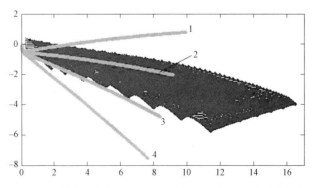

图 3−10　轴向速度为 0.3Ma 时云雾和二次起爆引信交会状态

表 3 – 3　轴向速度 **0.3Ma** 时二次起爆引信运动参数

序号	火药驱动峰值/MPa	火药持续时间/ms	抛射初始角度/（°）	点火延期时间/ms
1	65	14.5	75	350
2	60	14.5	75	350
3	55	14.5	75	350
4	50	14.5	75	350

可以得出，较为合适的二次起爆匹配初始参数为：火药驱动峰值取 P_{peak}=60 MPa，T_d=14.5 ms，抛射初始角度 α 为 75°，点火时间 350 ms。

（2）0.5Ma 时：图 3 – 11 中 4 条曲线对应不同初始参数时二次起爆引信运动轨迹，表 3 – 4 列出了初始条件参数。

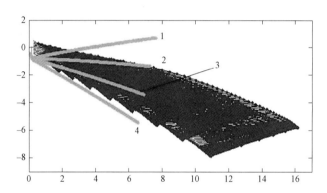

图 3 – 11　轴向速度为 0.5Ma 时云雾和二次起爆引信交会状态

表 3 – 4　轴向速度 **0.5Ma** 时二次起爆引信运动参数

序号	火药驱动峰值/MPa	火药持续时间/ms	抛射初始角度/（°）	点火延期时间/ms
1	105	14.5	80	250
2	100	14.5	80	250
3	95	14.5	80	250
4	90	14.5	80	250

可以得出，较为合适的二次起爆匹配初始参数为：火药驱动峰值取 P_{peak} = 95 MPa，T_d =14.5 ms，抛射初始角度 α 为 80°，点火时间 250 ms。

（3）0.8Ma 时：图 3 – 12 中 4 条曲线对应不同初始参数时二次起爆引信运动轨迹，表 3 – 5 列出了初始条件参数。

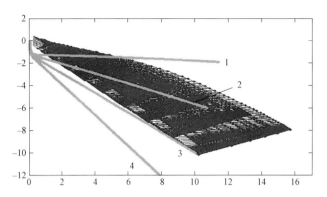

图 3 - 12　轴向速度为 0.8Ma 时云雾和二次起爆引信交会状态

表 3 - 5　轴向速度 0.8Ma 时二次起爆引信运动参数

序号	火药驱动峰值/MPa	火药持续时间/ms	抛射初始角度/(°)	点火延期时间/ms
1	160	14.5	80	250
2	150	14.5	80	250
3	140	14.5	80	250
4	130	14.5	80	250

　　可以得出，较为合适的二次起爆匹配初始参数为：火药驱动峰值取 $P_{peak}=150$ MPa，$T_d=14.5$ ms，抛射初始角度 α 为 80°，点火时间 250 ms。

　　（4）1.0Ma 时：图 3 - 13 中 4 条曲线对应不同初始参数时二次起爆引信运动轨迹，表 3 - 6 列出了初始条件参数。

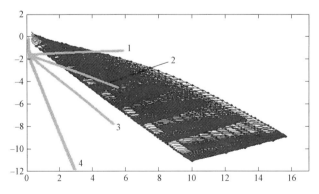

图 3 - 13　轴向速度为 1.0Ma 时云雾和二次起爆引信交会状态

表 3 – 6　轴向速度 1.0Ma 时二次起爆引信运动参数

序号	火药驱动峰值/MPa	火药持续时间/ms	抛射角度/(°)	点火延期时间/ms
1	200	14.5	85	200
2	190	14.5	85	200
3	180	14.5	85	200
4	150	14.5	85	200

可以得出，较为合适的二次起爆匹配初始参数为：火药驱动峰值取 P_{peak}=190 MPa，T_d=14.5 ms，抛射初始角度 α 为 85°，点火时间 200 ms。

（5）1.5Ma 时：图 3 – 14 中 4 条曲线对应不同初始参数时二次起爆引信运动轨迹，表 3 – 7 列出了初始条件参数。

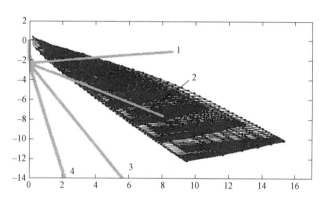

图 3 – 14　轴向速度为 1.5Ma 时云雾和二次起爆引信交会状态

表 3 – 7　轴向速度 1.5Ma 时二次起爆引信运动参数

序号	火药驱动峰值/MPa	火药持续时间/ms	抛射初始角度/(°)	点火延期时间/ms
1	300	14.5	85	200
2	280	14.5	85	200
3	250	14.5	85	200
4	200	14.5	85	200

可以得到，较为合适的二次起爆匹配初始参数为：火药驱动峰值取 P_{peak}=280 MPa，T_d=14.5 ms，抛射初始角度 α 为 85°，点火时间 200 ms。

（6）1.8Ma 时：图 3 – 15 中 4 条曲线对应不同初始参数时二次起爆引信运动轨迹，表 3 – 8 列出了初始条件参数。

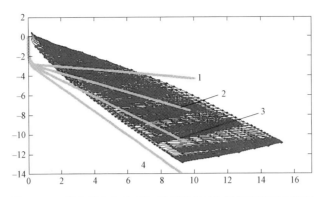

图 3 – 15　轴向速度为 1.8Ma 时云雾和二次起爆引信交会状态

表 3 – 8　轴向速度 1.8Ma 时二次起爆引信运动参数

序号	火药驱动峰值/MPa	火药持续时间/ms	抛射初始角度/（°）	点火延期时间/ms
1	400	14.5	85	200
2	340	14.5	85	200
3	320	14.5	85	200
4	300	14.5	85	200

可以得到，较为合适的二次起爆匹配初始参数为：火药驱动峰值取 P_{peak} =340 MPa，T_d =14.5 ms，抛射初始角度 α 为 85°，点火时间 200 ms。

3.2.5　小结

通过对二次云爆战斗部引战配合模型分析可以得到几点认识：爆炸抛撒液体形成的云雾特性主要依赖于其初始结构，本文建立的模型考虑了壳体材料性质、壳体厚度、燃料黏性、燃料层厚度、中心分散装药尺寸和爆轰特性等诸多因素，通过详细参数分析可以得到系统规律。

（1）对不同马赫数条件下动态云雾和二次起爆引信运动相关分析，可以得到其之间引战配合关系。通过控制初始条件参数，可以使得二次起爆引信准确落入云雾中，实现二次起爆。

（2）建立二次云爆战斗部引战配合模型，具备有效的精确动态条件监测和较为精确的参数控制，可以使得二次起爆引信落入较为合适起爆和爆轰的云雾区域从而实现较优的爆轰威力场。

| 3.3　二次引信与云雾交会爆轰数值模拟 |

3.3.1　云雾爆轰模型

云雾爆轰过程需要考虑燃料（环氧丙烷和铝粉）与氧气的化学反应。本节为简化计算，两种燃料的反应过程均简化为单步反应过程。考虑环氧丙烷与氧气的反应为其液滴破碎蒸发后形成的环氧丙烷气体与氧气进行的气相燃烧反应，而铝粉与氧气的反应为固体颗粒的表面燃烧反应。

环氧丙烷的反应过程简化为

$$C_3H_6O + 4O_2 \rightarrow 3CO_2 + 3H_2O \qquad (3-14)$$

铝粉的反应过程简化为

$$4Al + 3O_2 \rightarrow 2Al_2O_3 \qquad (3-15)$$

气相反应过程选用有限速率模型，假设反应单步不可逆，采用由 Arrhenius 公式计算得出化学反应速率 R_A：

$$R_A = Y_{fu} Y_{O_2} \rho^2 A_{fu} \exp\left(\frac{-E}{RT}\right) \qquad (3-16)$$

式中，Y_{fu} 为燃料质量分数，Y_{O_2} 为氧气质量分数；A_{fu} 为 Arrhenius 公式中的指前因子，E 为活化能，通过试算对 A_{fu} 和 E 进行了标定，两参数分别取值 5×10^{11} 和 1.6×10^8 J/kmol；R 为普适气体常数，为 8.314 J/（mol·K^{-1}）。

铝粉燃烧采用动力学—扩散控制反应速率模型，假定表面反应速率同时受到扩散过程和反应动力学的影响，该模型的扩散速率常数为

$$D_0 = C_1 \frac{[(T_p + T_\infty)/2]^{0.75}}{d_p} \qquad (3-17)$$

化学（动力学）反应速率常数为

$$R_C = C_2 \exp\left(\frac{-E}{RT_p}\right) \qquad (3-18)$$

依据两者不同的加权值得到铝粉的燃烧速率为

$$\frac{\mathrm{d}m_p}{\mathrm{d}t} = -\pi d_p^2 p_{ox} \frac{D_0 R_C}{D_0 + R_C} \qquad (3-19)$$

式中，D_0 为扩散速率常数；T_p 为颗粒温度；T_∞ 为气相温度；C_1 为质量扩散速率常数，C_2 为动力学指前因子；p_{ox} 为颗粒周围的气相氧化剂分压。根据相关文献 D_0、C_1、C_2 分别取值为 5×10^{-12}、$3.8 \times 10^5 (\mathrm{m}^3 \cdot \mathrm{kg})^{1/2}\mathrm{s}$、82 kJ/mol。

利用北京理工大学爆炸科学与技术国家重点实验室多相爆炸研究平台，开展 FAE 起爆性能试验，进行了爆炸浓度极限测试研究。爆炸极限浓度测试在罐体内进行，罐体内进行爆炸试验时，须确定罐体内爆炸瞬时燃料云雾的实际浓度。因此，固液混合燃料爆炸极限测试需要两个过程：固液混合燃料分散浓度测试，固液混合燃料爆炸极限测试。

3.3.1.1 固液混合燃料分散浓度测试

采用 20 L 圆柱形罐体（图 3-16），罐高度为 $h = 312$ mm，直径 $\phi = 300$ mm，罐体两侧采用双喷嘴气动分散系统，喷嘴内径 $\phi = 35.1$ mm，外径 $\phi = 40$ mm。将固液混合燃料装入储料盒，通过脉冲高压将燃料喷入罐体，利用云雾浓度粒度测试系统，测试罐体内的浓度变化。其中喷射脉冲压力为 $0.8 \sim 2$ MPa，脉冲时间为 50 ms，通过浓度实验，得到罐体内浓度随时间的变化曲线，典型结果如图 3-17 所示。

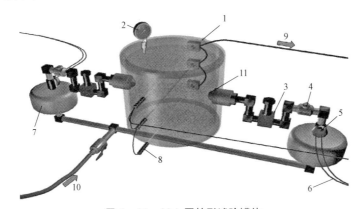

图 3-16 20 L 圆柱形试验罐体

1—点火电极；2—压力（真空）表；3—储料盒；4—电磁阀；5—单向阀；
6—同步控制；7—高压气罐；8—温度测试；9—压力测试；10—充气管；11—喷嘴

3.3.1.2 固液混合燃料爆炸极限测试

固液混合燃料爆炸极限测试试验系统主要包括以下几个部分：爆炸罐、点火系统、测试系统。试验系统如图 3-18 所示。

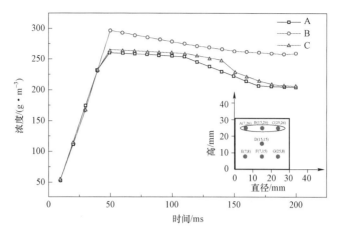

图 3-17 浓度随时间的变化曲线

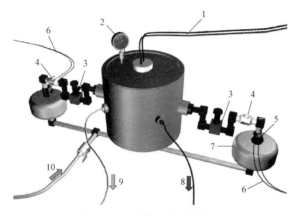

图 3-18 爆炸极限测试装置

1—点火电极；2—压力（真空）表；3—储料盒；4—电磁阀；5—单向阀；
6—同步控制；7—高压气罐；8—压力测试；9—温度测试；10—充气管

爆炸参数测试系统基于虚拟仪器设计搭建（图 3-19）。系统主要设备包括数据采集系统、压力传感器、信号调理器和压力传感器适配器。采用奇石乐（Kistler）公司生产的 211M0160 型压电式压力传感器，最大量程为 1 000 psi，即 6.895 MPa。数据采集系统选用美国国家仪器（NI）公司生产的 NI PXI 5922 高速数字化仪，分辨率为 500 kS/s～15 MS/s，存储深度为 8 MB/channel。

燃料样品通过高压气体喷入 20 L 爆炸罐体，利用爆炸压力监测，判断爆炸是否发生，确定爆炸试验的起爆时间。试验测试过程主要包括以下步骤：

（1）量取一定量的燃料放入储料盒。

（2）对火花放电装置中的储能电容进行充电，并调节好起爆延期时间（80 ms）

和爆炸参数测试系统。

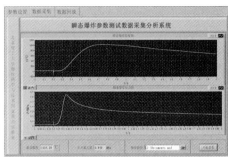

(a)   (b)

图 3 – 19   爆炸参数测试系统

（a）测试系统硬件；（b）测试数据分析软件界面

（3）进行燃料喷射形成云雾。

（4）对云雾进行火花放电点火的同时，触发爆炸参数测试系统，获得本次点火云雾中的压力变化曲线。

（5）根据火花放电点火之后测得的混合物压力变化曲线及 ASTM 标准（容器内压力变化超过 7% 即为爆炸反应发生）判断点火是否成功。如果能够成功点火，则记录并保存由爆炸参数测试系统获得的混合物爆炸压力变化曲线。每发试验重复 3 次。

（6）每次试验之后，通过排气系统将容器内的气体产物排出，并用压缩空气吹洗容器。

（7）试验从高浓度开始，浓度逐渐减小。浓度较高时，试验浓度间隔（步长）选取以 20 g/m³ 浓度接近爆炸极限时浓度间隔（步长），采用 10 g/m³，以保证爆炸极限测试误差小于 10 g/m³。

3.3.1.3   爆炸极限测试结果

试验得到 MCRI – 1 液雾在 40 J 点火能量下爆炸浓度下限是 196 g/m³，详细结果如图 3 – 20 和图 3 – 21 所示。云爆燃料的爆炸浓度极限参数如表 3 – 9、表 3 – 10 所示。

表 3 – 9   单质燃料爆炸浓度极限/（g·m⁻³）

边界能量及材料	下限		上限	
点火能量/ J	40	15.75	40	15.75
纳米铝粉	139	265	1 730	1 670

续表

边界能量及材料	下限		上限	
微米铝粉	203	385	1 690	1 610
MCRI－1 液雾	196	281	1 723	1 592
IPN 液雾	158	264	2 000 仍爆	2 000 仍爆

表 3－10　混合燃料爆炸浓度极限/（g·m⁻³）

边界能量及材料	下限	上限
点火能量/J	40	40
固液混合燃料	179	1773

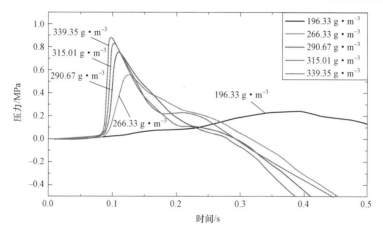

图 3－20　MCRI－1 液雾在不同浓度和 40 J 点火能量下的压力

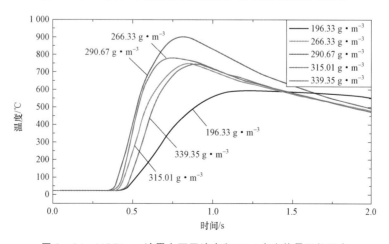

图 3－21　MCRI－1 液雾在不同浓度和 40 J 点火能量下的温度

3.3.1.4 云雾爆轰性能验证

利用北京理工大学爆炸科学与技术国家重点实验室多相爆炸研究平台，开展 FAE 云雾爆轰验证。试验系统主要包括如下几部分：水平多相燃烧爆炸管、泄爆罐、喷粉喷液系统、点火系统、测试系统、控制系统以及其他设备。整个试验系统的示意图如图 3-22 所示。

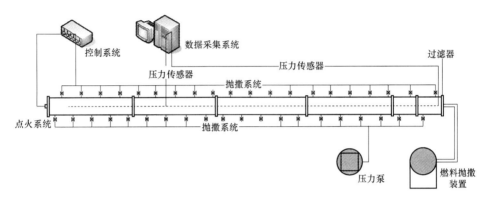

图 3-22 水平多相燃烧爆炸系统

在长直管道壁面沿轴向布置 17 个压力传感器，用于对混合物 DDT 过程的监测，其中传感器位置与管道点火端的距离均为 2 m。测试的云爆药剂体系为铝粉∶敏化剂∶高烃=40%∶35%∶25%。对给定燃料空气混合物燃烧转爆轰的过程进行了试验研究，其典型试验结果如图 3-23、图 3-24 所示。

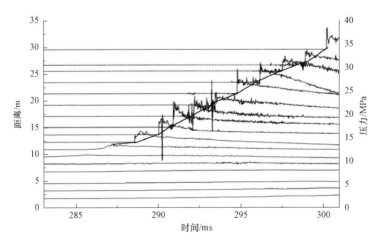

图 3-23 云雾管道内不同测点处压力随时间的变化曲线

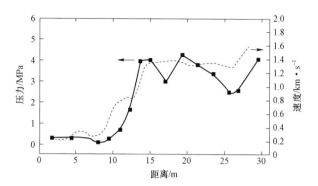

图 3 - 24 云雾爆轰峰值超压和爆轰速度测试结果

测试结果表明，云爆药剂铝粉：敏化剂：高烃＝40%：35%：25%的爆轰压力为 3.5 MPa，爆轰速度为 1 500 m/s。对于管道内云雾爆轰过程，也开展了管内云雾爆轰发展的数值模拟。图 3 - 25 为管内不同位置监测点处爆轰压力，可以看出云雾爆轰的爆轰压力平均为 3.5 MPa，爆轰速度约为 1 500 m/s。

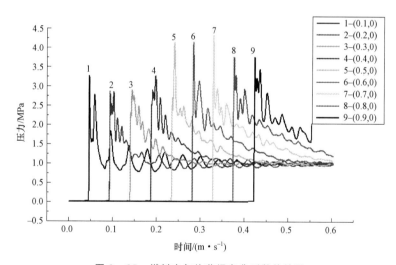

图 3 - 25 燃料空气炸药爆轰典型数值结果

3.3.2 均匀云雾场爆轰模拟分析

对单点起爆、对称两点起爆和对称三点起爆情况进行了分析。计算初始云雾条件见表 3 - 11。

表 3 – 11　均匀云雾起爆点位置设置

序号	起爆点数目	X/m	Y/m	Z/m
1	单点	0	0	1.5
2	单点	1.8	0	1.5
3	单点	3.6	0	1.5
4	单点	5.4	0	1.5
5	对称两点	1.8	0	1.5
		− 1.8	0	1.5
6	对称两点	3.6	0	1.5
		− 3.6	0	1.5
7	对称两点	5.4	0	1.5
		− 5.4	0	1.5
8	对称三点	1.8	0	1.5
		− 0.9	0	1.5
		1.6	0	1.5
9	对称三点	3.6	0	1.5
		− 1.8	0	1.5
		3.1	0	1.5

　　根据云爆燃料扩散模型，对环氧丙烷—铝粉混合燃料与空气形成的云雾爆轰过程进行分析。云雾初始条件：装药 50 kg，形成的气体—环氧丙烷液滴混合云雾呈圆柱形，云雾外径设为 15 m，内部可能存在空区直径 4 m，云雾高 3.5 m。燃料为环氧丙烷。计算中模型的参数取值如表 3 – 12 所示。

表 3 – 12　云雾爆轰计算模型参数

ρ_L^{ini}/(kg·m^{-3})	T_L/K	q_{react}/(J·kg^{-1})	k_{GAS}/(W·m^{-1}·K^{-1})	Pr
860	288	3.17×10^7	0.1	0.74
γ	ρ_0/(kg·m^{-3})	P_0/atm	μ/(Pa·s)	μ_L/(Pa·s)
1.28	1.225	1.0	2.07×10^{-5}	3.5×10^{-5}

　　图 3-26～图 3-29 分别给出了单点中心起爆、单点偏心起爆、对称两点起爆和对称三点起爆时，云雾爆轰压力场发展过程及其形成的冲击波压力场的演化过程。由图 3-26 可以看出，当存在多个起爆点时，在起爆初期各个起爆点各自形成爆轰传播，当爆轰波相遇时，在云雾内区会相互碰撞，产生压力场叠加，压力增高。

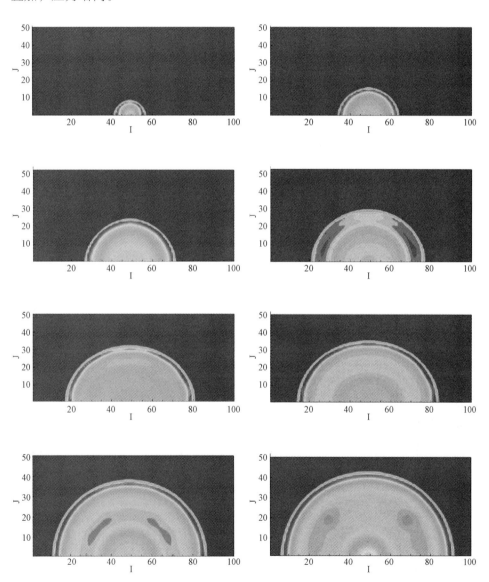

图 3-26　单点中心起爆云雾爆轰压力场发展

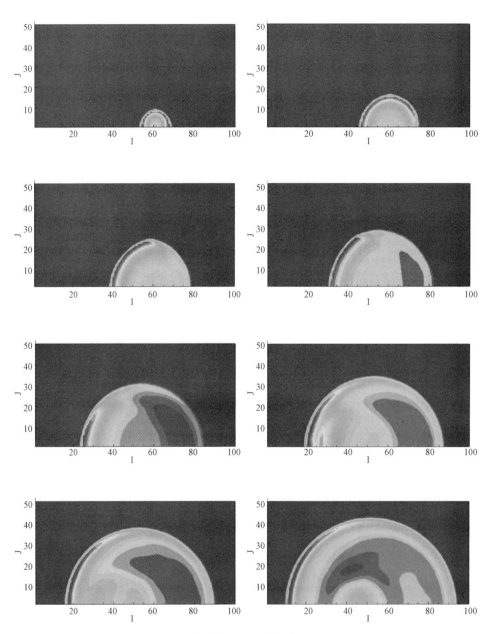

图 3 - 27　单点偏心起爆云雾爆轰压力场发展

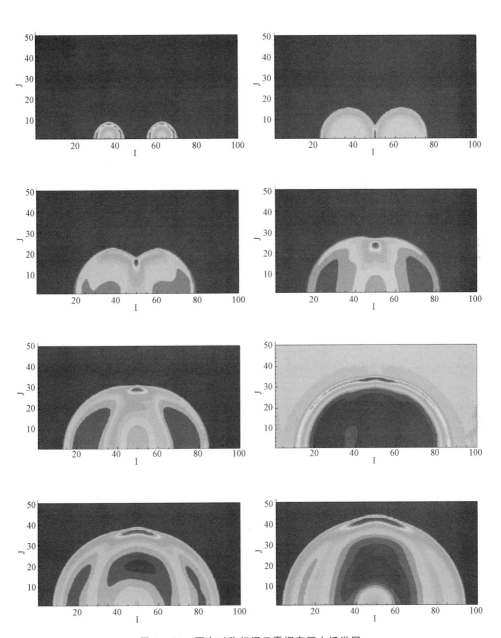

图 3 - 28   两点对称起爆云雾爆轰压力场发展

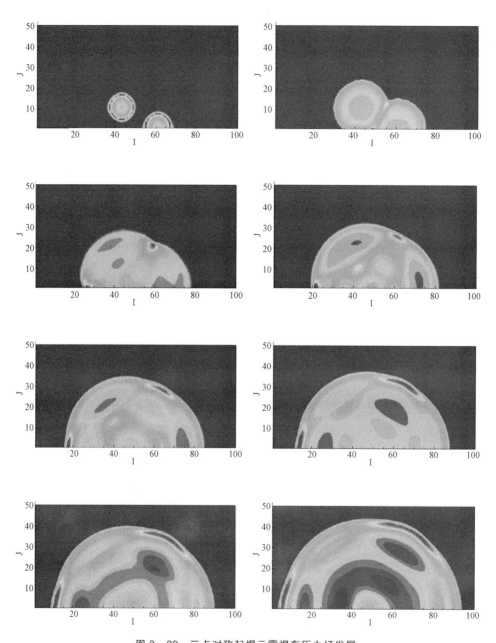

图 3 - 29   三点对称起爆云雾爆轰压力场发展

沿水平 X 轴方向设定了一系列监测点记录爆轰压力值，如图 3 - 30 所示。可以看出由于起爆点数目的不同，云雾爆轰区内压力分布有较大改变。

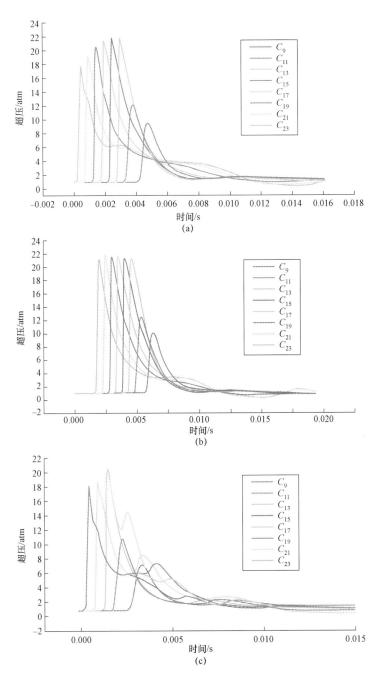

图 3 – 30　沿 X 轴方向云雾爆轰压力场历史曲线（彩图见附录）

（a）中心单点（b）偏心单点；（c）两点对称

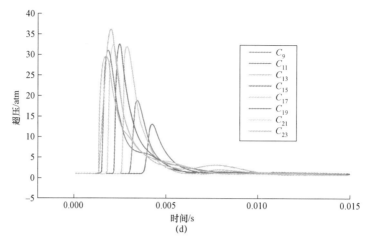

图 3 – 30　沿 X 轴方向云雾爆轰压力场历史曲线（续）（彩图见附录）

（d）三点对称

对沿 X 轴线方向两点固定点处的压力历史进行对比，可以看出不同起爆方式条件下对爆炸威力场分布的影响。图 3 – 31 给出了沿 X 轴线两端云雾区外 5 m 处压力变化。可以看出，不同起爆点数目对压力场的分布有显著影响，对于均匀云雾，采用中心单点起爆方式时其右端峰值较高，但冲量明显较小；在左端峰值多点起爆峰值略高，但冲量较大。

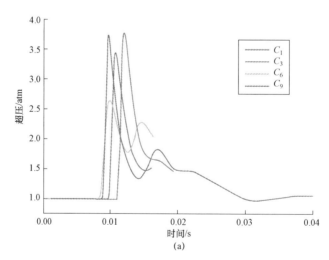

图 3 – 31　X 轴线两端固定点处压力曲线（彩图见附录）

（a）左端

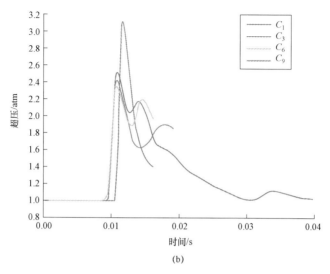

(b)

图 3 – 31　X 轴线两端固定点处压力曲线（续）（彩图见附录）

（b）右端

3.3.3　非均匀云雾场爆轰

实际条件下云雾也不仅仅是一个均匀的柱环状云雾，在柱环状云雾中存在一定浓度分布，为了解浓度分布对云雾爆轰的影响，设定了一个可能的浓度分布，沿半径方向的浓度分布如图 3 – 32 所示。计算中将浓度分布映射到计算模型中。

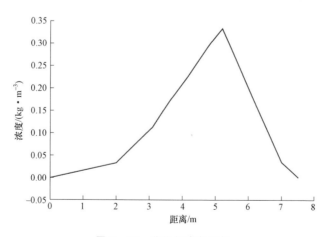

图 3 – 32　非均匀浓度分布

在上述浓度分布条件下，设置起爆点同均匀场一致，对不同的起爆条件下形成的云雾爆轰压力场进行分析。云雾爆轰沿 X 轴方向的压力场曲线如图 3 – 33 所示。

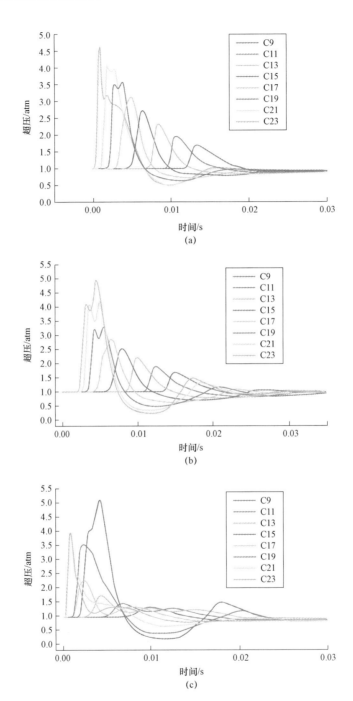

图 3 – 33　沿 X 轴方向云雾爆轰压力场曲线（彩图见附录）

（a）中心单点；（b）偏心单点；（c）两点对称

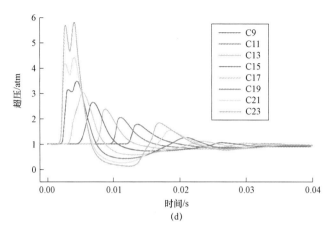

图 3 - 33　沿 X 轴方向云雾爆轰压力场曲线（续）（彩图见附录）

（d）三点对称

通过对云雾压力场的对比分析可以看出，对于非均匀云雾，其形成的云雾爆轰压力场明显小于均匀云雾爆轰压力场，由于起爆点位置云雾浓度不适合，偏离最佳化学当量比，因此化学反应不完全。

图 3 - 34 给出了沿 X 轴线两端云雾区外 5 m 处压力历史。可以看出，不同起爆点数目对压力场的分布有显著影响，对于非均匀云雾，起爆点

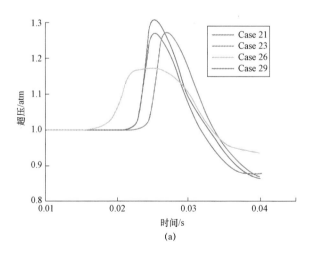

图 3 - 34　X 轴线两端固定点处压力曲线（彩图见附录）

（a）左端

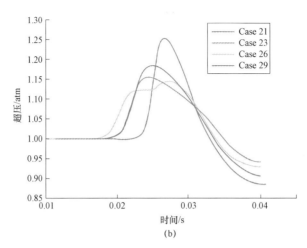

图 3-34　X 轴线两端固定点处压力曲线（续）（彩图见附录）

（b）右端

的配置和云雾爆轰压力场匹配关系较为复杂，在监测的两个方向上来看，增加起爆点主要增加了压力作用时间，增加了冲量，而对于云雾爆轰压力峰值有些位置增强，有些位置减弱。

3.3.4　有落速和落角时云雾爆轰过程

在爆炸抛撒燃料形成云雾研究中，建立了包含落速、落角条件下云雾的运动模型。根据计算可以看出，不同落速和落角条件下，云雾具有不同形貌。对于不同形貌，其中的浓度分布也很不一样。由于关于浓度分布的相关研究还没有较为明确的认识，在此分析有落速和落角条件下云雾爆轰威力场时，暂假设云雾浓度基本均匀，主要分析形貌对云雾爆轰威力场的影响。

选取典型工况，选择落速为 0.3Ma（100 m/s）和 0.9Ma（300 m/s），落角为 90°（垂直）和 75°。

图 3-35 为四种组合条件下典型云雾的形貌。以这些形貌特征的云雾为对象，分析其形成的爆轰威力场。对达到基本稳定时云雾形貌观察测定，图 3-36 为垂直下落典型云雾的形貌简图。对于有落角时，作为近似，取形貌为垂直下落云雾形貌偏转后的特征尺寸。

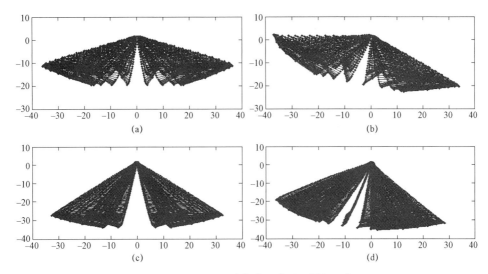

图 3 - 35　四种组合条件下典型云雾的形貌

（a）落速 0.3Ma，落角 90°；（b）落速 0.3Ma，落角 75°；

（c）落速 0.9Ma，落角 90°；（d）落速 0.9Ma，落角 75°

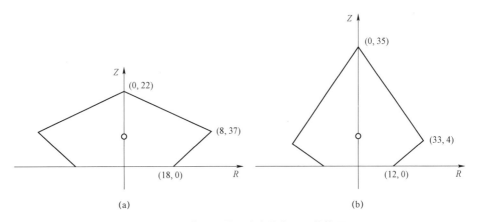

图 3 - 36　典型云雾的稳定状态下形貌简图

（a）垂直下落，0.3Ma（约 100 m/s）；（b）垂直下落，0.9Ma（约 300 m/s）

对四种条件中云雾形貌情况下的云雾爆轰冲击波场的发展过程进行了分析计算，对典型位置处的冲击波压力进行了监测纪录。

（1）落速为 0.3Ma（约 100 m/s），垂直下落为 90°。

图 3 - 37 给出了不同时刻云雾爆炸场发展过程。计算域为径向半径 200 m 范围，高度为 100 m。

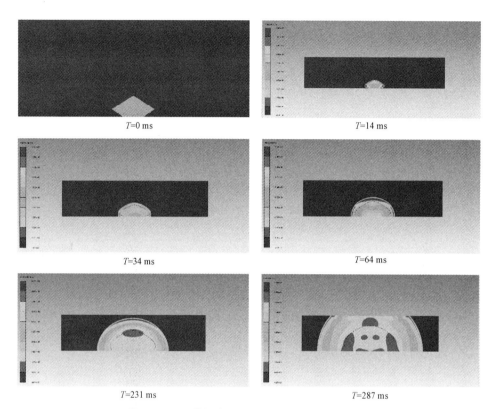

T=0 ms

T=14 ms

T=34 ms

T=64 ms

T=231 ms

T=287 ms

图 3 – 37　云雾爆炸场发展过程（0.3Ma，90°）

图 3–38 给出了引战配合监测点 13（120 m）、14（130 m）和 15（140 m）处的冲击波超压曲线，分别为 0.048 MPa、0.038 MPa 和 0.039 7 MPa。

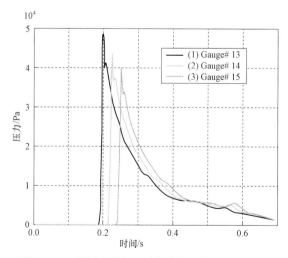

图 3 – 38　监测点处超压时程曲线（彩图见附录）

（2）落速为 0.3*Ma*（约 100 m/s），下落角度为 75°。

图 3-39 给出了不同时刻云雾爆炸场发展过程。计算域为径向半径 200 m 范围，高度为 100 m。

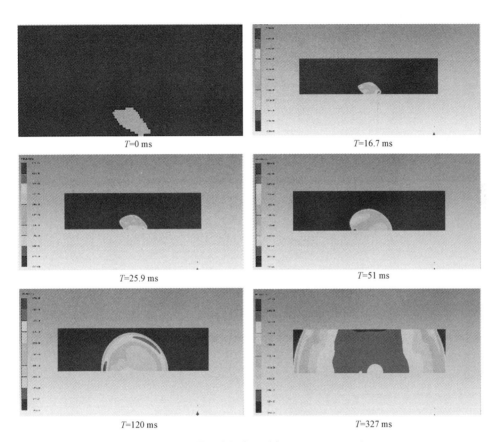

图 3-39　云雾爆炸场发展过程（0.3*Ma*，75°）

图 3-40 给出了引战配合监测点 7（-140 m）、8（-130 m）、9（-120 m）、13（120 m）、14（130 m）和 15（140 m）处的冲击波超压曲线，分别为 0.032 MPa、0.036 MPa、0.041 MPa、0.037 MPa、0.033 MPa 和 0.030 MPa。

（3）落速为 0.9*Ma*（约 100 m/s），下落角度为 90°。

图 3-41 给出了不同时刻云雾爆炸场发展过程。计算域为径向半径 200 m 范围，高度为 100 m。

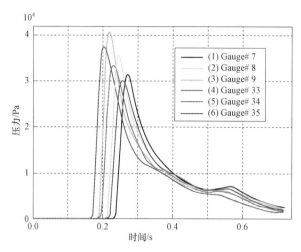

图 3-40　监测点处超压时程曲线（彩图见附录）

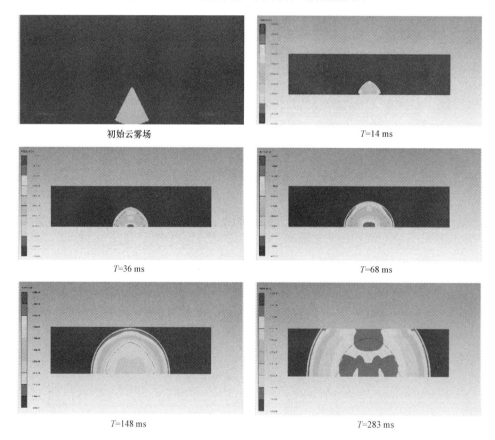

图 3-41　云雾爆炸场发展过程（0.9Ma，90°）

图 3-42 给出了引战配合监测点 13（120 m）、14（130 m）和 15（140 m）处的冲击波超压，分别为 0.053 MPa、0.048 MPa 和 0.044 MPa。

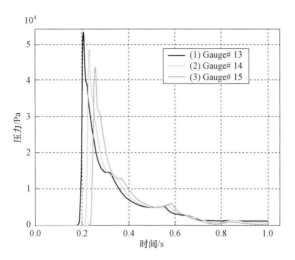

图 3-42　监测点处超压时程曲线（彩图见附录）

（4）落速为 0.9Ma（约 100 m/s），下落角度为 75°。

图 3-43 给出了不同时刻云雾爆炸场发展过程。计算域为径向半径 200 m 范围，高度为 100 m。

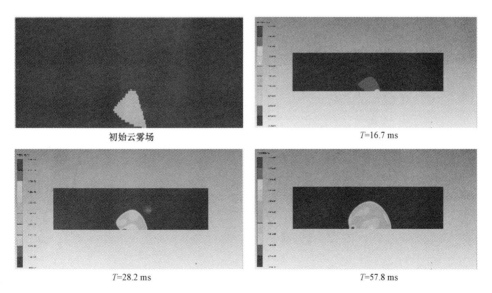

图 3-43　云雾爆炸场发展过程（0.9Ma，75°）

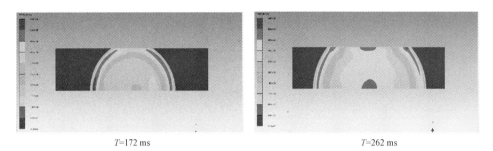

T=172 ms T=262 ms

图 3 − 43   云雾爆炸场发展过程（续）

图 3 − 44 给出了引战配合监测点 7（−140 m）、8（−130 m）、9（−120 m）、13（120 m）、14（130 m）和 15（140 m）处的冲击波超压，分别为 0.031 MPa、0.035 MPa、0.04 MPa、0.04 MPa、0.036 MPa 和 0.032 MPa。

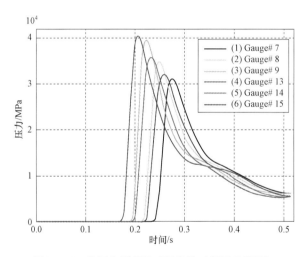

图 3 − 44   监测点处超压时程曲线（彩图见附录）

|3.4   结   论|

通过对不同条件下云雾爆轰形成的冲击波场计算分析可以看出，在浓度假设基本均匀的条件下，云雾形貌是影响冲击波场分布的最主要因素。

当存在落速和落角时，云雾爆轰形成的冲击波场呈现不对称特征。对于地面毁伤目标来讲，云雾的高度、倾角、起爆点位置、云雾与毁伤目标相对位置关系均影响爆炸冲击波威力场的评估。本课题已建立较完备的云爆作用全过程模型，可以较好地计算云雾形貌，追踪二次起爆引信的运动、云雾爆轰和冲击波场等主要阶段，为详尽分析动态云雾爆轰分析提供很好的手段。课题组将进一步与试验研究相结合，获得云雾爆轰场优化与控制方法。

第二篇

动态云雾浓度测试方法

目前，针对燃料分散过程的研究已广泛开展并取得了一定成果，但受到燃料分散过程复杂和测试设备不完善等因素阻碍，云雾内部燃料浓度动态分布的研究仍处于起步阶段。通过模拟计算可以获得燃料分散云雾场浓度分布的数值结果，而云雾场浓度动态分布的探测研究仍有大片空白。

另外，粉尘扩散形成云雾广泛存在于工业生产和日常生活中。世界各国对粉尘浓度的测量技术都做了大量研究，研制了一系列粉尘监测仪器，如粉尘采样器、直读式测尘仪、粉尘浓度传感器等。特别是粉尘浓度传感器的出现，解决了粉尘采样器、直读式测尘仪不能实时监测作业场所粉尘浓度的问题，对降低粉尘扩散云雾对人民身体健康危害、预防粉尘爆炸、确保公共安全具有重要意义。

我国对云雾浓度监测技术与国外发达国家相比尚存在差距，为此，要加大对颗粒物扩散的多相物浓度监测技术的开发力度，增加科研经费投入，以缩小与国外的差距。应充分利用现有技术和试验条件，解决国内粉尘浓度传感器存在的问题，开发新型的免维护的粉尘浓度传感器，不断提高我国粉尘浓度在线监测技术水平。

本篇基于传感器探测云雾浓度的理论研究成果进行详细阐述，主要建立光学检测法、电场法和超声衰减法检测云雾浓度的方法与验证。

第 4 章

光学法云雾浓度检测

| 4.1 引 言 |

光学云雾浓度测试的基本原理主要基于 Mie 散射理论，利用光束在粒子云雾中传播的特征变化，进行云雾浓度的检测。检测方法主要包括光散射法、光透射法、光全息法、光相位多普勒法，以及光图像可视化法等。

4.1.1 光散射法

光散射法的测量原理：光束照射到待测云雾颗粒区域，与颗粒的相互作用下产生光的散射。散射光信号通过接收器进行电信号转换、放大、滤波等信号处理，实现粒子浓度特征提取及计算。

4.1.2 光透射法

光透射法又称为消光法、光全散射法，其测量原理主要为：当光束穿过待测云雾颗粒区域，由于受到颗粒的散射和吸收，穿过该区域的透射光强度值发生衰减，其衰减程度和颗粒的粒径与数量（即浓度）有关，透射光信号通过接收器进行电信号转换，通过放大、滤波等信号处理，实现粒子浓度特征提取及计算。

4.1.3　光全息法

光全息法主要采用高相干性脉冲激光束照射云雾粒子群区域，在全息干版上形成干涉，并形成粒子场图像，实现粒径与浓度等参数分析。

4.1.4　光相位多普勒法

光相位多普勒法主要采用激光照射到云雾粒子群产生散射光，通过散射光与原始光谱的频差捕获速度信息，分析激光的相位差确定粒径浓度、大小等参数。

4.1.5　光图像可视化法

光图像可视化法主要通过高速摄影装置对云雾浓度分布的动态过程实时捕捉，进行可视化分析，得到云雾浓度信息。

基于光学理论在气固两相物粒径、浓度测量上的应用占据重要地位。李亦军等采用消光光谱法进行粉尘颗粒扩散的反演，进行粉尘颗粒的浓度分布估计。郑刚等采用光波动法进行了粉尘浓度变化的试验研究，得到了不同浓度状态下的光波动峰值；采用多波长、三波长消光法测定微粒粒径及其分布。Vajaiac 等采用消光光谱法进行了云室内液滴粒径的测量。刘雪岭基于消光光谱法测量了典型气液两相瞬态云雾浓度特征以及云雾粒度分布。武伟伟等基于光透射法测量了密闭容器内局部位置的粉尘浓度分布。Novick 使用消光法测量了气溶胶颗粒的浓度分布。

| 4.2　光透射法浓度检测 |

4.2.1　测量原理

采用 Lambert – Beer 光透射定律计算云雾粒子浓度的原理如图 4 – 1 所示。当强度为 I_0 的平行光入射到云雾粒子群时，由于颗粒对光的散射和吸收作用，出射光强 I 会有一定程度的衰减，可以通过衰减值表征云雾粒子浓度。

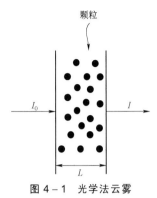

颗粒

I_0

I

L

图 4-1 光学法云雾
浓度测量原理

出射光强 I 与入射光强 I_0 的关系为

$$I = I_0 \exp(-\tau l) \quad (4-1)$$

式中，τ 为云雾粒子浓度；l 为含有颗粒管道直径。

假设单位体积中有 N 个直径为 D 的球形颗粒，则粒子浓度可以计算为

$$\tau = NK\sigma = \frac{\pi}{4}D^2 NK \quad (4-2)$$

式中，σ 为颗粒的迎光面积；K 为消光系数；D 为颗粒直径。

消光系数是一个与波长 λ、折射率 m、粒径 d 有关的函数，表征为 $k_e(l, m, d)$：

$$k_e(\lambda, m, d) = \frac{2}{\alpha^2} \sum_{n=1}^{\infty} (2n+1) Re(a_n + b_n) \quad (4-3)$$

式中，$\alpha = \pi d / \lambda$，为无因次尺寸参数；a_n、b_n 为 Mie 系数。

对消光系数进行近似表达：

$$k_e(\lambda, m, d) = 2 - \frac{4}{\rho} \sin \rho + \frac{4}{\rho^2} (1 - \cos \rho) \quad (4-4)$$

式中，ρ 为归一化尺度因子，其定义为

$$\rho = 2\alpha(m-1) = 2\frac{\pi d}{\lambda}(m-1) \quad (4-5)$$

采用折射率修正系数 k_m：

$$k_m = 1 + \frac{(m-1)}{m} \quad (4-6)$$

对消光因子进行修正，有

$$k_e'(\lambda, m, d) = k_m * k_e(\lambda, m, d) \quad (4-7)$$

可得

$$k_e'(\lambda, m, d) = 2 - \frac{4}{2\pi d(m-1)/\lambda} \sin[2\pi d(m-1)/\lambda]$$
$$+ \frac{4}{[2\pi d(m-1)/\lambda]^2} [1 - \cos 2\pi d(m-1)/\lambda] \quad (4-8)$$

得到光强衰减与消光因子的关系：

$$\ln\left(\frac{I_0}{I}\right) = \frac{\pi}{4} D^2 N k_m * k_e(\lambda, m, d) L \quad (4-9)$$

颗粒数量 N 采用颗粒的重量浓度（质量浓度）C 表示，即

$$N = \frac{6C}{\pi \rho D^3} \qquad (4-10)$$

最终，计算云雾浓度的理论公式可近似为

$$\ln\left(\frac{I_0}{I}\right) = \frac{3L}{2\rho} \frac{C}{D} k_m * k_e(\lambda, m, d) \qquad (4-11)$$

4.2.2　测量方法

采用两条不同波长的光束，分别交替穿过同一介质区域，利用单、双波长的耦合计算得出云雾粒子的瞬态浓度、粒径分布。两个波长下的单波长公式为

$$\ln\left(\frac{I_0(\lambda_1)}{I(\lambda_1)}\right) = \frac{3L}{2\rho} \frac{C_1}{D_1} k_m * k_e(\lambda_1, m, d_1) \qquad (4-12)$$

$$\ln\left(\frac{I_0(\lambda_2)}{I(\lambda_2)}\right) = \frac{3L}{2\rho} \frac{C_2}{D_2} k_m * k_e(\lambda_2, m, d_2) \qquad (4-13)$$

通过试验获取数据，采用单波长法进行粒径估计，使用式（4-13）的多值与单波长预估的粒径比较分析，获得与其最为接近的值，作为双波长粒径解，运用式（4-12）计算颗粒物浓度。

|4.3　云雾浓度检测系统|

4.3.1　光学图像可视化云雾浓度检测

云雾浓度光学图像可视化分析的总体方案是：依靠图像处理技术，从云雾分散图像中得到可识别的云雾轮廓、云雾形态。利用 OpenCV - Python 视觉库，对图像进行特征提取，得到云雾的浓度信息，处理流程如图 4-2 所示。

（1）灰度转换。程序调用原始图像后，首先进行灰度转换。灰度转换的目的是减少图片中不需要的一些信息，提高运算速度。灰度图中每个像素点对应一个灰度级（即灰度值），通常用一个字节来存储，则灰度级可划分为 0～255。

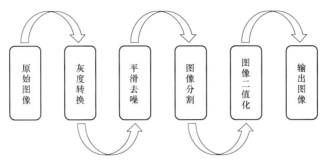

图 4-2　云雾浓度图像处理流程图

（2）平滑去噪。通过平滑去噪，去除图片中影响图片辨识度的一些噪点，减少图像分割的难度。

（3）图像分割。通过图像分割，将图片细分成多个图像子区域（像素的集合），然后从中提取出具有云雾浓度特征的目标。

（4）图像二值化。二值图像实质上是灰度值只有 0 或 1 的灰度图像，便于得到云雾扩散明显的特征。

（5）以云雾抛撒点 O 建立坐标系，过该点设置正交坐标分别为 X 轴、Y 轴，在 X 轴、Y 轴上距离抛撒点 L 分别布置高速摄影机，固定摄像机的位置，以一定距离 a、$2a$、$3a$、$4a$ 的地面坐标设置标尺。设置好摄像机拍摄云雾的参数后，把标尺收入画面拍下一帧图像，以此图像作为度量云雾形态参数的参照图像。

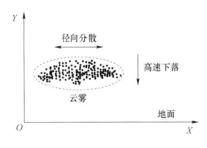

图 4-3　云雾分散坐标系

试验后对图像进行测量时显示该参考图像，计算出标尺部分垂直方向上的像素点个数以及相邻标尺连线间像素个数。根据像素是正方形的特征可以衡量几何尺寸。

建立云雾粒子的分散状态坐标系如图 4-3 所示。

假设图像中相邻标杆像素点平均值为 N，实际距离为 a，则比例系数 K_p 为

$$K_p = \frac{a}{N} \qquad (4-14)$$

设在 Y 轴的某一位置取厚度为 dy，直径为 $D = x_1 - x_2$ 的薄片，认为该薄片沿 Y 轴中心对称，则该薄片的体积 dV 为

$$dV = \pi \left(\frac{x_1 - x_2}{2} \right)^2 dy \qquad (4-15)$$

式中，x_1、x_2 为不同高度处云雾尺寸。通过体积法即可计算平均浓度。沿 Y 轴

积分可得云雾体积为

$$V = \int_{y_{\text{mix}}}^{y_{\text{max}}} \pi \left(\frac{x_1 - x_2}{2} \right)^2 \mathrm{d}y \qquad (4-16)$$

4.3.2　云雾粒子消光法浓度检测系统

如图4-4所示,云雾粒子消光法浓度检测系统由多波长激光发射单元与光照度传感器、串口数据传输与接收单元、光学浓度检测系统软件构成。光照度传感器BH1750主要采用红光($\lambda=685\ \mu\text{m}$)、蓝光($\lambda=450\ \mu\text{m}$)、绿光($\lambda=532\ \mu\text{m}$)三种光束作为光束发端,光束接收端通过串口连接计算机进行浓度计算。

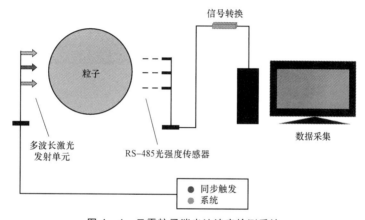

图4-4　云雾粒子消光法浓度检测系统

其中,光强数据通过RS-485光强度传感器及信号转换后,计算机可实时接收,获得光强度传感器受光强度影响变化的量化结果。采用消光法云雾浓度检测系统的工作流程如图4-5所示。

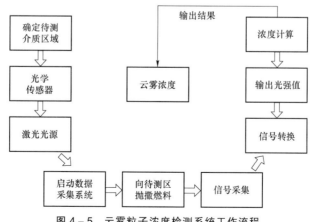

图4-5　云雾粒子浓度检测系统工作流程

均匀稳定的云雾分散状态，是进行云雾浓度检测方法评估、优化的基础。建立的云雾分散及浓度检测试验系统如图 4-6 所示。该系统由云雾分散装置、瞬态云雾浓度和粒子在线检测系统、同步控制装置、高速摄影机、高压气供给装置、数据采集系统组成。利用消光法浓度检测系统和图像法进行静态抛撒条件下燃料的云雾浓度检测。高速摄像系统记录云雾的分散过程，进行浓度的平均计算。

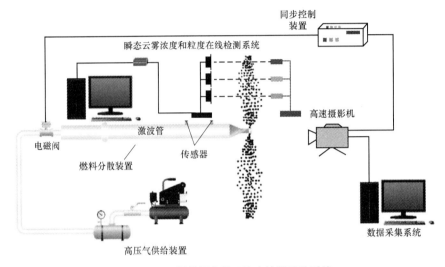

图 4-6　云雾粒子分散及浓度检测试验系统

其中，云雾分散装置形成云雾分散流场，该系统可使云雾分散的初始速度达到 100~220 m/s。激波管产生激波驱动处于静止状态的燃料由环形喷嘴喷出，环形喷嘴的结构设计，通过增加铝膜片可使云雾形成轴向分散。该装置具备形成状态稳定、浓度可调的模拟云雾，能够真实反映燃料分散过程。为便于观察云雾分散以及测量云雾浓度、粒度分布，将环形喷嘴按照 120° 角度分割，选取其中一个 120° 扇面分散方向进行分析。本试验云雾浓度、云雾粒度分布测量设定分散距离为 50 cm、100 cm、150 cm，激光与传感器间距离为 100 cm，如图 4-7 所示。

测试云雾采用云爆燃料的主要成分为铝粉，通过电镜扫描图，在不受粉尘团聚影响下得到更为准确的原始铝粉分散前的粒径值，将其作为基准值，与检测系统所测结果进行对比分析。根据图 4-8 铝粉电镜扫描图，获取铝粉平均粒径，本次试验铝粉平均粒径为 15.40 μm。同时对工业粉尘（采用淀粉）进行了测试。

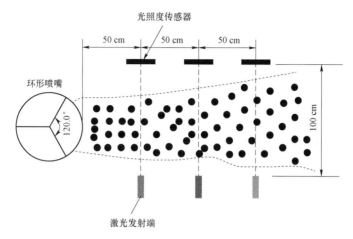

图 4 - 7　云雾粒子抛撒示意图

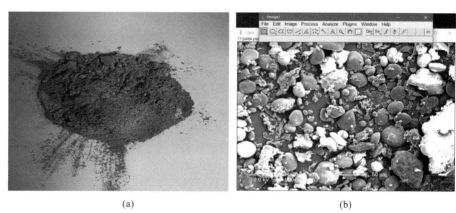

(a)　　　　　　　　　　　　　　　　　(b)

图 4 - 8　铝粉颗粒实物及显微照片

（a）微米级铝粉试样；（b）SEM 图片

|4.4　云雾粒子浓度检测系统|

4.4.1　图像法粒子扩散形貌分析

通过高速摄影与图像处理方法捕捉铝粉云雾形态，分析铝粉的分散范围，能够很清晰地反映出云雾的分散效果，如图 4 - 9 所示。选取不同时刻铝粉云雾分散过程图像，经过轮廓特征提取后可以看出，云雾轮廓在 120 m/s 达到最大，表明此刻一定质量的铝粉粒子已完全分散，随后悬浮、沉降。对于不同分散初始速度的铝粉云雾,可以看出高分散初始速度下,云雾分散更为均匀。低分散速度下,云雾分散更为集中,分散范围小,如图4-10所示。

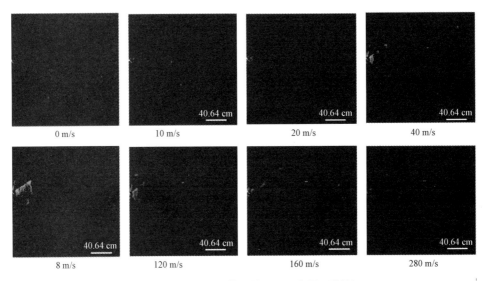

图4-9 铝粉云雾分散原始云图(彩图见附录)

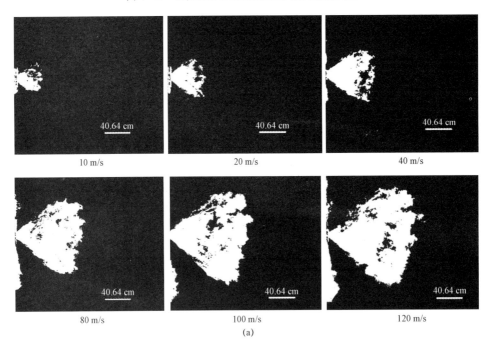

(a)

图4-10 不同分散初始速度时的铝粉云团

(a)分散初始速度220 m/s

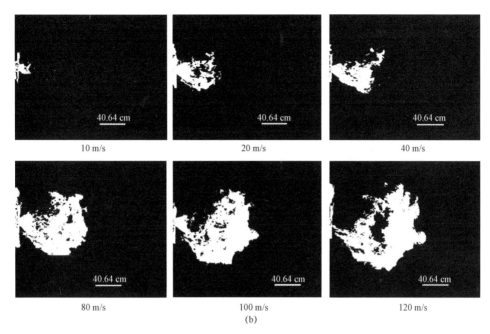

图 4 - 10　不同分散初始速度时的铝粉云团（续）

（b）分散初始速度 180 m/s

图 4-11 为淀粉分散初速度为 220 m/s 的云雾分散二值图。可以看出在 240～400 m/s 的粉尘云雾团中稀疏区域面积较大，经过图像二值处理后，稀疏

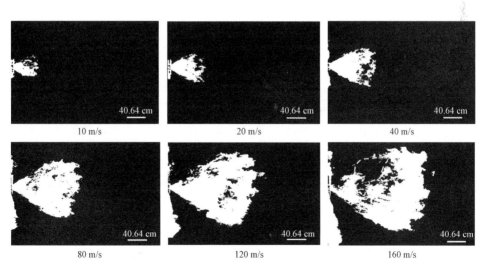

图 4-11　分散初始速度 220m/s 的淀粉云雾分散二值图（彩图见附录）

区内看似形成了空洞区域，没有云雾，但这是因为稀疏区的云雾层很薄，经过处理后，这层很薄的云雾绝大部分不在图像中显现，只显示出很少的、小块状的、点状的云雾。大量的粉尘颗粒主要集中在云雾区域的前端，这使得距离喷口近的区域浓度衰减较快。

4.4.2 铝粉云雾粒子浓度分析

表 4-1 给出了铝粉云团特征粒径值（SMD）：D50（距离 50 cm）、D100（距离 100 cm）、D150（距离 150 cm），每个位置上特征粒径值的变化处于同一量级，铝粉粒度的分布一致性较好。根据上述铝粉电镜扫描图，原始铝粉分散前 D50 平均粒径为 15.40 μm，试验所测铝粉 D50 略大。

表 4-1　不同分散距离下铝粉云团特征粒径

分散初始速度/ (m · s⁻¹)	粒径/μm	分散距离/cm		
		50	100	150
220	D_{10}	7.38	8.61	9.84
	D_{50}	14.7	17.15	19.6
	D_{90}	21.36	24.92	28.48
	D_{32}	6	7	8
180	D_{10}	7.38	8.61	8.61
	D_{50}	14.7	17.15	17.15
	D_{90}	21.36	24.92	24.92
	D_{32}	6	7	7

图 4-12 为铝粉云团三个分散距离的粒径累积分布，铝粉云团粒径累积分布范围一致。当分散初始速度为 220 m/s 时，43 μm 以下粒径颗粒含量达到 100%。分散距离 50 cm 时，6 μm 以下粒径颗粒含量达到 14.18%；分散距离 100 cm 时，7 μm 以下粒径颗粒含量达到 14.32%；分散距离 150 cm 时，8 μm 以下粒径颗粒含量达到 14.3%。

当分散初始速度为 180 m/s 时，36 μm 以下粒径颗粒含量达到 100%。分散距离 50 cm 时，6 μm 以下粒径颗粒含量达到 14.18%；分散距离 100 cm 时，7 μm 以下粒径颗粒含量达到 14.32%；分散距离 150 cm 时，7 μm 以下粒径颗粒含量达到 14.32%。如图 4-13 所示。

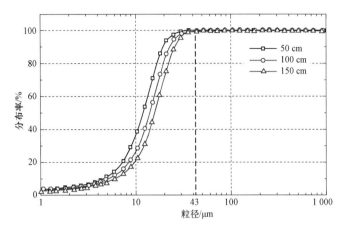

图 4 – 12　分散初始速度 220 m/s 粒子粒径分布

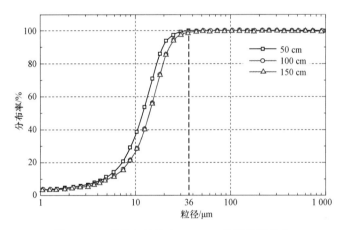

图 4 – 13　分散初始速度 180 m/s 粒子粒径分布

图 4 – 14 为铝粉扩散云团粒径分布，当分散初始速度为 220 m/s 时，三个分散距离的铝粉云粒径主要集中在 2～61 μm 范围内。分散距离 50 cm 时，含量最多的粉尘粒径值为 15 μm，含量为 17.35%；分散距离 100 cm 时，最大含量的粒径为 18 μm，含量为 17.27%；分散距离 150 cm 时，最大含量粒径同样为 18 μm，含量为 16.66%。三个分散距离 SMD 含量分别为 3.28%、3.77%、3.7%。

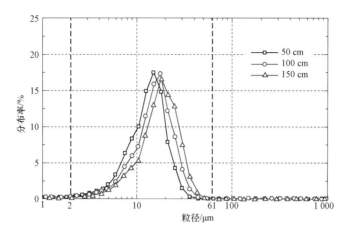

图 4 – 14 分散初始速度 220 m/s 粒子分布率

当分散初始速度为 180 m/s 时，三个分散距离的铝粉云团粒径主要集中在 2~51 μm 范围内。分散距离 50 cm 时，含量最多的粉尘粒径值为 15 μm，含量 为 17.35%；分散距离 100 cm 时，最大含量粒径为 18 μm，含量为 17.27%；分 散距离 150 cm 时，最大含量粒径为 18 μm 处，含量为 17.27%。三个分散距离 的 SMD 含量分别为 3.28%、3.77%、3.77%，如图 4 – 15 所示。

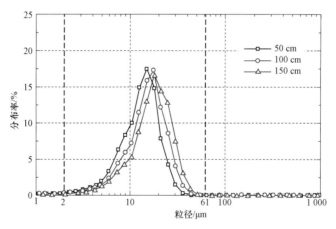

图 4 – 15 分散初始速度 180 m/s 粒子分布率

图 4 – 16、图 4 – 17 为铝粉不同扩散速度的云团浓度分布。在前 200 m/s 内粉尘云雾浓度振荡上升，200 m/s 前后出现浓度峰值，而后浓度逐渐减低。 随分散距离的增加，粉尘云团浓度逐渐降低。铝粉分散后，云团向外分散， 云雾中间区域形成稀疏区，因此距离喷口越近的区域，其浓度衰减的速率 越快。

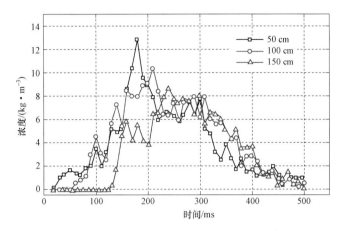

图 4-16　220 m/s 速度下铝粉分散浓度分布

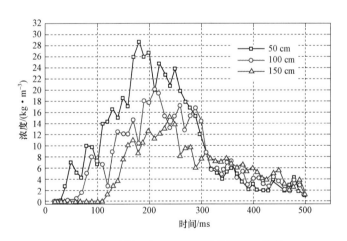

图 4-17　180 m/s 速度下铝粉分散浓度分布

图 4-18、图 4-19 为使用高速摄像、消光浓度检测系统同时检测模拟不同静态抛撒铝粉速度（180 m/s、220 m/s）下，不同位置处（50 cm、100 cm、150 cm）云雾浓度分布及测试误差。可以看出，系统的测试一致性和可重复性较好，由两者获得的云雾浓度数据误差均小于 10%。

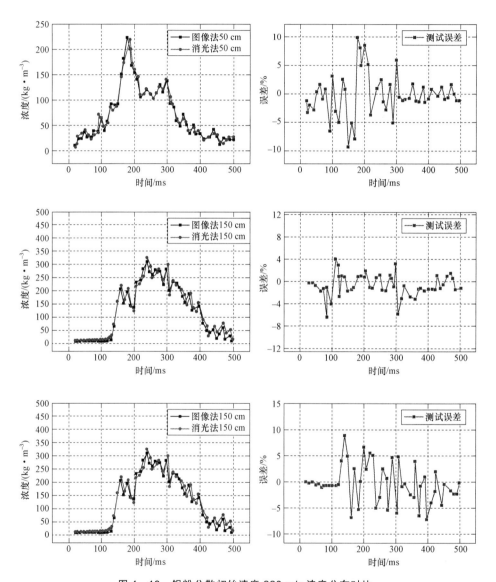

图 4-18　铝粉分散初始速度 220 m/s 浓度分布对比

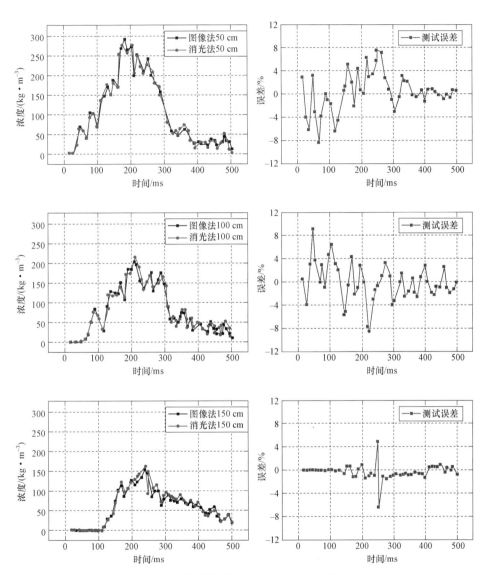

图 4-19 铝粉分散初始速度 180 m/s 浓度分布对比

4.4.3 淀粉云雾粒子浓度分析

表 4-2 为玉米淀粉云团特征粒径值。由淀粉电镜扫描图可知,原始淀粉分散前的平均粒径为 27.88 μm,从粒径分布的均匀性来看,粒径值均在同一量级。

表 4-2 不同分散距离下淀粉云团特征粒径值

分散初始速度 (m·s⁻¹)	粒径/μm	分散距离/cm		
		50	100	150
220	D_{10}	14.76	17.22	18.45
	D_{50}	29.4	34.3	36.75
	D_{90}	42.72	49.84	53.4
	D_{32}	12	14	15
180	D_{10}	15.99	18.45	19.68
	D_{50}	31.85	36.75	39.2
	D_{90}	46.28	53.4	56.96
	D_{32}	13	15	16

淀粉扩散云团粒径分布如图 4-20、图 4-21 所示。在两种不同分散速度下，各分散距离具有相同的粒径分布范围，集中在 6～103 μm。当分散初始速度为 220 m/s 时，分散距离 50 cm，含量最高的粒径为 36 μm，含量为 17.26%。分散距离 100 cm 时，含量最高的粒径为 36 μm，含量为 17.27%；分散距离 150 cm 时，含量最高的粒径为 43 μm，含量为 16.35%。

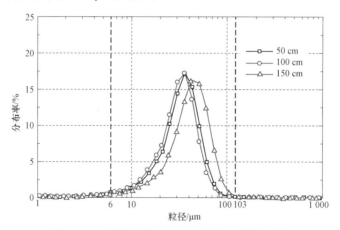

图 4-20 分散速度 220 m/s 淀粉云团粒径分布

当分散初始速度为 180 m/s 时，分散距离 50 cm，含量最高的粒径为 30 μm，含量为 16.95%；分散距离 100 cm，含量最高的粒径为 36 μm，含量为 17.26%；分散距离 150 cm，含量最高的粒径为 36 μm，含量为 16.66%。

如图 4-22 所示，在驱动力、湍流以及空气阻力的影响下，云团区域的稀疏区与稠密区交替出现，淀粉云团浓度呈现振荡变化，且振荡的幅度较大。对固定的分散距离，云团浓度均先增长后降低。

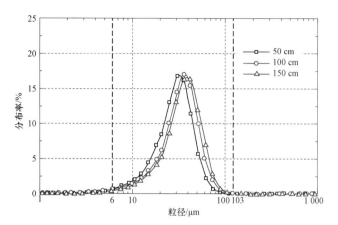

图 4 - 21　分散速度 180 m/s 淀粉云团粒径分布

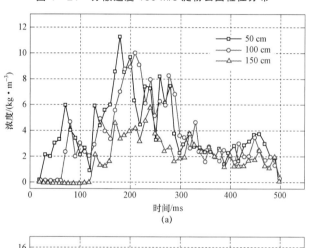

(a)

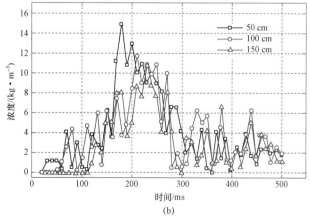

(b)

图 4 - 22　不同分散速度下淀粉云团浓度分布

（a）分散速度 220 m/s；（b）分散速度 180 m/s

图 4-23、图 4-24 为使用高速摄像、消光浓度检测系统同时检测模拟静态抛撒淀粉云雾浓度时的分布及误差分布，可以看出，前 200 ms 粉尘云雾浓度振荡上升，200 ms 前后出现浓度峰值，而后浓度逐渐减低。淀粉分散后，云雾向外分散，云雾中间区域形成稀疏区。对固定的分散距离，云雾浓度均先增长后降低；随着分散距离的增加，云雾浓度逐渐降低。系统的测试一致性和可重复性较好，由两者获得的云雾浓度数据误差均小于 10%。

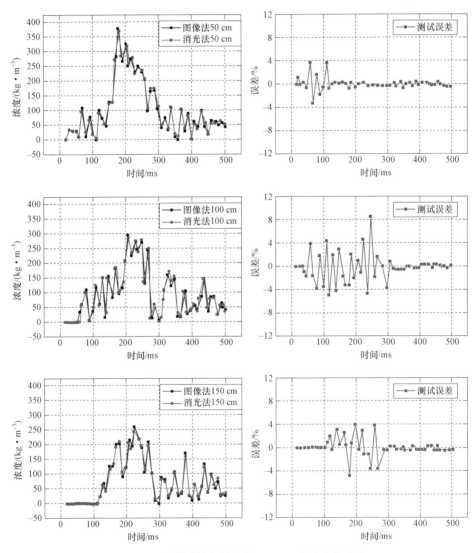

图 4-23　淀粉分散初始速度 220 m/s 浓度分布对比

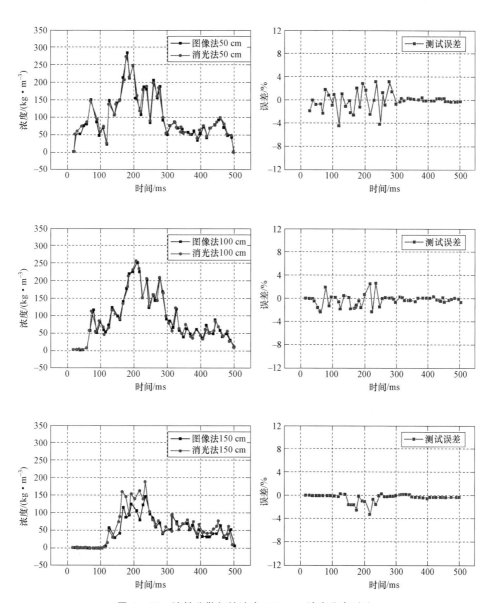

图 4 - 24　淀粉分散初始速度 180 m/s 浓度分布对比

|4.5 结　　论|

本章基于光学法从理论分析至试验测试，进行了铝粉—淀粉云雾的浓度特征分析，得到了以铝粉—淀粉为例的扩散云雾的浓度分布规律。通过高速摄影系统以及图像处理方法获得了云雾分散形态，估算了云雾浓度分散范围。测试结果表明，光学法浓度检测方法与图像直观分析的特征趋势一致，表明了光学原理应用于云雾浓度检测的可行性。

第 5 章

电场法云雾浓度检测

| 5.1 引　　言 |

电场法云雾浓度检测主要基于云雾浓度与粒子有效介电常数的关系：不同粒子具有不同的介电常数，云雾粒子的介电常数则由其成分的介电常数和所占比例（即体积浓度）决定。云雾浓度检测原理示意图如图 5-1 所示，当云雾粒子进入电场区域，其浓度发生变化时，云雾等效介电常数随之变化；根据建立的数学模型对检测信号进行解析，即可得到云雾浓度特征。

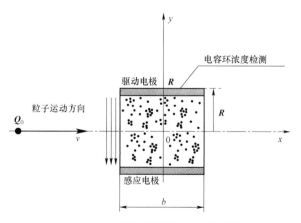

图 5-1　电场法云雾浓度检测示意图

采用电场法进行云雾参数检测最早起源于 20 世纪 50 年代，其中加拿大 Abouelwafa 教授带领团队对多种形式电容传感器在扩散粒子的特征测试是经典模型。基于螺旋极板电容器开展深入的气固两相流测量研究，C.G.Xie 等对 8 极板电容式传感器的应用进行了分析研究，获得了该传感器对于层流式介质的检测模型。Juliusz B.Gajewski 等提出了一种非接触实时监测粉尘静电荷、质量流量、粒子浓度及平均流速的数学模型及测量系统，如图 5-2 所示。国内的张宝芬等引入了多电极旋转场法，进一步提高了传感器输出信号的线性度，在煤粉输送领域得到了实际应用，并取得了较好的应用效果。

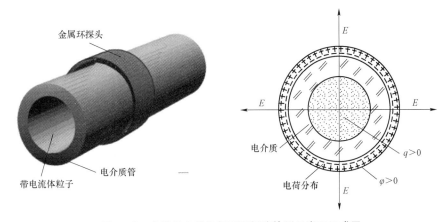

图 5-2 非接触电场法气固两相流检测示意及组成图

近年来，基于电场法的浓度检测技术研究主要集中于以下几个方面：

（1）混合物介电常数计算模型研究。谢秉川等对梯度分布球颗粒的介电特性进行了研究，利用微分有效偶极矩近似方法计算了梯度分布球颗粒的等效介电常数。吴裕功等采用蒙特卡洛有限元方法对常见混合物浓度计算模型进行了对比分析，研究结果表明，通用有效介质方程方法达到拟合效果。2009 年，陈小琳等提出了一种离散体为球状、体积随机分布的两相复合材料介电性能计算模型，该模型考虑了离散体体积存在的随机分布情况，更接近于两相复合材料中离散相的实际情况，比传统模型更精确。肖钢等利用离散偶极子近似给出了一种计算由球形粒子和非球形粒子组成的多相（大于三相）混合物有效介电常数的方法。2009 年，杨河林和肖婷提出了含有偏心球形微粒介质球的有效介电常量计算模型。

（2）电容传感器的优化设计。周邢银等采用有限元分析方法，对现有管道用螺旋型电容传感器结构参数，设计了三极板交错排列结构的传感器。该设计受混合物流型影响作用小，可以有效提高检测精度。董恩生等开展了云雾中同面多电极电容传感器的仿真研究，采用二维有限元法对同面 8 电极电容传感器电势分布和测试灵敏度等进行了仿真计算。刘少刚等在通用电容传感器数学模型的研究基础上给出了单一平面电容传感器的工作原理数学模型和有限元求解方法。向莉和董永贵开展了同面散射场电容传感器的电极结构与敏感特性研究，表明在传感器两电极极板间的距离存在最优值。

（3）先进的信号处理技术研究。侯北平等针对气固混合物管道输送中流型不稳定造成的检测误差，将信息融合技术应用于两相流流型的识别领域，实现了流型辨识并提高了检测精度。陆增喜等提出了波形法和最小均方差法的两相流测速方法。陆耿等提出了基于主成分分析法求取两相流相浓度的方法，对大量检测值样本进行统计分析后，采用第一主成分求取相浓度的经验公式，其检测结果不受两相流流型的影响。

尽管当前基于电场法实现混合物浓度和流速检测的技术研究已经较为成熟，通过优化传感器设计和浓度计算模型，在约束空间内（管道、烟囱等）的单向运动混合物浓度检测得到广泛应用，但对于开放空间和全向运动（或非定向运动）的混合物浓度检测还没有形成成熟的检测方法和测试手段。

| 5.2　电场法云雾浓度检测方法 |

5.2.1　测量原理

基于上述原理的检测方法如图 5－3 所示，采用线性度好、结构参数固定的电容传感器，对测气固两相粒子建立介电常数模型，进行粒子扩散云雾浓度检测；当混合物浓度发生变化时，混合物等效介电常数随之变化，引起电容传感器输出信号（感应电荷）变化；根据一定的数学模型对检测信号进行解析，即可得到混合物浓度及其变化。

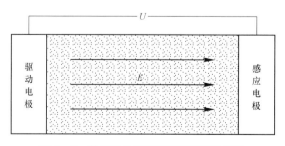

图 5－3　基于电场法的浓度检测机理简图

在空间中设置驱动电极和感应电极，组成一个平行极板电容器，该电容器的电容值可表示为

$$C = \varepsilon_0 \varepsilon_r \frac{S}{d} = \varepsilon_e \frac{S}{d} \qquad (5-1)$$

式中，ε_0 为真空介电常数；ε_r 为待测电介质的相对介电常数；ε_e 为待测电介质有效介电常数；S 为极板正对面积；d 为两极板间距。

在驱动极板施加驱动电压 U，则在感应极板上会产生感应电荷 Q：

$$Q = CU = \varepsilon_e \frac{S}{d} U \qquad (5-2)$$

假设待测混合物介电常数—浓度模型为

$$\varepsilon_e = f(\varepsilon_{e1}, \varepsilon_{e2}, \varphi) \qquad (5-3)$$

式中，ε_{e1}、ε_{e2} 分别为各成分的介电常数；φ 为混合物浓度。通常情况下 ε_{e1}、ε_{e2} 为已知，则混合物介电常数成为混合物浓度的单一变量函数：

$$\varepsilon_e = f(\varphi) \qquad (5-4)$$

联立式（5–1）、式（5–2）和式（5–4），有

$$\varphi = f^{-1}\left(\frac{d}{SU} Q \right) \qquad (5-5)$$

对于驱动电压和结构不变的电容传感器，d、S 和 U 也为常数，有

$$\varphi = g^{-1}(Q) \qquad (5-6)$$

由上式可知，通过检测电容传感器输出信号（感应电荷量），并根据一定的反演模型，可以计算出混合物浓度；同时可知，使用电场法检测云雾浓度时，建立正确的浓度—介电常数模型是该方法的核心。

5.2.2　云雾浓度计算模型

对成分已知的混合物浓度进行检测时，电容器输出量（感应电荷）与混合物浓度唯一相关，这一关系体现为混合物等效介电常数计算模型，因此建立合理的混合物等效介电常数计算模型是实现电场法浓度检测的核心技术。然而，对于混合物的等效介电性能，强烈地依赖所含成分的介电常数、体积分数、晶粒形状和空间分布等多项因素，各项因素间存在强度不一的耦合关系，因此混合物等效介电常数计算模型一直是材料学、电子学的研究热点和难点。

早期研究中将混合物视为多种成分的物理混合，通常假设介质由多种不同物质的颗粒均匀地混合而成；颗粒是各向同性的，混合物整体也显示出各向同性，混合物各成分的介电常数之差小于它们本身的介电常数。在上述假设条件下，根据电动力学相关机理，采用数学推理方法建立介电常数计算模型，典型模型包括朗道积分模型和立方根相加模型。

朗道积分计算模型：

$$\varepsilon_e = \varepsilon_a + \sum \frac{3\varepsilon_a(\varepsilon_i - \varepsilon_a)}{2\varepsilon_a + \varepsilon_i}\varphi_i \qquad (5-7)$$

立方根相加模型：

$$\varepsilon_e^{1/3} = \sum \varepsilon_i^{1/3} \qquad (5-8)$$

式中，ε_e 为待求混合物等效介电常数；φ_i 为第 i 种成分的体积分数；ε_i 为第 i 种成分的介电常数。

由于上述模型对于混合物颗粒物的电特性和介电常数范围均有较为严格的要求，计算模型与试验结果的匹配度较差，因此使用范围较窄。

当前针对混合物介电特性的研究主要基于有效介质理论。有效介质理论的主要思想是把整个混合介质看成单一介质，具有单一有效介电常数，采用有效介电常数来表征复合介质的介电性质。常用的有效介质理论有：① 弥散微结构与 Maxwell-Garnett 理论；② 对称微结构与 Bruggeman 自洽理论，也称为有效介质理论（EMT）；③ 双团簇微结构与 Shen-Ping 理论；④ 级联微结构与微分有效介质理论。

Maxwell-Garnett 计算模型：

$$\varepsilon_e^{1/3} = \sum \varepsilon_i^{1/3} \qquad (5-9)$$

式中，ε_e 为待求混合物等效介电常数；ε_i 为分散颗粒的介电常数。

Bruggeman 计算模型：

$$\varphi_1 \frac{\varepsilon_1 - \varepsilon_e}{2\varepsilon_1 + \varepsilon_e} + \varphi_2 \frac{\varepsilon_2 - \varepsilon_e}{2\varepsilon_2 + \varepsilon_e} = 0 \qquad (5-10)$$

式中，ε_e 为待求混合物等效介电常数；φ_i 为第 i 种成分的体积分数；ε_i 为第 i 种成分的介电常数，且有 $\varphi_1 + \varphi_2 = 1$。

相对于传统模型，基于有效介质理论的计算模型对于混合物组成类型及各成分介电特性的限制降低，与仿真和试验结果具有良好的一致性，在吸波材料等研究领域得到了广泛应用和认可。

5.2.3　基于 Clausius-Mossotti 理论云雾浓度计算模型

5.2.3.1　介电常数计算

电介质的介电常数是表征电介质电性能的宏观参数，它是电介质足够大区域内的平均值，概括了物质的所有介电和光学特性。材料的介电常数与组成它的分子的电极化性质有关。

一般地，物质分子局部电场 E_{loc} 作用而产生电偶极矩 p。强电场情况下，应将 p 展开成电场强度 E_{loc} 的泰勒级数，若电场不太强，可忽略非线性项，取该展开式的一次项近似，即为：

$$p = \alpha E_{loc} \tag{5-11}$$

根据介质极化强度定义有：

$$P = np = n\alpha E_{loc} \tag{5-12}$$

式中，n 为电介质的单位体积分子数。电场 E_{loc} 为作用于极化分子的局部电场，这个场是由外加电场 E 与介质中所有其他分子电偶极矩产生的电场 E' 叠加形成的，即有：

$$E_{loc} = E + E' \tag{5-13}$$

H.A.Lorentz 采用均匀介质中的球形空腔模型，计算出球腔内壁电荷密度 $-Pcos\theta$ 在球心处产生的电场 E' 为：

$$E' = \frac{1}{3\varepsilon_0}P \tag{5-14}$$

即有：

$$E_{loc} = E + E' = E + \frac{1}{3\varepsilon_0}P \tag{5-15}$$

$$P = \frac{3\varepsilon_0 n\alpha}{3\varepsilon_0 - n\alpha}E \tag{5-16}$$

根据电介质宏观极化率的定义有：

$$P = \chi\varepsilon_0 E \tag{5-17}$$

因此有：

$$\chi = \frac{3n\alpha}{3\varepsilon_0 - n\alpha} \tag{5-18}$$

根据电磁学中电介质相对介电常数的定义有混合物的等效介电常数 ε 为：

$$\varepsilon = \varepsilon_0(1+\chi) \qquad (5-19)$$

最终可得

$$\frac{\varepsilon - \varepsilon_0}{\varepsilon + 2\varepsilon_0} = \frac{1}{3\varepsilon_0} n\alpha \qquad (5-20)$$

上式即为 Clausius-Mossotti 公式。该公式揭示了电介质极化现象中的微观特性单位分子数 n、分子极化率 α 和电介质宏观参数介电常数 ε 之间的关系，为建立混合物等效介电常数奠定了基础。

5.2.3.2　云雾粒子浓度计算

对于由两种成分构成的混合云雾，对云雾和两种成分分别应用基于空气混合极化的 Clausius-Mossotti 公式有

对于云雾

$$\frac{\varepsilon_e - \varepsilon_0}{\varepsilon_e + 2\varepsilon_0} = \frac{1}{3\varepsilon_0}(f_k n_k \alpha_k + f_j n_j \alpha_j) \qquad (5-21)$$

对于颗粒物

$$\frac{\varepsilon_k - \varepsilon_0}{\varepsilon_k + 2\varepsilon_0} = \frac{1}{3\varepsilon_0} n_k \alpha_k \qquad (5-22)$$

对于基体

$$\frac{\varepsilon_j - \varepsilon_0}{\varepsilon_j + 2\varepsilon_0} = \frac{1}{3\varepsilon_0} n_j \alpha_j \qquad (5-23)$$

式中，ε_e 为混合物的等效介电常数，ε_0 为空气的等效介电常数，ε_j 为成分 2 的介电常数，ε_k 为成分 1 的介电常数；α_k 为成分 1 的分子极化率，α_j 为成分 2 的分子极化率，且有 $f_k = n_k / (n_k + n_j)$，$f_j = n_j / (n_k + n_j)$。

联立以上三式，并代入 f_k 和 f_j 的关系，可得

$$\frac{\varepsilon_e - \varepsilon_0}{\varepsilon_e + 2\varepsilon_0} = f_k \frac{\varepsilon_k - \varepsilon_0}{\varepsilon_k + 2\varepsilon_0} + f_j \frac{\varepsilon_j - \varepsilon_0}{\varepsilon_j + 2\varepsilon_0} \qquad (5-24)$$

假设混合物中两种成分的体积分数相差较大，可以等效为少量颗粒弥散于介质基体中，颗粒间距较大，颗粒间相互作用可以忽略不计，混合物结构可以表示为图 5-4 的形式。

此时，对混合物浓度计算模型进行修正，采用混合物颗粒成分体积分数 φ 代替分子比例 f_k，采用基体相关介电参数代替空气介电常数，即 $\varepsilon_j = \varepsilon_0$，则有

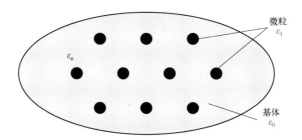

图 5-4　云雾粒子结构简图

$$\frac{\varepsilon_e - \varepsilon_j}{\varepsilon_e + 2\varepsilon_j} = \varphi \frac{\varepsilon_k - \varepsilon_j}{\varepsilon_k + 2\varepsilon_j} \qquad\qquad (5-25)$$

上式即为颗粒云雾浓度（体积浓度）的计算模型。

| 5.3　云雾浓度数值仿真分析 |

对前述混合物等效介电常数计算模型进行评估，建立了粒径随机分布的颗粒弥散混合物模型，使用有限元仿真软件 ANSYS 对特定浓度范围内混合物介电常数变化特征进行仿真分析。

5.3.1　粒径随机分布颗粒云雾建模

仿真研究中通常采用含球形颗粒的立方体结构作为基本单元，再由若干个基本单元合成颗粒云雾整体模型；云雾的浓度和粒径分布等特征可以通过调节基本单元参数来模拟。

（1）通过调节立方体与颗粒体积比即可模拟云雾浓度。将球形颗粒体积与立方体体积之比视为该单元的体积混合浓度，各个基本单元中颗粒物总体积与混合物总体积之比可视为混合物总体体积浓度。

（2）通过调节颗粒半径分布即可模拟混合物粒径分布。对于颗粒粒径一致的云雾，可以设置各个基本单元中颗粒半径一致；对于粒径不同的云雾，则可以根据颗粒粒径分布，设置各个基本单元中的颗粒半径。

云爆燃料抛撒形成云雾的颗粒的粒径范围为 1～100 μm，因此需要采用粒径不同的混合物模型进行仿真建模。云雾扩散过程中，浓度变化范围为 1～1000 g/m³。根据上述基本参数确定基本单元尺寸，过程如下：

假设基本单元立方体边长为 d，则立方体体积为 d^3；假设存在一组 N 个元素的一维随机数 r_i，数学期望为 u，方差为 σ^2，则颗粒总体积为

$$V_球 = \frac{4}{3}\sum \pi r_i^3 = \frac{4\pi}{3}E(r^3)\times N \qquad (5-26)$$

根据统计数学相关计算公式可得

$$E(r^3) = E(r-u)^3 + u^3 + 3u\cdot\sigma^2 \cong u^3 + 3u\cdot\sigma^2 \qquad (5-27)$$

则模型云雾浓度为

$$\varphi_m = 4\pi(u^3 + 3u\cdot\sigma^2)/3d^3 \qquad (5-28)$$

取 $N=256$，$u=0.5$，$\sigma^2=0.1$，$d=2$，则有模拟混合物体积浓度为 $\varphi_m \approx 40\%$。通过调整正方体边长，可以调整浓度范围在 $40\%\sim4\%$ 范围内变动。

根据上述结果建立混合物仿真模型，如图 5-5 所示。

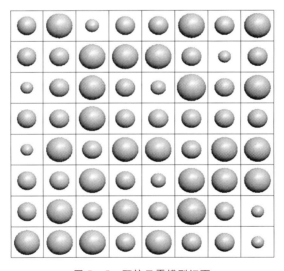

图 5-5　颗粒云雾模型切面

5.3.2　粒径随机分布颗粒云雾模型数值计算

设复合介质中的两相材料为均匀介质，且计算单元中均没有自由电荷，则云雾体单元的电势 ϕ 满足 Laplace 方程：

$$\Delta\phi = 0 \qquad (5-29)$$

如图 5－6 所示，对于混合物中的第 i 个基本单元，其电场特性单元满足如下边界条件：设其上表面电位为 ϕ_i，下表面电位为 ϕ_{i+1}，且域中的第一类边界条件；4 个侧面不存在电场的法向分量，即有 $\partial\phi/\partial n = 0$，域中的第二类边界条件。

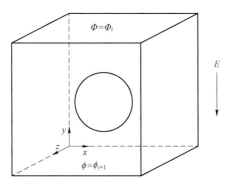

图 5－6　基本单元边界条件示意图

利用有限元仿真软件 ANSYS 实现有限元的计算，计算时选用自适应网格划分方法。计算得到节点电势和电势梯度后，通过能量平衡法求解复介电常数的实部和虚部。

每个网格单元的静电储能可以表示为

$$\delta W_e(k) = \frac{1}{2}\int_{S_k} \varepsilon_k[(\partial\phi/\partial x)^2 + (\partial\phi/\partial y)^2]\mathrm{d}x\mathrm{d}y \qquad (5-30)$$

式中，ε_k、S_k 分别表示第 k 个单元的介电常数和表面积。

云雾静电总能为

$$W_e = \sum_K \delta W_e(k) \qquad (5-31)$$

云雾的静电储能为

$$W_e = \frac{1}{2}\varepsilon_0\varepsilon_e\frac{S}{d}(\phi_2 - \phi_1)^2 \qquad (5-32)$$

式中，ε_e 为云雾等效复介电常数的实部；S 为计算区域内复合材料的上（下）底面积；d 为上下底之间的距离。

通过调整基本单元的边长，云雾粒子模型的浓度在 95%～5% 范围内变动，获得相应的云雾等效介电常数。各次仿真参数如表 5－1 所示，仿真计算如图 5－7、图 5－8 所示。

表 5-1   仿真计算参数表

序号	混合基体等效介电常数	混合颗粒及等效介电常数	颗粒相体积分数范围
1	空气（1）	玻璃珠（5）	1%～100%
2	空气（1）	铝粉（81）	1%～100%
3	环氧树脂（4.4）	玻璃珠（5）	1%～100%
4	环氧树脂（4.4）	铝粉（81）	1%～100%

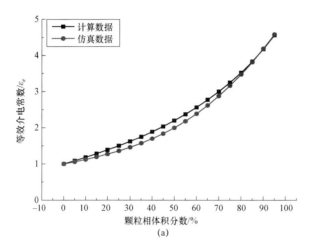

(a)

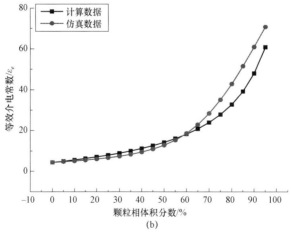

(b)

图 5-7   空气—颗粒等效介电常数对比曲线

（a）空气—玻璃珠混合物；（b）空气—铝粉混合物

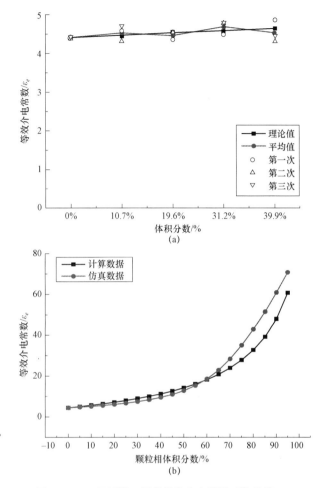

图 5-8　环氧树脂—颗粒等效介电常数对比曲线
（a）环氧树脂—玻璃珠混合物；（b）环氧树脂—铝粉混合物

由上述数据对比可知，所述等效介电常数计算模型计算结果与仿真结果在低浓度段具有良好的一致性，且混合物成分介电常数越接近，计算结果一致性越好。

5.4　全向高灵敏度电容传感器设计

电容传感器是一种应用极为广泛的电学无源传感器，根据作用原理不同可以分为极距变化型、面积变化型、介质变化型三种类型。结合本书研究内容，针对介质变化型电容传感器进行了调研分析，现有介质变化型电容传感器根据结构特点可以分为指状电容传感器、螺旋电容传感器和平面电容传感器三类，各自结构和性能特点如下：

（1）指状电容传感器。指状电容的外形一般为圆柱体，指端位置布置一个测试极板，壳体作为另一个电极（该电极通常接地）。当物体靠近传感器时，传感器介电常数发生变化，从而使电容量发生变化，检测电路输出状态也随之发生变化，形成有效信号。但是由于电场线分布不规则，因此检测线性度较差，典型应用是电容式接近传感器。该类传感器原理图及实物如图 5-9 所示。

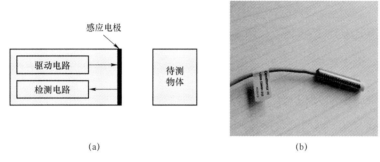

(a) (b)

图 5-9 指状电容式接近传感器
（a）原理图；（b）实物图

（2）螺旋式电容传感器。该类型的传感器由 2 个或多个矩形极板构成，极板紧贴在管道内侧，呈螺旋状分布。该类传感器具有良好的敏感度，但是检测精度受到管道内被测物体均匀度（流体的流型）影响严重，同时体积较大，检测电路结构复杂，主要应用于管道内粉尘浓度检测。螺旋式电容传感器原理结构如图 5-10 所示。

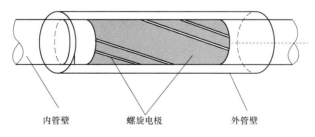

内管壁 螺旋电极 外管壁

图 5-10 螺旋电容传感器原理结构示意图

（3）平面梳齿电容传感器。也称为容栅电容，由多个共面的矩形电极阵列排布形成，测试精度由极板尺寸和排布尺寸等参数决定，具有检测范围广、检测灵敏度高等特点，但是受到梳齿排布方式影响，通常具有检测方向单一等问题。传统梳齿状电容主要应用于位移检测，现在广泛应用于 MEMS 传感器设计，在加速度测试等领域得到了广泛的应用。典型的容栅式位移传感器和 MEMS 梳齿电容传感器如图 5–11 所示。

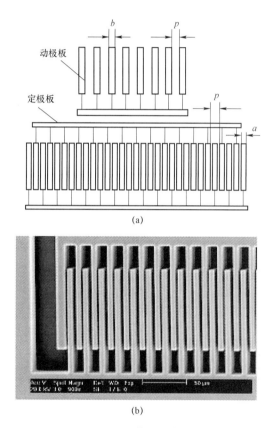

图 5–11 平面梳齿电容传感器

（a）容栅式位移传感器；（b）梳齿状电容传感器

采用电场法检测混合物浓度时，直接检测信号为电容传感器的输出信号（感应电荷），电容传感器特性对于测试效果具有重要的影响。分析云爆燃料云雾形态和运动特征，可知被测对象具有运动方向不定、浓度变化迅速等特点，要求测试系统和传感器具备快速精确响应和全向检测的能力。针对上述问题，本书设计了一种能够实现全向高灵敏度检测的同心共面环状电容传感器。

5.4.1　同心共面环状电容传感器结构设计

　　提出的一种同心共面环状电容传感器如图 5 – 12 所示。该感知单元由绝缘基板、驱动极板、感应极板和保护/屏蔽极板四部分构成。其中驱动极板和感应极板采用了同面同心环状的结构，即驱动极板和感应极板位于绝缘基板的同一面，驱动极板为圆形薄片，感应极板为环状薄片，两者以相同圆心呈径向分布。

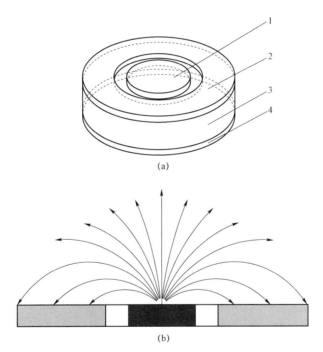

(a)

(b)

图 5 – 12　同心共面环状电容传感器结构及电场分布示意图
（a）传感器结构；（b）电场分布
1—驱动极板；2—感应极板；3—绝缘基板；4—保护极板

　　由于驱动极板和感应极板均为中心对称形状，因此感应极板沿半径方向灵敏度相同，从而实现了对空间动态电场的全方向感知和检测。通过优化驱动极板及感应极板的形状参数和相对位置参数，可以方便地调整感知单元的灵敏度，从而实现高精度、大量程的信号测试。参数示意及柱状计算坐标系如图 5 – 13、图 5 – 14 所示。

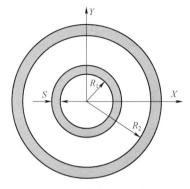

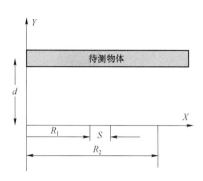

图 5 - 13　电容传感器参数示意图　　　　图 5 - 14　柱状计算坐标系示意图

该传感器的特征参数计算过程如下：同心共面环状电容传感器，其周围电势可表示为 $V(x, y, z)$ ，则有静电场中的拉普拉斯方程：

$$\frac{\partial^2 V}{\partial r^2} = \frac{1}{r}\frac{\partial V}{\partial r} + \frac{1}{r^2}\frac{\partial^2 V}{\partial \varphi^2} + \frac{\partial^2 V}{\partial z^2} \qquad (5-33)$$

式中，V 为周围电势；r、φ、z 为柱坐标参数。

上式通解为

$$V(r,z) = V_a(r,z) + \sum V_b(r,z)$$
$$= (Az+B)(\ln r + D) + \sum_1^\infty \left[A_n I_0(nr) + B_n K_0(nr) \right] \cdot \left[C_n \sin(nz) + D_n \cos(nz) \right]$$

$$(5-34)$$

式中，A、B、C、D 为待定系数和待定方程；I_0、K_0 为零阶贝塞尔函数。

根据坐标将模型划分为两个部分，各自引入相应的边界条件，最终可以解得该结构电容传感器的电容表达式如下：

$$C = 4R_1 \varepsilon_0 \varepsilon_r \sum_{n=1}^\infty \frac{1}{n} I_1 \frac{n\pi R_1}{d} \int_{\frac{n\pi(R_1+S)}{d}}^{\frac{n\pi R_2}{d}} \left[\left(K_1\left(\frac{n\pi R_2}{d}\right) \middle/ I_1\left(\frac{n\pi R_2}{d}\right) \right) I_0(y) + K_0(y) \right] y \mathrm{d}y$$

$$(5-35)$$

式中，R_1、R_2、S、d 分别是外侧电极半径、内侧电极半径、电极间距和电极与被测物体的距离；ε_0、ε_r 分别为真空介电常数和被测物的等效介电常数；K_i、I_i 分别为 i 阶贝塞尔函数。

5.4.2　参数优化设计

同心共面环状电容传感器的特性受到内外电极半径、极板间距等参数影响，计算典型参数下的电容量，计算参数及结果分别如表 5 - 2、图 5 - 15 所示。

表 5-2　数值分析计算参数

算例序号	D_2 / mm	D_1 / mm	S/mm
0	40	8.5	1.5
1	40	8.5	2.0
2	40	9	1.0
3	40	9	1.5
4	40	9.5	0.5
5	40	9.5	1.0

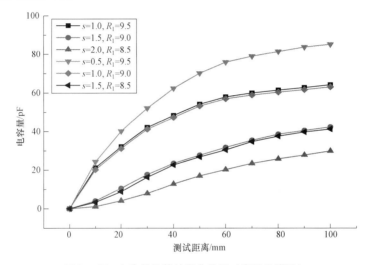

图 5-15　电容量计算结果曲线图（彩图见附录）

由上述计算结果可以得出以下结论：在 R_2、R_1 一定的情况下，S 越小则电容量越大；在 R_2、S 一定的情况下，R_1 越大则电容量越大；在 R_2 一定的情况下，极板间距 S 对于电容量的影响较为明显，内侧电极尺寸 R_1 对于电容容量的影响不显著。

在电容器总体尺寸受限（不大于 40mm×40 mm）的条件下，适当选取内侧极板半径和极板间距是有效提高传感器灵敏度的有效途径，其中极板间距 S 是影响电容传感器特性的核心参数，减小极板间距 S 有利于提高传感器灵敏度，据此完成传感器参数优化，如表 5-3 所示,传感器样机如图 5-16 所示。

图 5-16　环状电容传感器结构示意图

表 5 - 3　优化极板参数

参数项	数据/mm
外侧极板直径 2*R2	40
内侧极板直径 2*R1	9
极板间距 S	1

|5.5　云雾浓度检测验证方法|

5.5.1　云雾气固（颗粒）两相混合物等效样本

云爆燃料云雾（或其他类型气固混合物）显示出较强的流动性，难以形成稳定的测试对象，混合物参数不确定，因此直接检测云雾介电常数的试验方案不可行。本书研究提出混合云雾的固态等效物的方案，采用参数稳定的固态颗粒弥散系混合物样本代替燃料云雾进行计算模型测试试验。

固态等效物采用环氧树脂为基体材料，选择玻璃珠和铝粉作为混合颗粒；将一定量的玻璃珠和铝粉掺入环氧树脂溶液内，搅拌均匀后静置直至环氧树脂固化，形成参数稳定的玻璃珠和铝粉—环氧树脂混合物。通过精确检测样本质量和体积，可以计算出样本的实际浓度。实际制备获得混合物固态等效物实物如图 5 - 17 所示，固态等效物相关参数如表 5 - 4 所示。

图 5 - 17　混合物固态等效物实物图（环氧树脂—玻璃珠混合物）

A—理论浓度 10%；B—理论浓度 20%；C—理论浓度 40%

表 5 – 4　固态等效物参数

样本序号	颗粒物	设计浓度/%	实测浓度/%
0	无	0	0
1	玻璃珠	10	10.7
2	玻璃珠	20	19.6
3	玻璃珠	30	31.2
4	玻璃珠	40	39.9
5	铝粉	10	10.4
6	铝粉	20	20.7
7	铝粉	30	32.1
8	铝粉	40	42.3

5.5.2　云雾浓度检测系统

采用电桥法进行等效物介电常数检测，对于同一平行极板电容器，如果极板之间的电介质不同，则理论上分别有

$$C_1 = \varepsilon_0 \varepsilon_{r1} \frac{S}{d} = \varepsilon_{e1} \frac{S}{d} \qquad (5-36)$$

$$C_2 = \varepsilon_0 \varepsilon_{r2} \frac{S}{d} = \varepsilon_{e2} \frac{S}{d} \qquad (5-37)$$

$$\frac{\varepsilon_{e1}}{\varepsilon_{e2}} = \frac{C_1}{C_2} \qquad (5-38)$$

由上式可知，如果选取介电常数已知的物质作为参考物，则可以通过检测同一结构电容器电容量变化的方式计算出待测物质的介电常数。由于存在电容极板边界效应和检测线路分布电容等系统误差，难以精确检测单一电容的电容量，通常采用交流电桥方法检测电容容量变化。

如图 5 – 18 所示，将结构参数固定的平行极板电容器接入交流电桥的桥臂，分别检测计算空气介质条件下和空气—待测物混合介质条件下的电容值，同时充分考虑边界效应和分布电容的影响，可得桥臂电容分别为

$$C_{检测}^1 = C_{空气} + C_{分1} + C_{边1} \qquad (5-39)$$

$$C_{检测}^2 = C_{混合} + C_{分2} + C_{边2} \qquad (5-40)$$

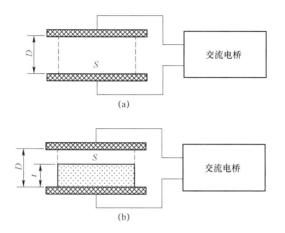

图 5 – 18　交流电桥法检测介电常数

（a）空气介质；（b）待测物介质

式中，$C_{空气}$ 为空气介质下电容值，$C_{混合}$ 为空气—待测物混合介质条件下电容值。由于检测电路参数和电容极板参数没有发生变化，因此，$C_{分1} = C_{分2}$，$C_{边1} = C_{边2}$，则有

$$C_{检测}^2 = C_{混合} - C_{空气} + C_{检测}^1 \tag{5-41}$$

$$C_{空气} = \varepsilon_0 \frac{S}{D} \tag{5-42}$$

$$C_{混合} = \frac{\varepsilon_0 \varepsilon_r S}{t + \varepsilon_r (D - d)} \tag{5-43}$$

$$\varepsilon_r = \frac{t C_{混合}}{\varepsilon_0 S - C_{混合}(D - d)} \tag{5-44}$$

通过上述计算，即可获得待测电介质的介电常数。根据试验方案，采用数字交流电桥测试仪和可调式电容形成测试系统，如图 5 – 19 所示。

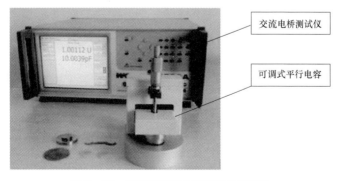

图 5 – 19　固态等效物介电常数检测系统

5.5.3 数据分析

对每种样本条件下检测 3 次，计算获得等效物介电常数如表 5－5 所示。结果表明，所述理论模型进行混合物等效介电常数计算的结果与固态等效物实测结果一致性良好，最大误差不大于 2.5%。

表 5－5　等效物介电常数测试数据对比

样本序号	理论计算值	第一次	第二次	第三次	平均值	误差/%
0	4.400	4.407	4.394	4.398	4.400	0.008
1	4.462	4.576	4.298	4.702	4.525	－ 1.419
2	4.513	4.365	4.53	4.419	4.438	1.662
3	4.582	4.497	4.782	4.771	4.683	－ 2.212
4	4.633	4.858	4.309	4.446	4.538	2.058
5	5.685	5.572	6.003	5.428	5.668	0.305
6	7.231	7.394	6.936	7.463	7.264	－ 0.461
7	9.377	9.626	9.02	9.792	9.479	－ 1.091
8	11.852	11.435	12.209	11.559	11.734	0.993

根据上述数据可得介电常数与等效粒子体积分数的关系，如图 5－20 所示。

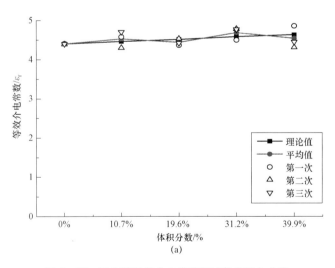

图 5－20　固态等效物介电常数测试数据对比曲线

（a）环氧树脂—玻璃珠

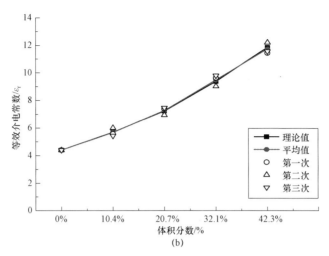

图 5－20　固态等效物介电常数测试数据对比曲线（续）

（b）环氧树脂—铝粉

|5.6　结　　论|

　　本章开展了基于等效介质理论的电场法对混合物浓度检测方法研究。在 Clausius－Mossotti 模型的基础上建立了颗粒离散型混合物浓度的等效介电常数模型，设计了一种同心共面环状电容传感器，并对传感器结构参数进行了优化设计，采用建模仿真和等效物试验两种方式对该模型的可行性进行了评估验证，实现了全向检测。

第 6 章

超声法云雾浓度检测

| 6.1 引 言 |

超声波在含颗粒的气固两相流中传播时，会产生能量的衰减和相位变化。其中能量衰减主要表现为声散射、黏性损失和热损失。超声波在两种不同的介质中传播时，声能会损耗，这种现象即为声衰减。

20 世纪初，Sewell 对声波在烟雾中传播时强度降低的现象进行了探索研究，开创性地建立了声波在多相介质中衰减特性研究工作。美国国家声学研究所 Foldy 教授对含有气泡液体对声波传播的衰减作用进行了检测，并对声波在高浓度液固混合物中的衰减情况进行了分析。随后，Urich 根据试验结果指出颗粒对声波的散射作用和连续相对声波的黏滞共同作用引起声波在悬浊液中衰减。

美国加利福尼亚研究所的 Epstein 和 Carhart 于 1953 年发表论文指出：在悬浊液和乳浊液中颗粒间能量转移（动量形式和热量形式）也是引起声波衰减的主要原因，并初步形成了计算模型。哈佛大学的 Allegra 和 Hawley 在上述研究成果的基础上，通过更为系统的研究，建立了基于声波波数的衰减计算数学模型。这一模型现在称为 ECAH 模型，被认为是多相物声波衰减的基础模型。

除 ECAH 模型外，德国 Riebel 等基于 Mie 散射理论提出了另一种基于声波衰减的浓度检测原理：通过研究高密度颗粒悬浊液中对超声衰减的影响，认为颗粒间作用是声波衰减的核心因素；同时指出了吸收、散射和共振在声波中的衰减现象，并根据 Hay&Mercer 理论进行模型修正。这一理论的模型较为简单，但是由于其理论基础是 Mie 散射理论，因此仅适用于颗粒远大于声波波长的条件下。

针对高浓度多相颗粒介质体系，Andrei S.Dukhin 提出了高浓度高密度差异的颗粒作用下的超声耦合相特征模型（Expanded Coupled Phase Model），对于高浓度情况下多相颗粒介质体系中固态颗粒相的特征检测（颗粒粒度、浓度）具有很强的实际应用价值。

英国基尔大学的 Challis 和 Holmes 等结合不同理论模型的适用范围，改变颗粒相的物性参数，进行了大量颗粒相—超声衰减的试验测试，实现了对理论模型的进一步优化，得到了在高浓度颗粒相中声波复散射问题的相关解法。

美国 LosAlamos 国家实验室的 Sharma 对颗粒相中的超声衰减研究中发现超声波谱现象（在颗粒相中传播时，其能量谱发生变化）。检测时，设定一个复波函数的超声信号，可以同时得到声速和能量谱的衰减系数，固体颗粒的粒径与超声衰减系数对应不同的超声波长具有特征明显的关系。

Machado 和 Kulmyrzaev 等进行了低浓度小粒径的颗粒相的超声阻抗谱特征研究，得出了超声的共振频率与颗粒相半径和浓度的关系。Abda 在此基础上，利用多频率超声信号的散射衰减进行颗粒相浓度及其颗粒粒径的测定。

英国利兹大学对非均匀颗粒相介质中的基本损失机制，包括黏性损失（离散连续相之间的运动）和热损失（介质体积的收缩和扩张）进行了大量试验研究，探讨了不同的非均匀颗粒相介质对于超声波传播衰减的影响。

对现有研究成果进行梳理可知，当前声波在混合物中的衰减模式和机理已经较为清晰，近年来研究的热点主要集中两个方面：

一方面，以美国 Los Alamos 国家实验室和中国上海大学苏明旭团队为代表，主要研究方向为颗粒弥散系的超声衰减谱研究。试验证明通过检测声波复波数方式可以同步获得声速变化和声衰减现象，对两种声波特征进行相关测试分析，可以获得更多多相混合物的特征数据，实现浓度和颗粒粒径分布同时检测。

另一个主要研究方向的研究团队相对分散，研究内容主要集中于根据不同的应用需求，对现有研究模型进行修正和优化，从而满足不同条件下的精确检测，主要研究成果包括：乔榛的"超声法一次风流速和煤粉浓度在线测量研究"；郭盼盼等的"用蒙特卡罗方法预测液固两相体系中颗粒的超声衰减"；胡浩浩的"混浊海水声衰减初步研究"；李辉等进行了"煤体结构类型判断的超声波探测系统研究"。

|6.2 超声衰减浓度检测机理|

6.2.1 理想粒子介质中的超声传播特性

超声波在介质中的传输过程中，可以认为相位和振幅保持不变以及能量守恒，因此对超声波在介质中传播的基本特性进行理想化假设：

（1）介质是非黏性的，即超声波在介质中传输时没有能量损失。

（2）介质是相对静止且均匀的，即初速度为零，静态压强和静态密度是常数。

（3）超声波传输过程是绝热的，即传输过程中没有温度差引起的热交换，即介质的相邻部分不会因为温度差进而产生热交换。

（4）在介质中传输的是小振幅超声波，即各声学的变化量都是很小的量。

根据上述假设，对声场进行分析如下：

1. 连续性方程

设声场中单位体积元 Δv，根据质量守恒定律，单位体积内流入体积元的质量与流出的质量之差即该体积元内质量的变化量，由此得到声波的连续性方程：

$$-\frac{\partial}{\partial x}(\rho v) = \frac{\partial p}{\partial t} \qquad (6-1)$$

式中，ρv 表示流量密度；x 表示传播距离；p 表示声压；t 表示作用时间，可得流量密度在某处的散度负值和介质中压强在该点的时间变化率相等。

2. 物态方程

假设超声在无扰动条件下传输，颗粒介质设定为一定质量、一定体积的单元，其状态用声压 p、密度 ρ 和热力学温度 T 表示。当超声波传输至该体积元时，其体积将会产生压缩与伸张形变，导致介质中的参量状态将发生变化，即 p、ρ、T 会发生相应的变化。由于 p、ρ、T 三者之间的变化存在内在联系，因此建立描述状态变化过程的数学模型，即可表征超声波作用下介质密度和声压参量之间的变化关系。

根据热力学理论可知，对一定质量的介质来说，其状态方程可用 p、ρ 及系统熵 s 三者之间的关系来表示。在等熵情况下，密度增量 $\mathrm{d}\rho$ 和相应的压强增量 $\mathrm{d}p$ 之间的关系为一比例常数，比例常数可用 c^2 表示，由此得到声波的物态方程：

$$\mathrm{d}p = c^2 \mathrm{d}\rho \tag{6-2}$$

上述假设中各声学的变量都是微量级，因此它们的平方项可忽略不计。根据拉格朗日公式，其超声波传播的物态方程可近似为

$$p = c_0^2 \rho' \tag{6-3}$$

此物态方程表征介质状态中压强和密度之间的线性关系。

3. 运动方程

超声波在连续的介质中传播时，由于各处的受力情况不同，因此压强也不一样。假设在超声场中取一足够小的体积元 Δv，超声波的振动使其体积元在 x 轴方向受到的作用力大小不等，由牛顿第二定律知道，声波运动方程为

$$\rho \frac{\mathrm{d}v}{\mathrm{d}t} = -\frac{\partial p}{\partial x} \tag{6-4}$$

运动方程反映出声场中声压 p 与质点速度 v 两者之间的相互关系，ρ 为密度。

4. 波动方程

根据上述分析，得出超声场的连续方程、物态方程和运动方程。三个方程之间相互独立，消去 p、ρ、v 中任意两个参量，就可得到另一个变量。由于声速 v 是矢量，密度的变化量 ρ 不易测量，因此超声学理论分析和测量中常用声压 p 描述声场。理想介质中关于声压 p 的波动方程为

$$\frac{\partial^2 p}{\partial t^2} = c_0^2 \frac{\partial^2 p}{\partial x^2} \tag{6-5}$$

波动方程反映了 p、t 和空间 x 之间的关系，这种时空变化的关联，反映了波动的性质。对 x 和 t 求导得到关于速度 v 的波动方程：

$$\frac{\partial^2 v}{\partial t^2} = c_0^2 \frac{\partial^2 v}{\partial x^2} \tag{6-6}$$

质点速度表示为 $v = \dfrac{\mathrm{d}\xi}{\mathrm{d}t}$，代入式（6-6），得到质点位移的波动方程：

$$\frac{\partial^2 \xi}{\partial t^2} = c_0^2 \frac{\partial^2 \xi}{\partial x^2} \tag{6-7}$$

　　超声波在理想介质中仅考虑在一维方向上传输，认为其他方向上质点的振幅和相位是不变的，即超声平面波。平面声波的波阵面是平面，因此将任一平面超声波都近似认为其具有相同的特性。

　　考虑在简谐声源作用下，声场随时间的变化中产生稳态声场。由傅里叶变换分析时间函数在不同频率的简谐函数的变换，因此波动方程的解有如下形式：

$$p = p(x)e^{j\omega t} \tag{6-8}$$

$$\frac{\partial^2 (p(x)e^{j\omega t})}{\partial t^2} = c_0^2 \frac{\partial^2 (p(x)e^{j\omega t})}{\partial x^2} \tag{6-9}$$

化简可得

$$\frac{\partial^2 p(x)}{\partial x^2} + \frac{\omega^2}{c^2} p(x) = 0 \tag{6-10}$$

设 $k = \dfrac{\omega}{c_0}$（k 为波数），p 是关于 x 的函数，即有

$$\frac{d^2 p(x)}{dx^2} + k^2 p(x) = 0 \tag{6-11}$$

取成复数解形式：

$$p(x) = Ce^{-jkt} + De^{jkt} \tag{6-12}$$

其中，C、D 为任意的常数，由边界条件决定，进一步得到

$$p(t,x) = Ce^{j(\omega t - kx)} + De^{j(\omega t + kx)} \tag{6-13}$$

其中，第二项表示反射波，我们讨论的是超声波无限介质中的传输问题，因此不考虑其反射波，即 $D = 0$，化简后为

$$p(t,x) = Ce^{j(\omega t - kx)} \tag{6-14}$$

当 C 取值边界条件 $x = 0$ 时，即在声源处振动时，相邻介质产生的声压为

$$p(t,0) = P_a e^{j\omega t} \tag{6-15}$$

理想状态下关于声压 p 的一维波动方程的解为

$$p(t,x) = p_a e^{j(\omega t - kx)} \tag{6-16}$$

即在沿声波传输方向，超声声压随传播距离产生指数衰减。

6.2.2　理想黏性介质中的超声传播特性

　　声波传输中的介质往往都是非单一成分的黏性介质，不但有固相物质的存在，还存在气泡、固体颗粒、杂质等，往往显现出黏性等特征，产生不同形式的能量衰减，因此超声波信号在黏性介质中的传输需要考虑的物理参数存在不确定性，比理想状态下模型更为复杂。

黏性介质在实际情况下虽然存在一定的初速度，但远远小于超声波在介质中的传输速度，因此介质的初速度可以忽略不计。简化方程的推导，对理想黏性介质做如下假设：

（1）介质为黏性流体，动力黏度为 η ；

（2）介质是静止的，初速度为零；

（3）介质是均质的，密度为 ρ ；

（4）介质中不存在温度差引起的热交换，即为绝热过程；

（5）超声波为小振幅声波，即各声学变量是一阶为分量。

由介质的绝热体积弹性系数定义 $K_s = -V \dfrac{\mathrm{d}p}{\mathrm{d}V}$ ，得到

$$\mathrm{d}p = -K_s \frac{\mathrm{d}p}{\mathrm{d}V} = -K_s \varDelta \tag{6-17}$$

$\varDelta$ 为有超声扰动时，引起的体积相对变化量，对于平面波有

$$\varDelta = \frac{\mathrm{d}V}{V} = \frac{\mathrm{d}\rho}{\rho} = \frac{\partial \xi}{\partial x} \tag{6-18}$$

用声压 p 表示压强增量 Δp ，得到

$$p = -K_s \frac{\partial \xi}{\partial x} \tag{6-19}$$

根据非均匀介质中相邻质点的运动速度不相同的条件，它们之间会因内摩擦力的作用而产生相对运动。有牛顿定律可知，单位面积上介质的黏滞力为

$$T' = -\eta \frac{\partial v}{\partial x} \tag{6-20}$$

压强的增量可表示为

$$P' = -T' = -\eta \frac{\partial v}{\partial x} \tag{6-21}$$

$$\rho \frac{\partial v}{\partial x} = K_s \frac{\partial^2 \xi}{\partial x^2} + \eta \frac{\partial^2 v}{\partial x^2} \tag{6-22}$$

由于质点速度 $v = \dfrac{\partial \xi}{\partial t}$ ，代入上式，得到超声波关于位移 ξ 的非理想介质中波动方程：

$$\rho \frac{\partial^2 \xi}{\partial t^2} = K_s \frac{\partial^2 \xi}{\partial x^2} + \eta \frac{\partial^3 \xi}{\partial x^2 \partial t} \tag{6-23}$$

对于简谐声波，设波动方程的解为 $\xi(x,t) = \xi_1(x)\mathrm{e}^{\mathrm{j}\omega t}$ ，得到

$$-\rho \omega^2 \xi_1 = (K_s + j\omega\eta)\frac{\partial^2 \xi_1}{\partial x^2} \tag{6-24}$$

令 $K = K_s + j\omega\eta$，有

$$-\frac{\rho}{K}\omega^2 \xi_1 = \frac{\partial^2 \xi_1}{\partial x^2} \tag{6-25}$$

令 $k' = \omega\sqrt{\dfrac{\rho}{K}}$，则上式化为

$$\frac{\partial^2 \xi_1}{\partial x^2} + k' \xi_1 = 0 \tag{6-26}$$

对比理想状态下波动方程的解，得到非均匀介质的波动方程的解为

$$\xi = \left(Ce^{-jk'x} + De^{jk'x}\right)e^{j\omega t} \tag{6-27}$$

由于上述中 k 是复数形式，所以 k' 也是复数形式，令 $k' = \dfrac{\omega}{c} - j\alpha_\eta$（$\alpha_\eta$ 为黏性介质的系数），代入上式得

$$\xi = Ce^{\alpha_\eta x}e^{j\omega\left(t - \frac{x}{c}\right)} + De^{\alpha_\eta x}e^{j\omega\left(t - \frac{x}{c}\right)} \tag{6-28}$$

上式第一项表示传输速度为 c，角频率为 ω 的入射波，第二项表示向负方向传输的反射波。

忽略反射波的影响，即有

$$\xi = Ce^{-\alpha_\eta x}e^{j\omega\left(t - \frac{x}{c}\right)} \tag{6-29}$$

如果声源在 $x = 0$ 处振动，上式化为

$$\xi(t, 0) = \xi_0 e^{j\omega t} \tag{6-30}$$

则超声波在非均匀介质中传输的波动方程的解为

$$\xi = \xi_0 e^{-\alpha_\eta x}e^{j\omega\left(t - \frac{x}{c}\right)} \tag{6-31}$$

对比两类超声传播特性可知，当介质发生变化时，声波的传输特性发生了明显的变化，这种变化与 α_η 等介质特性密切相关，即超声波的传输特性包含了传输介质的相关特性。

6.2.3 非理想黏性介质中的超声传播特性

在理想介质中，超声波受到超声传播距离、介质的黏滞系数、超声反射系数等多种因素影响，导致超声能量的衰减。但是传播过程是绝热的，不会

与介质发生热交换。实际上超声波的传输衰减机理非常复杂，声波（尤其是高频声波/超声波）在传播过程中会与介质颗粒发生摩擦和热交换，并产生反射和多重反射等现象，很难对非理想介质中的声波衰减进行准确的理论分析，通常会根据实际的研究应用需求，针对主要的某一种或多种具体的衰减模式进行分析。

目前主要根据超声波衰减的原理及其与传播介质的关系将超声波衰减分为四种主要形式，如图 6-1（a）所示：一是由于超声波波束扩散造成的扩散衰减，二是由于介质的黏滞作用造成的黏滞衰减，三是由于介质的其他原因使声能转化为热能引起的热传导衰减，四是由于非均匀介质中的固体颗粒对超声波的散射造成的散射衰减。第一类衰减是由声源的特性引起，受到传播距离影响，与传播介质特性无关；后三类的衰减与介质特性紧密相关。由于本书主要研究超声波与介质之间的关系，所以仅对后三类衰减开展研究。

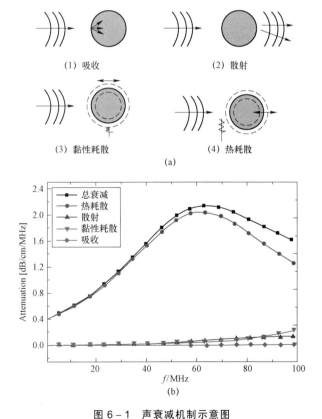

图 6-1　声衰减机制示意图

（a）　主要损失机制；（b）声衰减（体积浓度 10%，尺寸 0.16 μm）

6.2.3.1 黏滞衰减

当平面声波在非均匀介质中传播时，黏附于容器壁附近的介质点因受到很大的约束力，初速度很小，将其设为零；而离容器壁越远的介质质点受到的约束力越小，相应的速度也就越大，在介质中将会出现最大的速度值，因此声波在非均匀介质的传输过程中速度梯度将为弧度。由牛顿内摩擦定律可知，质点速度的差异，会在径向上形成不同的切应力，从而导致层与层之间的摩擦损耗，进而使超声波在非均匀介质中的信号衰减。

令 $H = \dfrac{\eta}{K_s}$，由波动方程的推导条件 $K = K_s + j\omega\eta$ 可得

$$K = K_s(1 + j\omega H) \tag{6-32}$$

由于波数 $k' = \omega\sqrt{\dfrac{\rho}{K}} = \dfrac{\omega}{c} - j\alpha_\eta$，可得

$$\omega\sqrt{\frac{\rho}{K_s(1+j\omega H)}} = \frac{\omega}{c} - j\alpha_\eta \tag{6-33}$$

化简后得

$$\alpha_\eta = \omega\sqrt{\frac{\rho}{K}}\sqrt{\frac{(\sqrt{1+\omega^2 H^2} - 1)}{2(1+\omega^2 H^2)}} \tag{6-34}$$

由于介质的黏滞力相对于弹性力很小，即 $\omega H \ll 1$，此时得到黏滞衰减系数的表达式为

$$\alpha_\eta = \frac{\omega^2 \eta}{2\rho c^3} \tag{6-35}$$

由于 $\omega = 2\pi f$，由式（6-35）可得

$$\alpha_\eta = \frac{2\pi^2 f^2 \eta}{\rho c^3} \tag{6-36}$$

式中，η 为介质的黏度，单位 Pa.s；f 为超声波的频率，单位 Hz；ρ 为非均匀介质的密度，单位 kg/m³；c 为声速，单位 m/s。

超声波在非均匀介质中传输时，黏滞衰减系数 α_η 与非均匀介质的黏度 η、密度 ρ、超声波的频率 f 有关，即在一定的非均匀介质体系中，超声波的频率越大，超声换能器接收到的信号幅值越弱，声黏滞系数越大；介质黏度越大，换能器接收到的信号幅值越小，声黏滞系数越大；介质的密度越大，换能器接

收到的信号幅值越大，声黏滞系数越小。

6.2.3.2　热传导衰减

当超声波通过非均匀介质时，介质质点就会产生压缩、膨胀等变化。对于理想介质，由于介质的温度变化与体积变化是同步的，即当体积达到极小时温度就达到极大值，反之亦相同，此过程是可逆的，所以不存在热交换。但对于非均匀介质来说，由于声波过程是绝热的，且超声波的频率较大，其承载的能量也相对较大，因此当超声波通过非均匀介质时，介质受到超声波振动的影响，波动的热力损失将会出现，导致体积发生变化，压缩区域的体积将会变小，温度相应地升高；相反，温度会相应地降低。当相邻的压缩区与膨胀区之间存在温度梯度，高温区会向低温区传递一部分热量，发生热交换，即热传导。该交换过程将降低压缩区域的压力，使声波的振幅减小，整个过程是不可逆的。机械能转为热能的过程，引起超声波的衰减。

基尔霍夫导出介质的热传导引起的声衰减系数为

$$\alpha_{\xi} = \frac{\omega^2 \chi}{2\rho c^3}\left(\frac{1}{c_v} - \frac{1}{c_p}\right) \tag{6-37}$$

根据 $\omega = 2\pi f$，可得

$$\alpha_{\xi} = \frac{\omega^2 \chi}{2\rho c^3}\left(\frac{1}{c_v} - \frac{1}{c_p}\right) \tag{6-38}$$

式中，χ 为热传导系数，单位为 W/m·℃；c_v 为介质的定容比热，单位为 J/（kg·℃）；c_p 为介质的定压比压，单位为 J/（kg·℃）；$c_v = c_p / k$，k 为介质的定热比。

超声波在非均匀介质中传播时，热传导衰减系数 α_{ξ} 与介质的密度 ρ、定容比热 c_v、定压比热 c_p 和热传导系数 χ 以及声波的频率 f 有关，即在一定的介质中，超声波的频率越大，换能器接收到的信号幅值越弱，热传导衰减系数越大；同理，若介质密度越大，换能器接收的信号幅值越强，热传导衰减系数越小。

6.2.3.3　散射衰减

超声散射衰减本质上与光散射一样，指超声波在非均匀介质中传播时，介质的不均匀性造成微小的界面产生不同的声阻抗，导致声波向不同方向传播，引起声压或声能的减弱。当超声波通过非均匀介质时，介质中的固体颗粒使超声波发生了散射，改变了其传播方向，进而使其沿着相对复杂的路径传播下去；最终一部分声波传到了超声波换能器，换能器接收回波信号，散射出去的超

声波直接转变成热能，造成超声波的能量减少。散射衰减的过程不仅与介质的性质和状态有关，还与介质中固体颗粒的形状、尺寸大小和数目多少有关，在大颗粒和高频超声波条件下产生的作用尤为显著。在实际的理论研究中，通常会做比较粗略的估算，即把这些粒子当作完全刚性的、半径为 r 的球形物体。若单位体积中含有 n 个散射粒子，由瑞利理论可得散射衰减系数 α_s 为

$$\alpha_s = \frac{2}{9}\pi k^4 r^6 n \qquad (6-39)$$

式中，k 为超声波波数，$k = 2\pi/\lambda$，$\lambda = c/f$ 所以 $k = 2\pi f/c$；n 为单位体积内粒子数目，$n = 3/2\pi r^3$，可得

$$\alpha_s = \frac{8}{3}\frac{\pi^4 r^3 f^4}{c^4} \qquad (6-40)$$

超声波在非均匀介质中传播时，散射系数 α_s 与介质中颗粒的尺寸大小 r 和声波的频率 f 有关，其大小与尺寸的三次方成正比、与频率的四次方成正比。即在一定的介质体系中，超声波的频率越大，换能器接收到的信号越弱，声散射衰减系数越大；同理，若介质中颗粒尺寸越大，换能器接收到的信号幅值越小，声散射衰减系数越大。

进一步，黏滞衰减、热传导衰减和散射衰减可以用指数方程统一表示：

$$U = U_0 \mathrm{e}^{-\alpha L} \qquad (6-41)$$

式中，U_0 为超声波的初始幅值，U 为超声波的接收端幅值；L 为超声波在非均匀介质中传播的距离；α 为总衰减系数，是黏滞衰减系数 α_η、热传导衰减系数 α_ξ、散射衰减系数 α_s 之和，即

$$\alpha = \alpha_\eta + \alpha_\xi + \alpha_s \qquad (6-42)$$

声学量常用其比值的对数表示，一是因为声压、声强等的变化范围较大，通常能够达到十几个数量级，使用对数标度要比绝对标度更加方便；二是由于这些声学量用对数关系来表示时，超声波的声能数量级变化会更加明显，因此超声波在介质中的衰减更适合用对数表示。式（6-42）整理后得

$$\alpha = -\frac{1}{L}\ln\frac{U}{U_0} \qquad (6-43)$$

实际测量中，U_0 和 L 为已知量，超声衰减系数 α 与接收端的超声波幅值 U 成对数关系，因此可通过 U 的变化研究介质参数对超声波衰减系数的影响。

$$
\begin{cases}
\alpha_s = \dfrac{8}{3}\dfrac{\pi^4 r^3 f^4}{c^4} \\[4mm]
\alpha_\eta = \dfrac{2\pi^2 f^2 \eta}{\rho c^3}, \quad \alpha_\xi = \dfrac{2\pi^2 f^2 \chi}{\rho c^3}\left(\dfrac{1}{c_v}-\dfrac{1}{c_p}\right), \quad \alpha_s = \dfrac{8}{3}\dfrac{\pi^4 r^3 f^4}{c^4}
\end{cases}
\tag{6-44}
$$

可知，超声波在非均匀介质中传播时，总衰减系数与介质中颗粒的尺寸大小、介质的黏度、介质的密度和声波的频率等有关。

对于成分已知的混合物，其等效密度为各成分密度与其体积分数的函数，如果测得超声波在该混合物中的衰减系数，则可以反解获得某一成分的体积分数，即可获得该混合物的浓度信息。

6.3　超声衰减的云雾浓度模型

6.3.1　基于经典 ECAH 云雾浓度计算模型

经典 ECAH 模型的基本推导过程如下。

6.3.1.1　理论假设

ECAH 模型是多相物声波衰减的基础模型，其理论基础是守恒型流体动力学方程，该模型遵循以下假设条件：

（1）采用 Avier-Stokes 形式的量守恒方程，同时忽略热应力的影响。

（2）声传播中，介质温度与压力与时间无关，衰减过程处于准稳态状。

（3）认为黏性系数和热传导系数为常数值。

（4）应力应变张量符合以下关系：

$$
P_{ij} = \eta e_{ij} - \left(\frac{2}{3}\eta - \eta_v\right)\nabla \cdot v\delta_{ij}
\tag{6-45}
$$

6.3.1.2　声场方程和波动方程

根据声场内振子的质量、动量和能量守恒关系，可以建立如下方程组：

$$
\begin{cases}
\gamma\sigma\nabla^2 T - \dot{T} = (\gamma-1)(1/\beta)\nabla\bullet v \\[2mm]
\dfrac{\partial^2 v}{\partial t^2} - (c^2/\gamma)\nabla(\nabla\bullet v) - \dfrac{\left(\eta' + \dfrac{4}{3}\eta\right)}{\rho}\nabla\left(\nabla\bullet\dfrac{\partial v}{\partial t}\right) \\[4mm]
\qquad + \dfrac{\eta}{\rho}\nabla\bullet\nabla\bullet\dfrac{\partial v}{\partial t} = -(\beta c^2/\gamma)\nabla\dot{T}
\end{cases}
\qquad(6-46)
$$

主要计算参数如下：

σ——导温系数，通过 $\sigma = \tau/\rho_0 C_p$ 计算，其中 τ 为热导率；

C_v——定容比热；

γ——比热比，通过 $\gamma = C_p/C_v$ 算；

β——热膨胀系数，通过 $\beta = -(1/\rho_0)/(\partial\rho/\partial T)_p$ 计算；

c——声速。

将向量 v 写成标量势 φ 的梯度和矢量势 A 的旋度的和的形式，进一步给出波动方程：

$$\nabla^2 A + k_s A = 0 \qquad(6-47)$$

$$\nabla^2\varphi_c + k_c^2\varphi_c = 0 \qquad(6-48)$$

这里的复波数 k_c、k_s、k_T 别由下式给出：

$$k_c = w/c + a_L, \qquad(6-49)$$

$$k_T = (1+i)(w/2\sigma)^{1/2} \qquad(6-50)$$

$$k_s = (1+i)(w\rho/2\eta)^{1/2} \qquad(6-51)$$

式中，a_L 为纵波的声衰减系数。

6.3.1.3 边界条件

取声场内的一个球形颗粒作为研究对象，并假设颗粒间距较大，不发生复散射。当声波入射到颗粒表面时，由于存在反射作用和透射作用，因此在颗粒表面产生一组方向相对的压缩波，分别称为 ϕ_c 和 φ_c'；由于颗粒与周围介质密度不同，则颗粒和周围介质在相同声压作用下的运动速度不同，形成相对运动，从而产生剪切波和；此外，由于波动作用在颗粒表面产生了热损失，将其等效为热波作用和。入射波在球形颗粒表面的损失模式如图 6-2 所示。

在球形颗粒的表面，根据轴对称原理可以建立关于速度、应力、温度等因素的边界条件如下：

$$v_r = v_r', \quad v_\theta = v_\theta', \quad T = T'$$

$$\tau\frac{\partial T}{\partial r}=\tau'\frac{\partial T'}{\partial r}, \quad P_{rr}=P'_{rr}, \quad P_{r\theta}=P'_{r\theta}$$

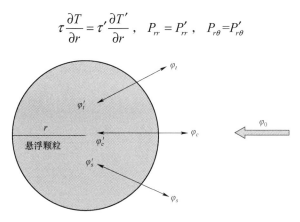

图 6-2　入射波的损失模式

6.3.1.4　单颗粒散射系数

将边界条件代入波动方程,可以获得一个关于 6 个待定系数的线性方程组,该方程组实质上描述了在颗粒内部和周围介质的 3 种波动的势函数,其中包含待定系数 A_n、B_n、C_n、A'_n、B'_n、C'_n 为衰减系数,线性方程组表示如下:

$$[M]_{AH}\begin{bmatrix}A_n\\C_n\\A'_n\\C'_n\\B_n\\B'_n\end{bmatrix}=\begin{bmatrix}a_c j'_c(a_c)\\j_n(a_c)\\X\big[(a_s^2-2a_c^2)j_n(a_c)-2a_c^2 j''_n(a_c)\big]\\X\big[a_c j'_n(a_c)-j_n(a_c)\big]\\b_c j_n(a_c)\\ka_c b_c j'_n(a_c)\end{bmatrix} \tag{6-52}$$

式中,A'_n 和 A_n 为颗粒内部和外部的压缩波;B'_n 和 B_n 为颗粒内部和外部的热波;C'_n 和 C_n 为颗粒内部和外部的剪切波;a_c 和 a_s 分别是颗粒半径与压缩波和剪切波波数的乘积;j_n 为球贝塞尔级数;X 为剪切模量,液体颗粒使用 $X=\eta$,固体则采用 $X=\mu/(jw)$。

上式对于理想单颗粒情况下的入射声波能量分解进行了全面的描述,但是由于热波和剪切波耗散较快,无法在 $X=\mu/(jw)$ 超声传感器的接收端形成有效贡献,因此,能够对测量产生意义的主要是压缩波。压缩波的势函数可以表示为

$$\varphi_c=\sum_{n=1}^{\infty}i^n(2n+1)A_n h_n(k_c r)P_n(\cos\theta) \tag{6-53}$$

式中,P_n 代表 n 阶勒让德多项式。

6.3.1.5 声场总体衰减系数

根据 Epstein 等的研究成果，在不考虑声波复散射的条件下，将单个颗粒的衰减情况推广到整个声场范围内，将上述波动方程在坐标系下求解，并按照球谐函数和球贝塞尔函数进行展开；将其代入固相颗粒和连续介质分界面上的边界条件，可以推导出 6 阶线性方程组，对该方程组进行求解，就可以得到一个 n 阶展开系数 A_n。

可以得到颗粒相引起的超声波总的衰减系数 α，其中总的能量损失与颗粒数目浓度成正比：

$$\alpha = -\frac{3\varphi}{k_c^2 R^3} \sum_{n=0}^{\infty}(2n+1)A_n \qquad (6-54)$$

式中，φ 为颗粒相在混合物中的体积浓度；k_c 表示超声波在连续介质中的波数；R 表示颗粒的半径。

进一步考虑混合物中连续相的吸收作用，可以获得 ECAH 模型的最终结果（基于复波数表达形式）：

$$\left(\frac{k}{k_c}\right)^2 = 1 + \frac{3\varphi}{\mathrm{j}k_c^3 R^3}\sum_{n=0}^{\infty}(2n+1)A_n \qquad (6-55)$$

式中，k 为超声在混合介质中的复波数；k_c 表示超声在连续介质中的波数；φ 表示悬浮颗粒的体积浓度；R 表示颗粒的半径。根据定义有

$$k = \omega/c_s(\omega) + \mathrm{j}\alpha(\omega) \qquad (6-56)$$

式中，ω 为超声角频率；α 和 c_s 分别为超声波在混合介质中的衰减系数和声速。

根据计算得到的体积分数 φ，根据式（6-64）可以得到其质量浓度：

$$\phi_m = \frac{\varphi_v \rho_s}{\rho_g} \qquad (6-57)$$

6.3.2 模型简化

由于系数 A_n 计算非常复杂，McClements 对该模型在特定的物理情况下进行了简化，他根据超声波波长和颗粒粒径的相对大小将超声波在两相介质中的传播分成三个区域，如图 6-3 所示。

短波区（SWR）：$D \gg \lambda$，超声波波长远远小于颗粒粒径；中波区（IWR）：$D \sim \lambda$，超声波波长与颗粒粒径在一个数量级；长波区（LWR）：$D \ll \lambda$，超声波波长远远大于颗粒粒径。通过对上述三个区域的计算得知，对于一定的粒径范围（0.01~100 μm）和一定的超声波频率范围（0.1~100 MHz），常见的颗粒分

散系几乎都处于中波区和长波区。

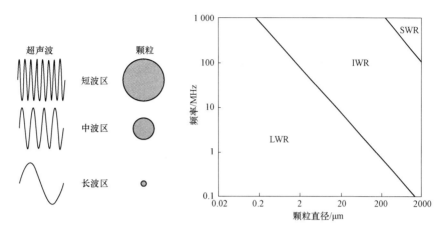

图 6-3　超声不同波长与颗粒作用区域分布

　　由于超声波在空气中传播衰减非常快，因此限制了其频率的增加，一般用于测量气固两相流的超声波频率范围是 40～400 kHz，因此绝大多数情况下两相流都处于长波区。长波区中，只需考虑三种主要的能量损失形式，A_0、A_1、A_2 分别对应热波损失、黏性损失和散射损失。

　　其中，复散射损失只在颗粒相和声波波长相近时才会形成明显的损失贡献，对于微米量级的颗粒，只有超声频率大于 100 MHz 时才会形成明显损失贡献。事实上，由于声波在空气中会出现严重衰减，对于气固混合物的检测只能使用低频超声(声波频率不高于 100 kHz)，声波波长远大于颗粒粒径，属于典型的长波长测试($\lambda \gg R$)。因此使用声衰减对云爆燃料云雾浓度检测时可以忽略散射损失，即忽略高阶散射系数 A_2。此时 ECAH 模型可以降阶为如下形式：

$$\left(\frac{\kappa}{k_c}\right)^2 = 1 + \frac{3\varphi}{jk_c^3 R^3}(A_0 + 3A_1) \tag{6-58}$$

其中，A_0 和 A_1 的计算分别为

$$A_0 = -\frac{ik_1 R}{3}\left[(k_1 R)^2 - (k_2 R)^2 \frac{\rho_1}{\rho_2}\right] - \frac{i(k_1 R)^3(\gamma_1 - 1)}{b_1^2}\left(1 - \frac{\beta_2 C_{P1}\rho_1}{\beta_1 C_{P2}\rho_2}\right)^2 H \tag{6-59}$$

$$A_1 = \frac{i(k_1 R)^3(\rho_2 - \rho_1)(1 + T + is)}{\rho_2 + \rho_1 T + i\rho_1 s} \tag{6-60}$$

其中，

$$H = \left[\frac{1}{(1-\mathrm{i}b_1)} - \frac{\tau_1}{\tau_2} \frac{\tan(b_2)}{\tan(b_2) - b_2} \right]^{-1} \tag{6-61}$$

$$b_1 = \frac{(1+\mathrm{i})R}{\delta_{T,1}} \ , \quad b_2 = \frac{(1+\mathrm{i})R}{\delta_{T,2}} \tag{6-62}$$

$$\delta_{T,i} = \sqrt{2\tau_i / C_{Pi}\rho_i\omega} \ , \quad \delta_s = \sqrt{2\eta_1 / \rho_1\omega} \tag{6-63}$$

$$T = \frac{1}{2} + \frac{9\delta_s}{4R} \ , \quad s = \frac{9\delta_s}{4R}\left(1 + \frac{\delta_s}{R}\right) \tag{6-64}$$

ρ_1 和 ρ_2 分别代表连续相和离散相的密度，τ_1 和 τ_2 分别代表连续相和离散相的导热系数，β_2 和 β_2 分别代表连续相和离散相的热膨胀系数，C_{P1} 和 C_{P2} 代表定压比热，γ_1 和 γ_2 代表比热比，c 为声速，T 为热力学温度。

云爆燃料颗粒密度远大于连续相（空气）的密度（两者密度相差超过 3 个数量级，$\rho_2 \gg \rho_1$），虽然燃料云雾质量浓度较大，但是体积浓度较小，颗粒间距较大，该条件下可认为混合物颗粒之间由于相对运动及摩擦等造成的黏性损失极小，即有

$$\left(\frac{\kappa}{k_c}\right)^2 = 1 + \frac{9\varphi}{\mathrm{j}k_c^{\,3}R^3} A_1 \tag{6-65}$$

同时由于 $\rho_2 \gg \rho_1$，可近似取 $\rho_1 / \rho_2 \cong 0$，代入式（6-73）可得

$$A_1 \cong \mathrm{i}(k_c R)^3 (1 + T + \mathrm{i}s) \tag{6-66}$$

$$\left(\frac{\kappa}{k_c}\right)^2 = 1 + 9\varphi(1 + T + \mathrm{i}s) \tag{6-67}$$

式中，$\delta_s = \sqrt{\dfrac{2\eta_1}{\rho_1\omega}}$，$T = \dfrac{1}{2} + \dfrac{9\delta_s}{4R}$，$s = \dfrac{9\delta_s}{4R}\left(1 + \dfrac{\delta_s}{R}\right)$。

| 6.4　云雾浓度计算分析 |

6.4.1　超声衰减仿真分析

采用流场仿真软件 FLUENT 对单个球形颗粒的声波衰减作用进行分析，获得声压作用下的声波衰减情况。仿真过程假定颗粒为刚性小球，仿真云图及颗

粒圆周方向声压损失曲线如图 6 – 4 所示。

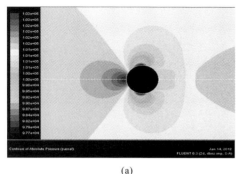 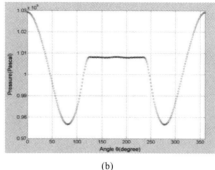

(a) (b)

图 6 – 4　单球形颗粒的声波衰减

（a）衰减云图：左侧为加压端，右侧为检测端；（b）声压损失曲线

同时，使用 COMSOL 多物理场耦合仿真软件对颗粒团簇的声衰减情况进行仿真分析。仿真模型采用 COMSOL Multiphysics 软件中的声学模块，该声学模型采用时谐声压模型，计算模型采用修改的亥姆霍兹方程，如下列方程所示：

$$\nabla \bullet \left(-\frac{\nabla p}{\rho} \right) - \frac{\omega^2 p}{c_s^2 \rho} = 0 \qquad (6-68)$$

式中，∇ 表示拉普拉斯算子；ρ 表示介质密度；p 表示声压；ω 表示角频率；c_s 表示介质中的声速。介质的声阻抗和声速之间存在如下关系：

$$c_c = \omega / k_c \qquad (6-69)$$

介质密度由如下方程定义：

$$\rho_c = k_c Z_c / \omega \qquad (6-70)$$

式中，Z_c 表示复数阻抗；k_c 表示复波数。

对于声波能量衰减有如下方程表示：

$$d_w = 10 \log \left(\frac{w_0}{w_i} \right) \qquad (6-71)$$

式中，w_0 表示声波入射能量；w_i 表示声波出射能量。

$$w_0 = \int_{\partial \Omega} \frac{|p|^2}{2 \rho c_s} \mathrm{d}A \qquad (6-72)$$

$$w_i = \int_{\partial \Omega} \frac{p_0^2}{2 \rho c_s} \mathrm{d}A \qquad (6-73)$$

使用 COMSOL 软件建立腔体状仿真模型如图 6-5 所示。

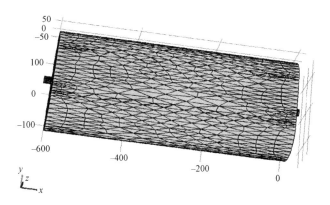

图 6-5　超声腔体状仿真模型图

仿真模型中填充"空气—金属粉颗粒"混合物，采用蒙特卡洛法生成随机分布颗粒系，仿真过程如图 6-6 所示。

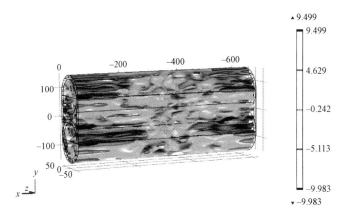

图 6-6　整体模型的绝对声压云图

如图 6-7 所示，仿真过程中可以获得不同截面处的声压，采用面积积分方法获得接收端声压，除以接收面积获得接收端的平均声压，最终可以结合声源声压计算出该仿真条件下的声衰减系数。

选取"空气—金属粉颗粒"混合物为研究对象，设置体积浓度范围为 1%～10%，浓度步进值为 1%，分别采用计算机仿真计算和本书所述简化模型两种方法进行声波衰减计算。选取混合物浓度为横坐标，相应声衰减系数为纵坐标，可以获得三种方法的计算结果对比曲线，如图 6-8 所示。

由上述对比曲线可知：

（1）仿真结果与计算结果趋势一致，但是计算方法获得的衰减系数大于仿真结果，分析后认为是由于计算机仿真模型将混合物视为均匀介质，忽略了散射衰减损失引起的。

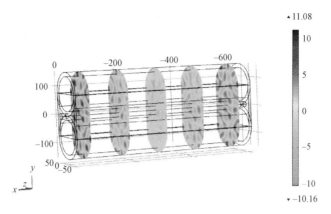

图6-7 不同截面的绝对声压云图

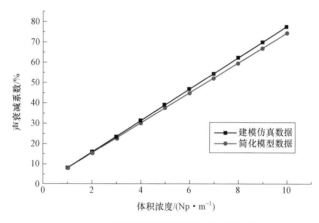

图6-8 两种模型仿真计算结果对比曲线

（2）对两种计算方法获得的结果进行对比分析发现，在低浓度段，两种模型的衰减系数相近；随着浓度增大，两种方法计算偏差开始增大。

6.4.2 超声衰减数值分析

燃料云雾的物理参数如表6-1所示，给出了云雾粒子（铝粉）质量浓度、粒径以及超声频率与超声衰减的关系。图6-9为 1 μm、5 μm、50 μm 三种不同粒径大小的铝粉—空气两相混合云雾在 200 kHz 的超声频率下，超声衰减系数与混合云雾质量浓度的关系曲线。由图6-9可得，当质量浓度低于 300 g/m³

时，超声衰减随质量浓度的增加呈线性增加；质量浓度超过 300 g/m³ 时，超声波衰减系数与质量浓度不再呈线性关系。

表 6-1　空气、铝粉的物性参数（25℃）

物性参数	空气	铝粉
密度 $\rho/(\text{kg}\cdot\text{m}^{-3})$	1.26	2 719
声速 $C_L/(\text{m}\cdot\text{s}^{-1})$	334	3 810
剪切黏度 $\eta/(\text{Pa}\cdot\text{s})$	18.35×10^{-5}	—
剪切模量 $\mu/(\text{N}\cdot\text{m}^{-2})$	—	2.65×10^{9}
导热系数 $\tau/(\text{W}\cdot\text{m}^{-1}\cdot\text{K}^{-1})$	0.026 3	48
比热容 $C_P/(\text{J}\cdot\text{kg}^{-1}\cdot\text{K}^{-1})$	1.004×10^{3}	480
声吸收系数 $\alpha\cdot f^{-2}/(\text{Np}\cdot\text{s}^{2}\cdot\text{m}^{-1})$	1.5×10^{-11}	8.06×10^{-14}
热膨胀系数 β/K^{-1}	2.32×10^{-3}	7.6×10^{-4}

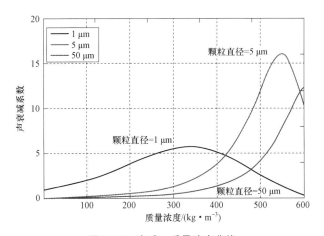

图 6-9　衰减—质量浓度曲线

图 6-10 为 1 μm、5 μm、50 μm 三种不同粒径的铝粉—空气混合物在质量浓度 400 g/m³ 情况下的超声波衰减系数与超声频率的变化曲线。从图 6-10 可得，在一定铝粉—空气两相混合云雾浓度条件下，随着固相颗粒尺寸的增加，超声波衰减的特征频率在低频（>800 kHz）处更为明显，因此，对于本书研究的 FAE 燃料抛撒的云雾粒径分布特征，选择较低频段内的超声波可以获得稳定性好，灵敏度度高的云雾浓度与超声波衰减的测定。

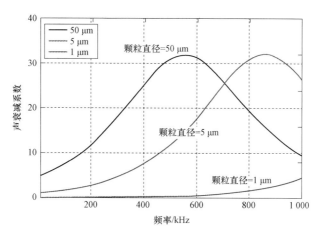

图 6-10　衰减—频率曲线

图 6-11 为颗粒直径 50 μm 的铝粉—空气混合物在质量浓度分别为 200 g/m³、400 g/m³、600 g/m³ 时超声波衰减随频率的变化曲线。由图 6-11 可得，在质量浓度增加时，超声波衰减的主频率向高频方向偏移且衰减系数数值明显增大，对于同一粒径范围的特定云雾，固相颗粒在不同浓度状况下，超声波衰减不仅与超声频率有关，而且是颗粒相质量浓度的函数；也证明对于浓度与颗粒两相介质，颗粒间相互作用的热传导超声衰减是不可忽视的。

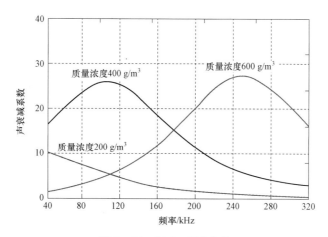

图 6-11　衰减—频率曲线

图 6-12 为质量浓度 400 g/m³ 的铝粉—空气混合云雾超声波衰减在不同频率时随颗粒粒径变化的数值模拟结果。在颗粒半径为 70～110 μm 时存在一个衰减极大值。对于一定铝粉—空气两相混合云雾浓度条件下，超声波频率与超声波衰减呈正比例关系；且频率增加，衰减极大值向小颗粒方向偏移。粒径—超声波衰减的变化特征基本不发生改变，对于未知质量浓度的待测颗粒系可以根据超声波衰减系数 α、待测颗粒半径 a、颗粒相的质量浓度 φ 的状态关系，利用 2 个波长下的超声波衰减系数可以提高颗粒云雾的质量浓度检测准确率。

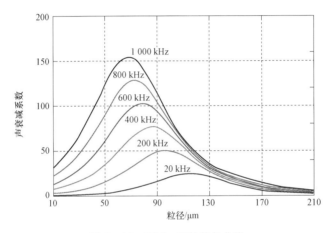

图 6-12　衰减—颗粒粒径曲线

|6.5　云雾浓度试验验证|

6.5.1　试验系统组成

试验采用烟雾试验箱产生动态云雾，使用高精度的标准粉尘浓度检测装置提供测试点处云雾浓度标准值；采用专业声学设备对该过程中测试点处的声衰减进行检测；通过离线计算方法对声波检测数据进行计算，获得计算浓度；通过对比标准浓度和计算浓度，对于大密度比简化模型的衰减—浓度计算模型的可行性进行评估验证。主要试验设备如下。

（1）烟雾试验箱。烟雾试验箱主要用于生成待测云雾体。SH20 型烟雾试验箱采用高压气体喷射原理产生云雾，单次喷射最大平均成云浓度范围为 20 g/m³，可通过连续喷射方式形成高浓度云雾。烟雾试验箱实物及云雾喷射系统如图 6-13 所示。

（2）标准粉尘浓度检测装置。标准粉尘浓度检测装置用于提供标准云雾浓度数据。该装置主要由高精度电子天平和 KB-60 F 型智能空气采样泵构成，基于采样称重法实现浓度检测，检测精度为 0.001 g/m³。KB-60F 型智能空气采样泵如图 6-14 所示。

图 6-13　SH20 型烟雾试验箱

图 6-14　KB-60 F 型智能空气采样泵

（3）标准声学检测装置。试验中采用标准声学设备包括高精度传声器 MK401、超声换能器、信号发生器、功率放大器和专业声信号采集器等，如图 6-15 所示。

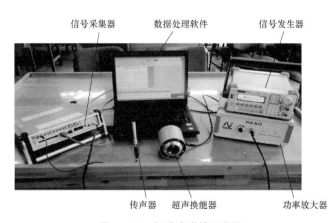

图 6-15　标准声学检测装置

（4）试验试样。采用微米级铜粉作为试验试样，铜粉实物及显微照片如图6-16所示。

（a）　　　　　　　　　　　　　　　（b）

图6-16　微米级铜粉试样及显微照片

（a）铜粉试样；（b）显微照片

6.5.2　测试结果与有效性评估

试验共计进行三次，每次试验投放铜粉试样1 000 g。由于标准粉尘浓度检测装置单次采样时间需要2 min，因此试验过程中采用定时采样法，即间隔3min进行一次数据采样，得到三次试验中浓度变化数据如表6-2所示，三次试验数据对比、浓度对比曲线如图6-17、图6-18所示。

表6-2　三次试验数据对比表

序号	第一次试验			第二次试验			第三次试验		
	计算值/ (g·m⁻³)	检测值/ (g·m⁻³)	相对误差/%	计算值/ (g·m⁻³)	检测值/ (g·m⁻³)	相对误差/%	计算值/ (g·m⁻³)	检测值/ (g·m⁻³)	相对误差/%
1	19.438	16.023	21.3	17.575	17.104	2.8	21.175	18.436	14.9
2	11.613	12.830	− 9.5	16.488	13.554	21.6	14.338	14.285	0.4
3	10.490	11.021	− 4.8	10.013	11.452	− 12.6	10.525	11.919	− 11.7
4	10.363	9.223	12.4	12.100	9.823	23.2	11.325	10.868	4.2
5	8.538	6.913	23.5	9.300	7.533	23.5	8.025	8.932	− 10.2
6	4.913	5.579	− 11.9	6.225	6.650	− 6.4	6.425	6.818	− 5.8
7	4.925	3.960	24.4	5.413	4.354	24.3	6.388	5.154	24.0

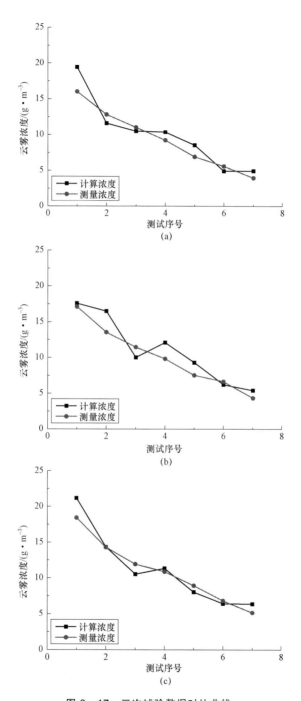

图 6-17　三次试验数据对比曲线

（a）第一次试验；（b）第二次试验；（c）第三次试验

基于大密度比简化模型的计算结果与标准浓度检测设备的检测结果相比，在浓度变化趋势方面具有良好的一致性，但是浓度误差偏大。为了进一步验证大密度比简化模型的可行性，采用 McClements 模型对同一组原始数据进行计算获得对比数据，如表6-3所示。

表6-3 不同模型计算结果对比表

序号	第一次试验			第二次试验			第三次试验		
	计算值/$(g \cdot m^{-3})$	MC值/$(g \cdot m^{-3})$	相对误差/%	计算值/$(g \cdot m^{-3})$	MC值/$(g \cdot m^{-3})$	相对误差/%	计算值/$(g \cdot m^{-3})$	MC值/$(g \cdot m^{-3})$	相对误差/%
1	19.438	18.032	7.79	17.575	16.324	7.66	21.175	19.846	6.70
2	11.613	10.762	7.90	16.488	15.319	7.63	14.338	13.337	7.50
3	10.490	9.792	7.13	10.013	9.515	5.23	10.525	9.832	7.05
4	10.363	9.774	6.02	12.100	11.324	6.85	11.325	10.521	7.64
5	8.538	7.941	7.51	9.300	8.773	6.01	8.025	7.463	7.53
6	4.913	4.603	6.72	6.225	6.012	3.54	6.425	5.973	7.57
7	4.925	4.687	5.08	5.413	5.129	5.53	6.388	6.068	5.27

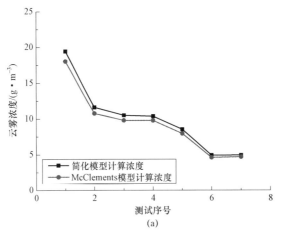

图6-18 三次试验数据计算浓度对比曲线

（a）第一次试验

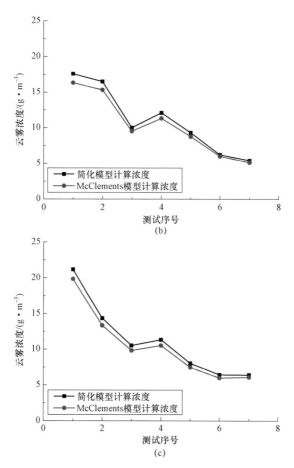

图 6-19 三次试验数据计算浓度对比曲线（续）

（b）第二次试验；（c）第三次试验

由计算结果对比曲线可知，大密度比简化模型与 McClements 模型计算结果误差不大于 8%，且数据偏差方向一致。综合上述数据分析后认为，原始试验数据中的较大误差是因为其中包含有其他误差项（如测试点未能完全重合、原始数据采样衰减系数计算误差等），基于大密度比简化模型具有可行性。

|6.6 结　　论|

本章主要开展了基于介质声波衰减理论的云雾浓度声衰减检测机理与方法研究，在分析经典 ECAH 模型的基础上，结合云爆弹燃料云雾特征，建立了基于长波长和大密度比条件下的简化 ECAH 模型。试验研究证明，本课题组提出的长波长—大密度比简化 ECAH 模型与仿真计算和其他模型计算值较为接近，在计算精度没有明显损失的前提下，降低了计算复杂度，对云雾浓度检测具备可行性。

第三篇

动态云雾浓度测试技术

目前，欧美等发达国家对微米/纳米级颗粒扩散云团浓度的在线监测仪器进行研制，通过对扩散过程深入分析和研究，建立了一套严格、科学的检测体系。然而，对于云雾抛撒动态特征的复杂变化，对其云雾浓度的动态检测技术的研究还处于技术空白，研制的动态云雾浓度检测原理样机还处于探索阶段。

北京理工大学娄文忠教授课题组与西安机电信息研究所在"基础预研计划"的支撑下，进行了一系列的云雾爆轰浓度检测的研究工作。针对云雾抛撒浓度的分布特性，研制了声—电复合云雾浓度检测样机、双频超声复合云雾浓度检测样机、超声波脉冲弹载动态云雾浓度检测原型样机，为云雾抛撒浓度的检测提供了技术支撑。

当前，由于受到云爆燃料分散过程的复杂和测试设备不完善等因素阻碍，云雾内部燃料浓度的动态分布研究仍处于起步阶段，仅有部分文献获得了燃料分散云雾浓度分布的数值结果，而瞬态燃料分散云雾场研究涉及较少，云雾场动态浓度分布的试验测试研究基本处于空白。

本篇将从燃料云雾场分散模拟试验平台搭建、燃料爆轰与浓度等参数耦合关系、动态云爆燃料浓度探测与抛撒过程进行详细阐述，力争建立云爆燃料抛撒浓度探测与分布特性的分析方法，为今后从事此类研究的学者提供一些思路。

第 7 章

声—电复合云雾浓度检测方法与关键技术

|7.1 引　言|

声—电复合检测方法的定义为：同时采用超声和电场法浓度测试机理，对同一被测目标进行同步检测，通过在感知单元、测试电路或解算算法等方面进行深层次融合，实现测试性能或测试数据互补，弥补单一方法的测试特性缺陷，完成复杂测试对象的快速、准确、高效检测。

根据云雾浓度检测的实际研究背景，结合声—电复合检测方法的概念与核心技术问题，形成云雾浓度复合检测方法，具体包括以下几个方面。

如图 7-1 所示，声—电复合云雾浓度检测分为基础方法选择分析、检测方法数据融合、检测系统工程化和检测系统测试验证四个阶段，各个阶段的主要研究内容如下。

（1）基础方法选择分析研究阶段：该阶段主要根据云爆弹弹载测试的背景需求和常规浓度检测方法的特性，建立评估体系，对不同检测方法及其组合进行量化评估，选择最佳基础测试方法组合。本章主要以声—电复合检测系统原理进行云雾浓度检测。

（2）检测方法数据融合研究阶段：该阶段主要完成常用数据融合算法对比分析，建立适用于云雾浓度检测的数据融合模型，并对数据融合模型和算法进行数据融合效果测试评估。

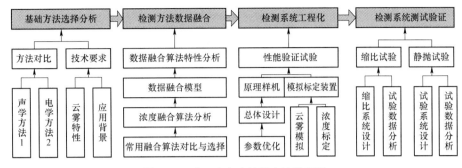

图 7-1　声—电复合检测方法原理图

（3）检测系统工程化研究阶段：该阶段主要完成测试系统结构方案设计，并围绕提高微弱测试信号精度等核心技术问题开展研究，完成弹载云雾浓度检测系统样机的研制和装配；同时将开展检测系统的环境适应性试验研究。

（4）检测系统测试验证阶段：该阶段主要开展多层次的测试试验，对多模复合云雾浓度检测系统的测试性能和效果进行评估验证。

|7.2　声—电复合浓度检测方案设计|

动态云雾浓度检测系统最终应具备满足如下条件。

满足引信集成需求：主要表现为体积小、功耗低、抗过载能力强；

检测精度高：要求检测精度不低于 20%；

检测速度快：要求单次检测时间不大于 5 ms；

测试范围大：要求能够对 $1\sim1\,000\;\mathrm{g/m^3}$ 浓度范围内的云雾进行检测；

响应速度快；全向检测能力。

为了设计能够满足上述技术需求的最佳检测方法组合，建立基于检测特性加权的基础检测方法组合效果评估体系如下：

（1）检测方法性能量化。量化规则如下：对单一检测方法的 8 项测试性能进行量化评估，每项性能可能的得分为 0 分、0.5 分或 1 分，分数越高表明该项性能越明显。根据上述量化规则，对常见浓度检测方法进行量化，结果如表 7-1 所示。

（2）技术需求权重分配。根据云爆弹弹载测试条件下各项技术需求的重要性和可补偿性，为各项技术需求进行权重分配，如表 7-2 所示。

表7-1 常见浓度检测方法性能量化表

测试方法	抗过载能力	系统体积	系统功耗	检测精度	检测速度	检测范围	分辨率	响应速度
采样称重法	0	1	0	1	0	1	1	0
光学法	0.5	0.5	1	0.5	0.5	0	0.5	0.5
射线衰减法	0	1	1	0.5	0.5	0.5	0.5	0.5
振荡天平法	0	0.5	0.5	1	1	0	0.5	0.5
电荷撞击法	0.5	1	0.5	0.5	0.5	0	1	1
声场法	1	0	0.5	0	0.5	1	0	0.5
电场法	1	0	0.5	0.5	1	0.5	0.5	1

如表7-2所示，抗过载能力具有最大权重，因为这项技术特征无法由其他测试方法进行补偿；基于相同的原因赋予检测范围次大的权重；测试精度和测试速度可以通过软件优化和适度增加计算资源的方法解决，因此权重较小；系统体积和系统功耗是负权重特征，表示体积和功耗越大则越不利于实现复合检测。

表7-2 技术需求权重分配表

技术需求	抗过载能力 C_g	系统体积 C_v	系统功耗 C_p	检测精度 C_a	检测速度 C_u	检测范围 C_r	分辨率 C_d	响应速度 C_t
权重 w	0.5	−0.1	−0.1	0.1	0.1	0.3	0.1	0.1

通过前述声场法和电场法测试机理以及计算模型的分析研究可知，声场法检测浓度时需要考虑环境温度对于空气中声速的影响，电场法检测浓度时也需要环境湿度等信息进行初始计算参数的修正，因此需要在复合系统中加入"环境补偿"环节，提供测试开始时刻的环境信息，进行参数补偿（由于抛撒过程时间较短，认为上述环境信息在测试过程中保持不变）。根据上述分析和补充，最终形成声—电复合检测系统方案，系统原理如图7-1所示。

如图7-2所示，声—电复合动态燃料浓度检测方案分为四层结构。

（1）声场传感器、电场传感器和环境传感器形成感知层，直接对燃料云雾场中声、电及环境场特性参数进行感知并转换为检测信号。

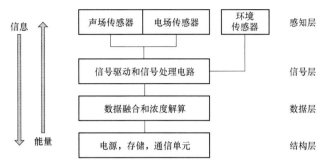

图 7-2　声—电复合动态云雾浓度检测方案

（2）信号驱动电路和信号处理电路构成信号层，前者提供传感器驱动信号和能量，后者对云雾场中声波和电场特征信号进行放大滤波和其他预处理。

（3）数据层将原始信号转化为数字信号，并根据相应的算法进行浓度解算和数据融合。

（4）结构层包含电源、存储和通信单元，为声—电复合动态云雾浓度检测提供必需的硬件结构支持。

| 7.3　声—电复合云雾浓度检测系统 |

7.3.1　系统方案

声—电复合云雾浓度检测系统采用模块化设计方案，系统主要由控制处理器、计算处理器、信号驱动电路、信号处理电路、电源管理电路和接口电路等构成，如图 7-3 所示。

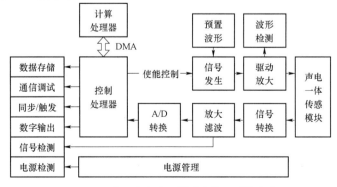

图 7-3　声—电复合云雾浓度检测系统方案

声—电复合云雾浓度检测系统的测试流程如图 7-4 所示。上电启动之后，控制处理器和计算处理器分别首先完成系统初始化和系统自检，之后计算处理器进入中断等待状态，只有产生数据接收中断（DMA 控制器自动产生）时才开始运算处理，并将结果输出；控制处理器则开始控制检测系统检测动作执行，使用轮询方法读取声场信号和电场信号，放入 DMA 输出寄存器，如此循环；控制处理器对浓度数据的接收也采用中断方式，因此不需要等待时间，实现信号采集和浓度计算的并行实现，提高检测效率。

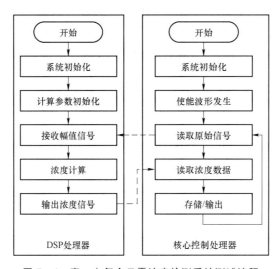

图 7-4　声—电复合云雾浓度检测系统测试流程

7.3.2　关键部件设计技术

7.3.2.1　亚 pF 微电容检测电路设计

电场法采用的同心共面环状电容传感器能够实现全方向的电场信号检测，但是由于电场线发散分布，因此电容传感器容值及其在混合物中的容值增量较微弱（0.1 pF），需要设计具备动态范围大、检测灵敏度高、低噪声、抗杂散性等特点的微电容信号检测电路。

技术调研发现，当前用于实现微小电容精确检测的电路形式主要包括调频式微弱电容检测方法、开关充放电式微弱电容检测方法和交流激励式微弱电容检测方法，实验室测试效果可达到 fF 级别；但是这些方法对于电路元件有较高的要求，工程应用中的精度和抗干扰性不足，实测精度为 pF 级别。

通过分析常用微弱电容检测方法的应用特点，本课题组设计了一种基于交流锁相放大检测原理的微电容检测电路，电路结构如图 7-5 所示。

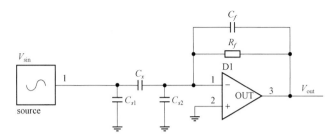

图 7-5　交流锁相放大原理检测方法电路原理图

使用正弦信号 $V_{\sin}$ 对被测电容 C_x 进行激励，激励电流流经由反馈电阻 R_f、反馈电容 C_f 和运放 D1 组成的检测器转换成交流电压 V_{out}，则有

$$V_{\text{out}} = -\frac{jwR_f C_x}{jwR_f C_f + 1} V_{\sin} \qquad （7-1）$$

使 $jwR_f C_f \gg 1$，则上式可以简化为 $C_x = -V_{\text{out}}/V_{\sin} \times C_f$，输出电压值正比于被测电容值。$C_{s1}$ 和 C_{s2} 表示待测电容的杂散电容，C_{s1} 由激励源驱动，它的存在对流过被测电容的电流无影响。电容 C_{s2} 在检测过程中始终处于虚地状态，对电容检测无影响，因而整个电路对杂散电容的存在不敏感，即该电路具有较强的抗杂散电容的性能。

为了满足 $jwR_f C_f \gg 1$，需要采用较大的反馈电容 C_f、反馈电阻 R_f 和驱动频率 f，对上述参数作用进行分析。

（1）反馈电阻 R_f：反馈电阻在电荷放大电路中主要用于稳定直流，避免运放输出饱和，同时还具有电荷泄放功能，防止电荷积累导致运放饱和，因此适当增大该电阻阻值可以提高放大电路稳定性。但是由于阻性元件的热效应和频率效应，在高频信号连续冲击作用下，阻值会发生温漂，从而产生检测噪声，影响系统检测精度。

（2）反馈电容 C_f：由 $V_{\text{out}} = -C_x/C_f \times V\sin$ 可知，反馈电容 C_f 与检测灵敏度成反比关系，C_f 越大则系统灵敏度越低，因此 C_f 的选值不宜过大，通常选择 C_f 与 C_x 处于同一量级。

（3）驱动频率：驱动频率越高则系统灵敏度越高，但是高频高精度波形发生电路较为复杂，同时高速信号电路制板技术难度较大，抗电磁干扰能力较差，因此驱动频率也不宜过大，根据经验值一般选择在 $10^0 \sim 10^1$ kHz 级别。

由上述分析可知，反馈电容 C_f 反馈电阻 R_f 和驱动频率 f 均不宜采用较大值，与 $jwR_f C_f \gg 1$ 的要求相悖。

针对上述问题，选择采用 T 形电阻网络形式，在保证良好电阻稳定性和较小温漂的前提下，提高反馈电阻 R_f 的等效阻值。T 形电阻网络如图 7-6 所示。

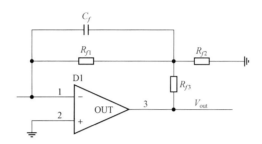

图 7-6 T 形电阻网络电路示意图

其中，R_{f1}、R_{f2} 和 R_{f3} 构成 T 形电阻网络，在放大电路中的等效反馈阻值为

$$R_f = R_{f1} + R_{f2} + R_{f1}\frac{R_{f2}}{R_{f3}} \tag{7-2}$$

从而可以采用较小的分立电阻元件产生较大的反馈阻值，能够有效地减小反馈电路的热噪声，从而提高电路的信噪比。通过 Candence 软件进行电路仿真，最终选择驱动电压频率 $f = 10$ kHz，$R_{f1} = 100$ kΩ，$R_{f2} = 1$ kΩ，$R_{f3} = 100$ kΩ，$C_f = 10$ pF，形成检测电路，如图 7-7 所示。

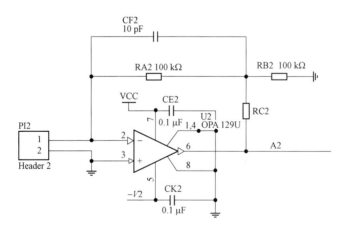

图 7-7 测试电路优化原理图

7.3.2.2 双核并行工作模式设计

对浓度检测系统工作流程进行分析可知，顺序工作模式下浓度检测过程涉及的工作环节如图 7-8 所示。

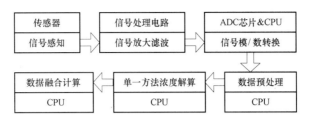

图 7-8　顺序浓度检测流程涉及的工作环节示意图

由图 7-8 可知，前三项环节的工作耗时主要由电路和器件决定，当电路功能确定时，基本没有压缩空间；后两项主要由计算模型以及器件主频和字长决定，可以通过简化算法和选用高频器件的方式提高运算速度。

分析检测流程发现，测量信号的模/数转换、浓度解算和融合浓度解算过程均在 CPU 控制下完成。三项任务顺序执行，在任意时刻 CPU 仅能完成一项任务，其余进程处于挂起状态，需要等待时间片轮转。此时系统单次检测时间为

$$T = T_1 + T_2 + T_3 + T_4 + T_5 + T_6 \tag{7-3}$$

因此考虑采用双核并行作业模式提高运算效率，即在测试系统中使用两个 CPU：一个完成系统控制、模/数转换和数据预处理，称为控制处理器；另一个完成数据计算，称为运算处理器。两个处理器之间用高速数据通道实现数据交互，形成并行作业。该模式测试流程转换如图 7-9 所示。

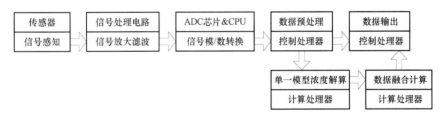

图 7-9　双核并行作业模式示意图

使用双核并行作业模式时，信号采集及预处理和数据解算工作可以并行开展，系统单次检测时间变为

$$T = \min\{T_1 + T_2 + T_3 + T_4 + T', \ T_5 + T_6 + T'\} \tag{7-4}$$

其中，T' 是数据双向传输时间，采用 DMA 技术进行并行数据传输时 $T' \ll \min\{T_4, T_5, T_6\}$，由此可见采用双核并行作业模式可以显著提高检测速度。

需要特别指出，虽然需要使用两个核心控制器，但是对控制处理器和计算处理器的任务类型更加集中，事实上降低了对单一处理器的技术要求。

根据上述优化工作模式，使用 ARM11 和 STM32＋DSP 两种硬件方案分别采用常规数据处理流程和双核并行数据处理流程进行测量，结果表明两种硬件

平台/工作模式下进行 100 次浓度检测平均时间分别为 744 ms 和 437 ms，表明本节所述双核并行式数据处理流程确实可以显著加快系统检测速度。

根据前述系统总体方案，依次开展电路原理设计、电路参数仿真优化和电路模块加工调试，最后形成两种类型和用途的云雾浓度复合检测系统，分别如图 7-10、图 7-11 所示。

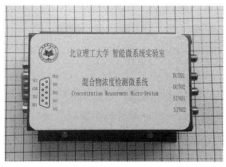

图 7-10　仪表式浓度检测系统原理样机

图 7-11　弹载式浓度检测系统原理样机

如图 7-10 所示，仪表式浓度检测系统为金属壳体包装，能够完成两个通道的浓度检测，电路内部含有 2 MB 存储空间，可以实现存储测试；电路接口丰富，具备较多的状态指示功能；支持多种触发方式，还可以形成链式网络结构，构成同步测试网络。该型浓度检测系统主要用于构成可复用外场测试阵列，实现系统性能试验。如图 7-11 所示，弹载式浓度检测系统为圆形电路叠层结构，接口设计较为简单，电路中不包含大容量存储单元，存储测试时间长度不大于 30 s，系统功耗不大于 10 mW，该类测试系统主要应用于二次引信集成测试。

7.3.3　检测系统抗过载性能试验

为了验证浓度检测系统的过载环境适应性，采用冲击试验台开展了环境适应性测试试验。试验系统由 KCL-2000 冲击试验台、安装夹具和二次引信构成。二次引信中集成了浓度检测系统，通过安装夹具固定在冲击试验台上。试验过程中，通过调节试验台落锤提升高度和缓冲垫片厚度可以改变模拟过载的峰值和脉宽，模拟不同发射和抛射过载。KCL-2000 冲击试验台性能试验参数如表 7-3 所示。

表 7-3　KCL-2000 冲击试验台性能试验参数

项目	说明
信号类型	内置 ICP 恒流源和电荷放大器

续表

项目	说明
采样频率	高达 192 kHz，可扩展到 1 MHz 采样频率
电压范围	±10 V
控制高度精度	自动概率跌落和上升高度，重复性好，精度高
检测峰值加速度	1～100 000 g
检测脉宽	0.5～3 000 ms，可扩展

本次试验中设置冲击过载值 10 000g，冲击脉宽 0.1 ms。设计加载条件和冲击试验台内置校准模块实测加载情况如表 7-4 所示。

表 7-4　模拟过载加载数据

信号名称	加速度检测		脉宽		速度变化量	
	检测值/g	误差/%	检测值/ms	误差/%	检测值/ (m·s^{-1})	误差/%
设计加载	10 000.00	—	0.10	—	4.37	—
实测加载	8 939.34	−10.61	0.14	40.00	6.46	47.83

测试结果表明，在进行冲击后，浓度检测系统仍能够正常完成检测、计算和通信等各项功能，表明浓度检测系统具有耐峰值 10 000 g，脉宽 0.1 ms 冲击过载的能力。

7.4　声—电复合数据处理

7.4.1　多传感器信息融合技术

7.4.1.1　基本概念与模型

美国三军组织实验室联合理事会最早提出了多传感器信息融合技术的概念，具体定义为：信息融合就是一种多层次、多方面的处理过程，包括对多源数据进行检测、相关、组合和估计，从而提高状态和身份估计的精度，以及对战场态势和威胁的重要程度进行适时完整的评价。

多源信息数据融合技术可以将多源异类传感器的数据有机结合起来，从而可以提高系统可信度，增强系统鲁棒性，降低数据误差，拓展系统功能和降低系统成本，得到广泛关注和深入研究，该项技术的应用范围也很快从军用领域扩展到环境监控、工业控制、交通管理、电子商务等工业和民生领域。

按照数据抽象层次不同，通常可以将数据融合结构分为像素级融合、特征级融合和决策级融合三个层次。

（1）像素级融合又称为数据级融合，是指对传感器原始数据直接进行的融合处理。该融合方式可以保留足够多的原始特征信号，从而可以实现较为精细化的融合，由于原始数据包含的噪声及非特征信号较多，因此要求融合算法具有较强的计算能力和特征辨识能力。

（2）特征级融合方法要求首先对传感器原始数据进行处理，获取原始数据中的特征数据，再对特征数据进行融合处理。特征级融合是中间层次的融合方法。由于提前完成了信号特征值提取，因此对于传感器一致性的要求较低，同时计算量下降，计算效率相对像素级融合有所提高。

（3）决策级融合是高层次融合方法，该层次的融合算法实现对各个测试节点初步决策进行融合，形成最优化决策输出。该层次的融合摆脱了对传感网络特性的依赖，具有较高的容错特性，并具有运算工作量少、实时性高等优点。但是对于前期决策的依赖性增高，要求测试节点具有较高的预处理能力。

根据数据融合环节在信息处理过程中的位置，可以将数据融合系统分为集中式融合、分布式融合和混合式融合，相应的体系结构如图 7-12 所示。

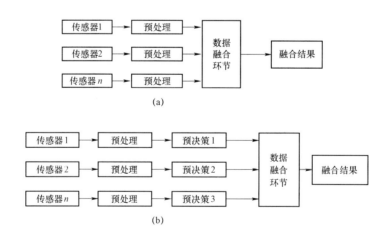

(a)

(b)

图 7-12　信息融合体系结构示意图

（a）集中式融合；（b）分布式融合

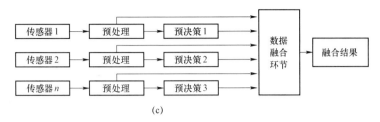

(c)

图 7 – 12　信息融合体系结构示意图（续）

（c）混合式融合

7.4.1.2　常用信息融合算法分析对比

多传感器信息融合技术是一门新兴的多学科交叉技术，研究领域涉及数据统计、信号处理、人工智能等，同时应用范围也覆盖了科研、军事、工业、交通等领域，因此形成了多种原理、特征和应用均不相同的数据融合算法。目前研究和应用均较为广泛的数据融合算法包括基于贝叶斯理论的数据融合算法、基于 D–S 理论的数据融合算法、基于模糊集理论的数据融合算法、基于神经网络的数据融合算法以及基于滤波理论的数据融合算法。

（1）加权平均法。加权平均法的数学实现过程为：设用 n 个同质传感器对某目标进行检测，传感器节点 i 的测试数据为 x_i。根据特定的加权系数 w_i 对传感器组的检测数据进行加权求和，可以得到加权平均融合结果：

$$x = \sum_{i=1}^{n} w_i x_i \qquad (7-5)$$

其中，加权系数 w_i 满足

$$\sum_{i=1}^{n} w_i = 1 \qquad (7-6)$$

加权平均法是最简单的数据融合方法，计算量极小，可以实现数据实时融合处理。加权平均法的技术核心在于选择最优加权系数矩阵。加权系数体现了测试数据对于总体结果的贡献程度。当使用同类型传感器对线性系统进行观测时，加权系数可以进一步简化为 $w_i = 1/n$；但是在传感器特性不同和被测系统非线性条件下，需要首先对测试系统和传感器特性进行分析，采用经验方法或者学习方法获得最优加权系数，此时系统趋于复杂。

（2）神经网络法。神经网络法是主要进行数据处理的计算方法。在计算空间中建立一系列功能简单的神经元,神经元之间通过特定权值进行多对多互连，采用逻辑处理的方法完成数据加权合成；连接权值和处理逻辑能够通过学习方法不断进化，并形成记忆和判断，最终实现多数据的快速融合处理。神经网络方法具有自学习和自适应的能力，经过足够多的学习过程之后可以对复杂和非线性的数据进行高效处理。但是该方法需要一定的学习时间和学习样本，因此适用于长期稳定在线工作，不适用于实现快速检测。

（3）卡尔曼滤波算法。卡尔曼滤波算法是一种基于递推和误差估计思想的数据处理方法。该方法根据前一状态的估计误差和数据检测值对当前时刻数据统计特性进行最优估计，从而提供当前检测值的滤波（修正）计算值。基于卡尔曼滤波算法的数据融合方法本质是计算多个传感器数据的加权平均值，各个传感器数据的权重与其检测方差成反比。由于采用递推的计算思想，因此该方法具有良好的计算特性，便于算法编程实现，并具有较高的计算实时性和足够的计算精度，因此得到了广泛的研究与应用。

（4）模糊集理论法。模糊集理论把传统集合概念中的隶属关系进行模糊化，使元素对特征集合空间的隶属度由{0,1}扩展为[0,1]，从而形成了新的集合概念和运算规则。模糊集理论法根据数据特征建立模糊论域，并根据一定的模糊规则和隶属度函数对数据进行模糊集计算，获得数据融合输出值。该方法采用模糊变量对系统进行描述，具有一定的智能性，适用于非线时变系统分析处理；但是模糊化过程中模拟规则和隶属度函数主要基于经验建立，对于计算精度有较大影响，同时计算量和计算精度之间存在矛盾。

浓度检测方法需要具备良好的测试精度和测试速度，同时测试装置应满足低功耗小体积的要求，因此要求融合算法也具有良好的速度、精度和较小的系统资源开销。根据以上要求，从计算资源开销、运算量大小、计算实时性、是否需要较大的运算资源等方面对以上常用数据融合算法进行特性对比，形成统计对比，如表7-5所示。

表7-5 常数数据融合算法特征对比

融合算法	运算量	实时性	存储资源	运算精度	系统要求
加权平均法	小	良	小	高	数据源误差一致
神经网络法	大	差	大	中	有学习过程
卡尔曼滤波算法	小	良	小	高	
贝叶斯估计法	中	差	大	一	需要先验概率
D-S证据理论	中	中	大	一	
模糊集理论法	中	中	大	中	依赖模糊集选择

根据表7-5可知，加权平均法和卡尔曼滤波算法基本满足项目需求。但是由于声—电复合检测方法中声学传感器和电学传感器特性相差较大，采用加权

平均法时需要额外计算最优加权系数，计算量较大，因此选择采用卡尔曼滤波算法进行多传感器数据融合。

7.4.2　基于卡尔曼滤波的数据融合模型

7.4.2.1　卡尔曼滤波算法

1960 年和 1961 年，卡尔曼和布西提出了递推滤波算法，将状态变量引入到滤波理论，用消息与干扰的状态空间模型代替了协方差函数，将状态空间描述与离散数据刷新联系起来，不加推导地给出卡尔曼滤波算法的数学原理如下。

设动态系统的状态方程和检测方程分别为

$$X_K = \Phi_{K,K-1} X_{K-1} + \Gamma_{K,K-1} W_{K-1} \tag{7-7}$$

$$Z_K = H_K X_K + V_K \tag{7-8}$$

式中，X_K 是 K 时刻的系统状态，$\Phi_{K,K-1}$ 和 $\Gamma_{K,K-1}$ 是 $K-1$ 时刻到 K 时刻的状态转移矩阵，Z_K 是 K 时刻的检测值，H_K 是检测系统的参数，W_K 和 V_K 分别表示过程和检测的高斯白噪声。进一步预测：

$$X_{K,K-1} = \Phi_{K,K-1} X_{K-1} \tag{7-9}$$

状态估计：

$$\hat{X}_k = \hat{X}_{K,K-1} + K_K [Z_K H_K \hat{X}_{K,K-1}] \tag{7-10}$$

滤波增益矩阵：

$$K_K = P_{K,K-1} H_K^{\mathrm{T}} R_K^{-1} \tag{7-11}$$

一步预测误差方差阵：

$$P_{K,K-1} = \Phi_{K,K-1} P_{K,K-1} \Phi_{K,K-1}^{\mathrm{T}} + \Gamma_{K,K-1} Q_{K,K-1} \Gamma_{K,K-1}^{\mathrm{T}} \tag{7-12}$$

估计误差方差阵：

$$P_K = [I - K_K H_K] P_{K,K-1} \tag{7-13}$$

由上述推理可知，给定初值 X_0 和 P_0，根据 k 时刻的观测值 Z_K，就可以递推计算得 K 时刻的状态估计 $\hat{X}_K$（$K = 1$，2，$\cdots$，N）。

根据卡尔曼滤波算法模型，可以得到其具体应用的计算步骤如下。

在 t_0 时刻给定初值：

$$\hat{x}_{0/0_-} = \hat{x}_0 = E(x_0) = m_0 \tag{7-14}$$

$$P_{0/0_-} = P_0 = E\{[x_0 - \hat{x}_0]^2\} \tag{7-15}$$

计算 t_0 时刻的最优增益矩阵 K_0：

$$K_0 = \Phi_{1,0} P_0 H_0^T [H_0 P_0 H_0^T + R_0]^{-1} \qquad (7-16)$$

计算 x_1 的估计值 $\hat{x}_{1/0}$：

$$\hat{x}_{1/0} = \Phi_{1,0} \hat{x}_0 + K_0 [z_0 - H_0 \hat{x}_0] \qquad (7-17)$$

计算 $P_{1/0}$：

$$P_{1/0} = \Phi_{1,0} P_0 \Phi_{1,0}^T - \Phi_{1,0} P_0 H_0^T [H_0 P_0 H_0^T + R_0]^{-1} H_0 P_0 \Phi_{1,0}^T + \Gamma_{1,0} Q_0 \Gamma_{1,0}^T \qquad (7-18)$$

根据 $P_{1/0}$ 计算 t_1 时刻的 K_1，根据 K_1 计算 x_2 的估计值 $x_{2/1}$。

重复以上步骤即可得到 $P_{2/1}, K_2, \hat{x}_{3/2}, P_{3/2}, K_3, \cdots, \hat{x}_{k/k-1}, P_{k/k-1}, K_k, \hat{x}_{k+1/k}$，即得到后续时刻的估计数值。

根据上述计算过程可知，卡尔曼滤波算法主要采用递推计算，每次计算时只需保留前一次的数据，计算过程简单，计算量较小，因此适用于对计算速度有一定要求的场合，在在线检测等领域得到了广泛的应用。

但是卡尔曼滤波算法也存在受到计算系统字长影响，可能出现滤波器不收敛等情况，针对算法存在不足，研究者提出了限定记忆法、平方根滤波、渐消记忆滤波、自适应卡尔曼滤波（Adaptive Kalman Filtering，AKF）、抗野值滤波等改进型卡尔曼滤波算法，并在一定的科研和工程背景中取得了良好的使用效果。

7.4.2.2 基于卡尔曼滤波的声—电数据集中融合模型

根据卡尔曼滤波计算模型，在使用声场法和电场法分别进行燃料云雾浓度检测时，存在一组系统状态方程和两组检测方程：

$$\boldsymbol{X}_K = \Phi_{K,K-1} \boldsymbol{X}_{K-1} + \Gamma_{K,K-1} \boldsymbol{W}_{K-1} \qquad (7-19)$$

$$Y_K^1 = H_K^1 \boldsymbol{X}_K + V_K^1 \qquad (7-20)$$

$$Y_K^2 = H_K^2 \boldsymbol{X}_K + V_K^2 \qquad (7-21)$$

如果检测噪声方差矩阵 R^1 和 R^2 满足 $H_K^{1T} R^1 H_K^1 + H_K^{2T} R^2 H_K^2$ 为非奇异矩阵时，状态值 $\boldsymbol{X}$ 存在线性最小方差估计：

$$\hat{\boldsymbol{X}} = R\left(H_K^1 R^{1-1} Y^1 + H_K^2 R^{2-1} Y^2\right) \qquad (7-22)$$

可以定义广义检测矢量为

$$\boldsymbol{Y}_K = \left[Y_K^1 * Y_K^2 \right] \qquad (7-23)$$

广义检测方程为

$$\boldsymbol{Y}_K = H_K \boldsymbol{X}_K + V_K \qquad (7-24)$$

$$\boldsymbol{H}_K = \left[H_K^1 H_K^2 \right]^T \qquad (7-25)$$

$$\boldsymbol{V}_K = \left[V_K^1 V_K^2 \right]^T \qquad (7-26)$$

根据经典卡尔曼滤波算法及最优融合估计定理，可以得到多传感器集中式

融合算法的迭代算法为

$$\hat{X}_K = \hat{X}_{K,K-1} + K_K \left[Y_K^1 - H_K^1 \hat{X}_{K,K-1} \right] + K_K^2 \left[Y_K^2 - H_K^2 \hat{X}_{K,K-1} \right] \quad (7-27)$$

$$P_K = \left[P_{K,K-1}^{-1} + \left(H_K^{1\mathrm{T}} R_K^1 H_K^1 \right)^{-1} + \left(H_K^{2\mathrm{T}} R_K^2 H_K^2 \right)^{-1} \right]^{-1} \quad (7-28)$$

7.4.3　数据融合模型效果评估验证

7.4.3.1　数据提取

采用烟雾试验箱生成标准云雾，分别采用激光测试法、声场法和电场法进行浓度检测；选取云雾稳定阶段数据为分析对象，数据长度 300 点。三种测试方法获得的浓度曲线如图 7-13 所示。

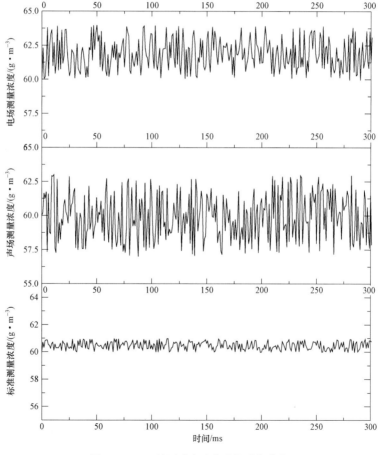

图 7-13　三种测试方法获得的浓度曲线

由图 7－13 可知，声场法获得的浓度值与标准设备实测值较为接近，但是包含的高频噪声较大；电场法获得的浓度值与标准设备实测值误差较大，但是系统噪声较小，表明采用单一测试方法的抗干扰能力难以实现云雾浓度的准确检测。

7.4.3.2　提取状态方程与测试方程

对三组数据进行分析，可以获得相应的线性拟合曲线及相应方法的噪声方差，如下式所示：

$$\hat{X}_K = \hat{X}_{K,K-1} + K_K \left[Y_K^1 - H_K^1 \hat{X}_{K,K-1} \right] + K_K^2 \left[Y_K^2 - H_K^2 \hat{X}_{K,K-1} \right] \quad （7-29）$$

$$P_K = \left[P_{K,K-1}^{-1} + \left(H_K^{1\mathrm{T}} R_K^2 H_K^2 \right)^{-1} + \left(H_K^{2\mathrm{T}} R_K^2 H_K^2 \right)^{-1} \right]^{-1} \quad （7-30）$$

$$\hat{X}_K = \hat{X}_{K,K-1} + K_K \left[Y_K^1 - H_K^1 \hat{X}_{K,K-1} \right] + K_K^2 \left[Y_K^2 - H_K^2 \hat{X}_{K,K-1} \right] \quad （7-31）$$

将上述三式分别作为云雾浓度的真实浓度状态方程、声场法检测方程和电场法检测方程，并将相应的数据方差作为检测方程噪声方差。

7.4.3.3　数据融合处理

进行声—电数据融合，并与真实浓度及单一检测方法获得的浓度进行对比，形成对比曲线，如图 7－14 所示。

由图 7－14 可知，采用数据融合算法获得的浓度数据与标准设备检测值一致性较好，同时检测噪声也大幅减小，有效提高了浓度数据精度。

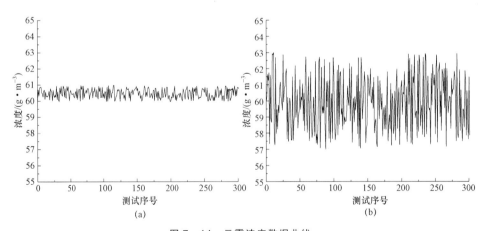

图 7－14　云雾浓度数据曲线

（a）标准测量浓度；（b）声场测量浓度

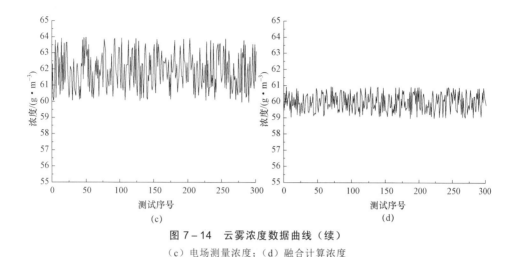

图 7-14 云雾浓度数据曲线（续）

（c）电场测量浓度；（d）融合计算浓度

7.5 稳态云雾模拟试验验证

7.5.1 稳态云雾模拟试验装置方案设计

稳态云雾模拟试验装置应能够提供状态稳定、浓度可调的模拟云雾，并能提供可信云雾浓度数值。经过调研发现，国内外尚无符合上述需求的云雾模拟装置。进一步调研发现，爆轰管和烟雾室是功能较为相近的试验设备，本课题组对两者进行功能替代可行性的分析，实际调研的爆轰管（罐）和烟雾试验箱分别如图 7-15 所示。

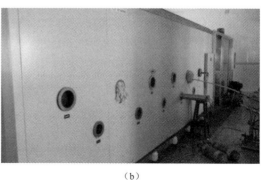

（a）　　　　　　　　　　　　　　　（b）

图 7-15 相关云雾装置

（a）水平式云雾爆轰管（罐）；（b）烟雾试验箱

虽然爆轰管（罐）和烟雾试验箱均不能直接作为稳态云雾模拟试验装置，但是其结构和功能设计仍然具有较大的借鉴意义。通过学习借鉴爆轰管（罐）和烟雾试验箱的结构形式以及云雾生成方式，结合前期混合物浓度检测方法调研结果，形成稳态云雾模拟试验装置。

稳态云雾模拟试验装置由基础结构子系统和模拟标定子系统构成。基础结构子系统由罐体、电控、电源和管道系统等构成；模拟标定子系统则包含了高压喷射结构、超声成雾装置和采样称重装置等。试验系统方案如图 7-16 所示。

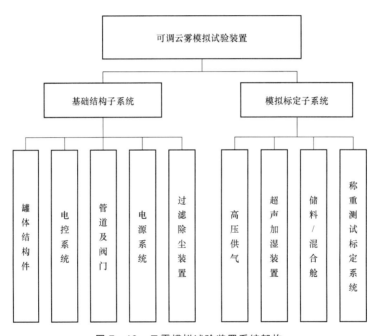

图 7-16　云雾模拟试验装置系统架构

云雾模拟试验装置整体结构为空心柱状结构，装置底部为可更换式底板，从而适应气固云雾和气液云雾的不同需求。气液模拟云雾经底部喷头直接进入装置试验空间，过程和结构较为简单，不再赘述。气固模拟云雾采用高压喷射方式产生：电气阀控制下，高压气体通过管道接入储料箱，带动储量箱内的模拟燃料运动，经喷头进入试验空间，在气流及重力等因素作用下在试验空间内运动，通过合理设计试验空间长径比和气流速度，可以调节燃料在试验空间内的运动状态，形成稳定模拟云雾，如图 7-17 所示。

在云雾模拟试验装置中集成了一套基于滤膜采样称重法的大气颗粒物浓度检测装置。该装置由抽气装置、滤膜采样装置等构成，通过人工检测滤膜重量

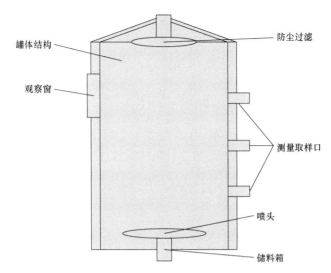

图 7 – 17　云雾模拟试验装置设计方案

变化来确定检测区域中燃料浓度。该装置需要人工更换滤膜和读取采样值，测速速度较慢，但是测试精度较高，适用于提供精确浓度数据。

7.5.2　颗粒系运动状态的气动力学分析

颗粒在运动流体中所受到的力包括重力、浮力、阻力、压力梯度力、附加质量力等，其中重力、浮力和阻力对颗粒运动的作用较为明显，其他力可近似忽略，根据相应力学定义及计算公式有

重力：
$$F_g = \rho_s V_s g \tag{7-32}$$

浮力：
$$F_f = \rho_l V_s g \tag{7-33}$$

阻力：
$$F_d = \zeta A \rho_l \frac{(v_s - v_l)^2}{2} \tag{7-34}$$

式中，ρ_s 为颗粒密度，ρ_l 为流体密度；V_s 为颗粒体积；A 为颗粒的迎流面积；v_s 为颗粒运动速度，v_l 为流体速度；g 为重力加速度；ζ 为流体阻力系数。则可以建立颗粒在运动流体中的运动方程：

$$\rho_s V_s \frac{\mathrm{d}v_s}{\mathrm{d}t} = \sum F = F_g + F_f + F_d \tag{7-35}$$

对于粒径为 d 的球形颗粒有

$$V_s = \frac{\pi}{6} d^3 \tag{7-36}$$

$$A = \frac{\pi}{4} d^2 \tag{7-37}$$

运动方程可以简化为

$$\frac{dv_s}{dt} = \frac{\rho_s - \rho_l}{\rho_s} g - \zeta \frac{3\rho_l}{4d\rho_s}(v_s - v_l)^2 \qquad (7-38)$$

流体阻力系数 ζ 是颗粒雷诺数 $Re = \frac{d\rho_l}{\mu}(v_s - v_l)$ 的函数，其数值与颗粒粒径 d、颗粒与流体相对速度 $(v_s - v_l)$、流体黏度 μ 和密度 ρ_l 非线性相关，当雷诺数 Re 处于不同范围时，流体阻力系数 ζ 与雷诺数 Re 之间的函数关系也不相同。

在层流区，即 $Re < 1$ 时，一般取 $\zeta = \frac{24}{Re}$，即有

$$\zeta = \frac{24}{Re} = \frac{24\mu}{d\rho_l(v_s - v_l)} \qquad (7-39)$$

在过渡区，即 $1 < Re < 1\,000$ 时，近似取 $\zeta = \frac{24}{Re} + \frac{3}{16}$，即有

$$\zeta = \frac{24}{Re} + \frac{3}{16} = \frac{24\mu}{d\rho_l(v_s - v_l)} + \frac{3}{16} \qquad (7-40)$$

在湍流区，即 $1\,000 < Re < 2\times10^5$ 时，近似取 $\zeta = 0.44$，即认为此时阻力系数与雷诺数已经无关。

综上，单个颗粒在流体中的运动情况受到两相密度、相对运动速度、颗粒粒径和流体黏度等因素影响，模型较为复杂。如果进一步考虑颗粒间的相互作用及颗粒与装置内壁的作用，模型则将更为复杂。

7.5.3　稳态云雾模拟试验装置参数优化

由于颗粒在流体中的受力和运动的复杂性，采用数值计算方法获取精确模型是不现实的，使用计算机建模仿真方法，获取颗粒系在约束空间内的分布，具有更高的研究效率。

采用 Fluent 软件对某装置模型内的气固两相流运动情况进行多参数对比仿真分析，结合前述颗粒动力模型进行系统仿真分析。仿真过程如下：

（1）数学模型。对于气相流体部分，满足动量守恒方程

$$\frac{\partial}{\partial t}\left(\alpha_g \rho_g \overrightarrow{v_g}\right) + \nabla \cdot \left(\alpha_g \rho_g \overrightarrow{v_g}\,\overrightarrow{v_g}\right) = -\alpha_g \nabla P + \nabla \cdot \overline{\overline{\tau}}_g + K_{gs}\left(\overrightarrow{v_g} - \overrightarrow{v_s}\right) + \alpha_g \rho_g g \qquad (7-41)$$

对于颗粒相部分，也有动量守恒方程

$$\frac{\partial}{\partial t}\left(\alpha_s \rho_s \overrightarrow{v_s}\right) + \nabla \cdot \left(\alpha_s \rho_s \overrightarrow{v_s}\,\overrightarrow{v_s}\right) = -\alpha_s \nabla P + \nabla \cdot \overline{\overline{\tau}}_s + K_{sg}\left(\overrightarrow{v_s} - \overrightarrow{v_g}\right) + \alpha_s \rho_s g \qquad (7-42)$$

同时，气相和颗粒相满足

$$\alpha_g + \alpha_s = 1 \qquad (7-43)$$

$$\frac{\partial}{\partial t}(\alpha_s \rho_s) + \nabla \cdot (\alpha_s \rho_s \overrightarrow{v_s}) = 0 \qquad (7-44)$$

$$\frac{\partial}{\partial t}(\alpha_g \rho_g) + \nabla \cdot (\alpha_g \rho_g \overrightarrow{v_g}) = 0 \qquad (7-45)$$

式中，α_g、α_s 分别为气相和颗粒相的体积浓度；ρ_g、ρ_s 分别为气相和颗粒相的密度；v_g、v_s 分别为气相和颗粒相的速度；τ_g、τ_s 为应力应变张量；$K_{sg}\left(\overrightarrow{v_s} - \overrightarrow{v_g}\right)$ 为阻力项，且满足 $K_{sg}\left(\overrightarrow{v_s} - \overrightarrow{v_g}\right) = K_{gs}\left(\overrightarrow{v_g} - \overrightarrow{v_s}\right)$；$P$ 为系统气压。

（2）试验条件与结果。忽略观察窗等结构体，将模拟装置简化为圆柱体进行几何建模。仿真过程中，取内径 0.3～0.6 m，步进 0.05 m；高度 1.4～2.0 m，步进 0.1 m；气流速度 0.3～1 m/s，步进 0.1 m/s，进行对比仿真，主要试验结果如图 7-18 所示。

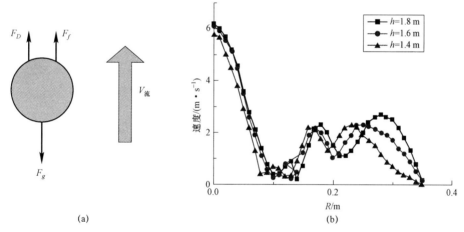

图 7-18　燃料颗粒受力与速度分布仿真曲线

（a）颗粒受力；（b）仿真曲线

由仿真结果可以形成以下结论：

（1）燃料颗粒在空气作用下发生上升运动，经一定时间后形成相对稳态的云雾；气流速度越快，云雾越快进入稳定状态，云雾分布高度也越高，反之亦然。

（2）高压气流在罐体中运动时，中心区域流速较高，靠近侧壁处流速降低，因此颗粒在中心区域作上升运动，到达一定高度后沿侧壁作沉降运动，在中心区域和侧壁之间形成低浓度区。

（3）相同流速空气作用下，罐体长径比越大，空气流速越高，中心区域和低浓度区的速度差越大。

7.5.4 试验分析

7.5.4.1 检测精度验证试。

试验获得标准浓度数据和测试数据如表7-6所示。

表7-6 浓度数据对比分析

测试序号	标准数据	测试数据	误差值	测试误差/%
1-1	13.49	12.37	1.12	8.30
1-2	8.23	7.47	0.75	9.14
1-3	4.93	4.45	0.47	9.59
2-1	14.53	13.37	1.15	7.94
2-2	8.43	7.66	0.76	9.07
2-3	5.41	4.90	0.52	9.55
3-1	22.18	20.65	1.52	6.86
3-2	13.33	12.20	1.12	8.44
3-3	11.36	10.36	1.00	8.83
3-4	8.54	7.77	0.77	9.02
3-5	6.91	6.27	0.64	9.29
3-6	6.39	5.79	0.59	9.31
4-1	19.44	17.97	1.47	7.57
4-2	16.49	15.20	1.28	7.79
4-3	15.61	14.39	1.22	7.82
4-4	12.10	11.03	1.07	8.82
4-5	11.03	10.03	0.99	8.98
4-6	9.30	8.46	0.84	9.00
5-1	31.56	29.44	2.13	6.74
5-2	29.56	27.54	2.02	6.84

续表

测试序号	标准数据	测试数据	误差值	测试误差/%
5 − 3	20.58	19.16	1.41	6.87
5 − 4	17.34	16.02	1.32	7.61
5 − 5	14.01	12.85	1.16	8.27

以标准浓度为横坐标，以系统误差为纵坐标作图可得图 7−19 的曲线。

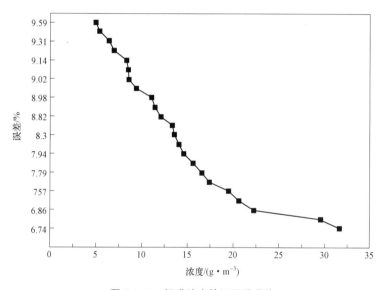

图 7−19　标准浓度检测误差曲线

7.5.4.2　检测速度验证试验

试验测得各次试验 100 次数据检测使用时间，如表 7−7 所示。

表 7−7　测试时间计算

试验序号	起始时间/s	终止时间/s	平均时间/s
1	35 438.331 40	35 438.718 12	0.003 906
2	38 105.690 71	38 106.081 34	0.003 946
3	41 141.771 58	41 142.165 26	0.003 977

|7.6 结   论|

　　本章主要针对单一检测方法不能满足燃料云雾浓度检测的问题,提出了"多模复合检测"的概念;采用加权方法量化评估基本测试方法组合效果,形成了"声场—电场—环境补偿"复合检测方案;建立了基于卡尔曼滤波的数据融合算法,通过实测数据验证该方法能有效提高测试精度;设计微电容检测电路,实现了对亚 pF 级电容的精确检测;提出双核并行工作模式,显著降低了测试系统的单次检测耗时。

第 8 章

双频超声云雾浓度检测方法及其关键技术

|8.1 引　　言|

　　由于单一声波在云爆燃料浓度检测中存在的缺陷，无法保证对于整个云爆燃料扩散过程的全过程准确测量,因此需要引入新的测试方法来克服这一问题。北京理工大学郭明儒等提出了"超声+电场"的复合检测方法，获得较好的测量效果，展示了复合检测的优越性；但是由于引入的电场方法对环境较为敏感、传感器受弹体结构限制且计算过程较为烦琐等缺点，在测量精度和解算速度等方面仍然难以满足实际需求。复合检测是指采用不同类型或参数的检测方法对同一被测目标进行同步检测，并通过适当的方法进行测试数据处理，从而实现测试性能或测试数据互补，获得更加良好的检测效果。

　　基于云雾浓度的动态分布以及云雾粒径的分布规律分析，本章主要针对云雾爆轰浓度区域内的粒度和浓度状态，进行相应超声频率选择，建立云雾浓度双频超声复合检测方法，实现云雾爆轰浓度的实时检测。本章分别对云雾浓度双频超声复合检测方法的基本思想、双频超声复合检测模型建立、多源数据融合算法等进行详细论述。

|8.2　双频超声复合检测方法|

8.2.1　双频超声复合检测方法

本章根据复合检测的基本思想，提出双频超声复合检测的云爆燃料浓度检测方法，测量原理如图 8-1 所示。使用高性能处理器同步控制两组独立不同频率的超声对同一燃料云团进行基于声波衰减的测量，并采用超声衰减浓度解算模型进行浓度计算，获得两组测量结果；然后采用一定的数据融合算法将两组浓度值进行数据处理，从而获得测量精度更高的浓度数据。

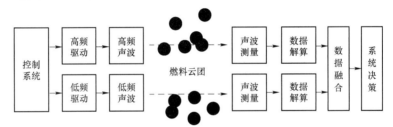

图 8-1　双频超声复合检测方法示意图

采用双频超声复合检测方法，可有效降低单一频率超声测量在高动态燃料浓度检测中的诸多缺陷，但也带来最优检测频率选择与组合、双路信号融合等技术问题。

8.2.2　双频超声衰减浓度检测基本原理

超声浓度检测装置主要包括超声波发射器和超声波接收器。当被测介质在超声波的传播区域中，会有一部分能量转化成热能或者被传输介质吸收，从而造成声波信号强度不断减弱，即发生了声波衰减现象，如图 8-2 所示。

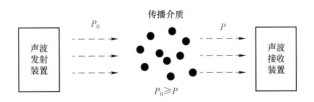

图 8-2　基于声波衰减的介质浓度检测方法示意图

在声源频率、强度和传播距离为定值的系统中，声波衰减系数仅与包含浓度信息在内的传播介质特性相关，因此可以通过测量特定声波在待测云雾中的衰减，并根据一定的衰减—浓度关系模型解算出待测云雾的浓度信息，这就是基于声波衰减进行介质浓度检测方法的理论依据。

根据上述检测原理可设计声波衰减检测浓度的系统，如图8-3所示。

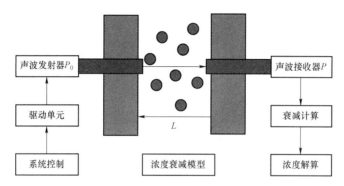

图 8-3 基于声衰减原理的浓度检测系统简图

基于声波衰减的浓度测量系统主要由声波发生、声波接收和浓度解算部分构成。假设采用上述系统进行了测试，发射声强为 P_0，接收声强为 P，则有声波衰减系数 α，且满足

$$P = P_0 \mathrm{e}^{-\alpha x} \tag{8-1}$$

假设已知介质对于该频率声波的浓度衰减模型为

$$\alpha = f(C) \tag{8-2}$$

其中，C 为混合物浓度。

$$C = f^{-1}\left(\frac{1}{x}\ln\frac{P}{P_0}\right) \tag{8-3}$$

通常认为声源处声强 P_0 无法准确测量，针对这一问题，提出采用比例计算方法获得任意浓度条件下的声波衰减系数。采用同一测量装置在不同传播介质中进行测量，将获得不同的观测声强，设有介质 a 和介质 b，则得到测量值如下：

$$P_a = P_{a0}\mathrm{e}^{-\alpha_a x_a} \tag{8-4}$$

$$P_b = P_{b0}\mathrm{e}^{-\alpha_b x_b} \tag{8-5}$$

由于采用了相同的测量装置，满足 $x_a = x_b = x$，$P_{a0} = P_{b0} = P_0$，则有

$$\alpha_b = \frac{1}{x}\ln\frac{P_a}{P_b} - \alpha_a \tag{8-6}$$

选取空气（即混合物浓度为 0）为对比测试体，可以提前测得声波传播 x 距离后的准确声强 P_a 和标准衰减系数 x_a，此时有

$$C = f^{-1}\left(\frac{1}{x}\ln\frac{P_a}{P_b} - \alpha_a \right) \qquad (8-7)$$

|8.3　双频超声云雾浓度复合检测|

8.3.1　云雾粒径与超声最优检测频率匹配

根据多相介质中 EACH-LW 浓度检测模型仿真分析，建立了超声衰减与多相介质的颗粒粒径、固相浓度以及超声频率的对应关系。模型结果表明，不同频率的声波在不同粒径/不同浓度的介质中所发生的衰减是不一致。

如图 8-4 所示，在浓度一定时，不同频率的声波对于不同粒径的混合物产生的衰减是不同的，在某些特定粒径介质中产生的衰减远大于在其他粒径的介质中产生的衰减。在使用特定声波进行浓度检测时，信号变化越明显则信号的分辨率就越高，越有利于后续信号分析和浓度解算。

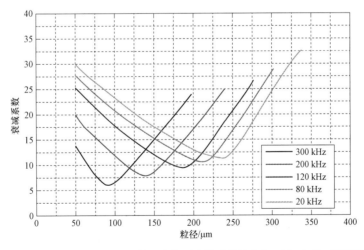

图 8-4　衰减—颗粒粒径曲线（铝粉—空气混合物质量浓度为 400 g/m³）（彩图见附录）

因此，可给出最优检测频率的定义：一定浓度下，对某种粒径产生最大衰减的声波频率为该粒径介质的最优检测频率，即对于不同粒径的介质，采用与

之相应的最优频率的超声进行衰减法检测才能获得最佳测试效果。

（1）在同一浓度条件下，特定频率的检测与颗粒粒径呈现 V 形抛物线的形状，表明对于特定粒径的混合物存在一个最优检测频率，可以实现最优检测。

（2）在同一浓度条件下，转折点越靠左的曲线所对应的声波频率越高，即粒径越小，其最优检测频率越大（声波波长越短），因此可以认为高频超声适用于小粒径混合物，低频超声适用于大粒径混合物。

8.3.2 云雾浓度与最优检测频率匹配

根据云爆弹相关战术技术指标要求，云爆燃料抛撒过程中，燃料浓度分布变化范围为[100 g/m³，1 000 g/m³]。按照上述边界条件，对颗粒半径为 25μm 的铝粉不同频率超声衰减系数随浓度变化进行仿真分析，计算结果如图 8－5 所示。

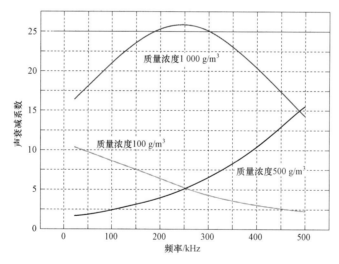

图 8－5　衰减—频率曲线（铝粉颗粒半径为 25 μm）（彩图见附录）

可以发现，在同一粒径条件下，特定频率的检测误差与混合物浓度呈现 V 形抛物线的形状，即在特定浓度处具有最小误差；在同一粒径条件下，转折点越靠左的曲线所对应的声波频率越低，即浓度越小，其最优检测频率越小。

（1）对于高密度差异的颗粒相介质，超声衰减随频率的变化不是简单的线性叠加，超声频率的选择成为颗粒相云雾浓度测定的关键因素。

（2）对一定粒径大小的颗粒两相介质，超声衰减的特征频率随浓度升高而增大。即对于高浓度混合云雾，应选择频率相对较高的超声传感器。

（3）在特定体积浓度下，不同粒径大小的颗粒两相介质，超声衰减的特征频率随颗粒粒径减小而增大。即对于粒径较小混合云雾，应选择频率相对较高的超声传感器。

8.3.3　超声频率与云雾浓度测试

双频复合检测方法采用两种频率的超声进行浓度检测，因此需要对超声频率进行优化选择和配置，根据燃料颗粒粒径、浓度范围及其他理化特性选择最优超声频率，并充分考虑超声换能器的可获得性。

云雾抛撒过程中，固相颗粒粒径变化范围为[0μm，300μm]，燃料浓度分布变化范围为[50 g/m³，1 000 g/m³]。按照上述边界条件，对频率范围为 20～300 kHz 的声波进行衰减系数仿真分析，可以得到粒径与浓度关系曲线，如图8-6 所示。

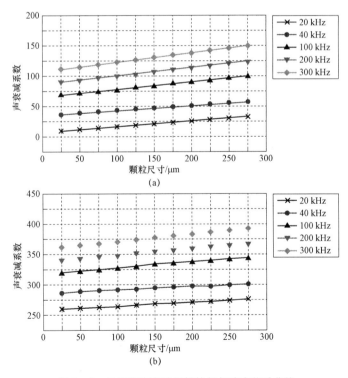

图 8-6　云雾超声衰减铝粉粒径与浓度关系曲线

（a）燃料浓度 250 g/m³；（b）燃料浓度 500 g/m³

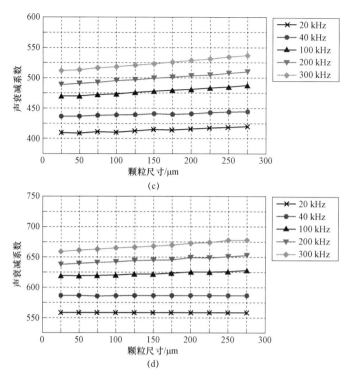

图 8-6 云雾超声衰减铝粉粒径与浓度关系曲线（续）

（c）燃料浓度 750 g/m³；（d）燃料浓度 1 000 g/m³

由计算结果可知：

（1）在同一浓度条件下，高频超声的衰减趋势对于粒径较为敏感，粒径越大高频超声的衰减越显著；低频超声对于粒径不敏感，在粒径边界条件内的衰减变化不显著。

（2）在同一粒径条件下，高频超声的衰减趋势对于浓度不敏感，在浓度边界条件内的衰减基本一致；低频超声的衰减对于浓度较为敏感，浓度越大低频超声的衰减越显著。

综合上述结论可知，高频超声对粒径敏感，低频超声对于浓度敏感，且越靠近设定的频率边界，这种敏感就越显著，因此使用上下两个边界频率的声波可以同时获得良好的粒径敏感度和浓度敏感度，即理论上可以选择 20 kHz 和 300 kHz 频率的超声作为最优的测试频率。经过初步的工程测试发现，20 kHz 超声波极易受到环境声波的干扰，300 kHz 的超声换能器在体积、功耗等方面均难以满足实际的需求，因此最终实际选用了 40 kHz 和 200 kHz 的超声作为测试基频。

|8.4 双频超声浓度检测融合算法|

双频复合检测方法的核心是两个测试结果的数据融合，采用数据融合算法可以提高检测精度和分辨率，但是同时引入了一定的计算量，会造成运算时间和运算资源的增加。如何根据基础检测方法的计算模型特征和检测特性，选择最优的多源数据融合算法，在检测速度和检测精度之间形成最优匹配，是开展融合算法研究的核心难题。

8.4.1 数据融合作用模式及算法分析研究

多传感器数据融合算法在信号检测、数据处理和系统控制等方面得到了广泛的研究和应用，并与传统数值计算、模糊理论等相结合，产生了多种各具特点的数据融合模式和算法。

8.4.1.1 数据融合作用模式

根据数据融合环节在信息处理过程中的位置，可以将数据融合系统分为集中式融合和分布式融合。集中式融合结构下，实现测试数据在数据融合中心集中对准、互联、估计、判断等行为的一次决策级输出。分布式融合结构下，单个传感器的测试数据预先处理，再将初步的结果送入后端融合中心，由后端融合中心实现最终的数据融合的决策输出。采用集中式融合体系时，系统基于全部完整数据进行信息融合，没有产生原始信息丢失，理论上可以获得最优的决策精度，但是对于系统计算资源要求较高，需要很大的存储和处理能力，系统生存能力较差。分布式融合系统克服了集中式结构中的缺陷，并且在容错性、实时性、稳定性和可扩展性等方面体现出极为明显的优势，因此得到广泛的采用。

采用双频超声进行云爆浓度检测时，需融合的数据量较小，但是对算法运行速度有一定的要求；此外，较为独特的应用背景对于硬件系统的体积、质量和功耗具有较为严格的限制，因此本课题组研究选择采用分布式融合模式。

8.4.1.2 数据融合算法

目前研究较为深入且应用较为广泛的数据融合算法包括加权平均方法、神经网络方法、卡尔曼滤波算法、贝叶斯估计法、D−S证据理论以及模糊集理论法等。上述算法各具特点，并在特定的领域获得了成功的应用。本研究从运算量、是否需要对以上常用数据融合算法进行特性对比，形成算法特征对比，如表8−1所示。

表8−1 常用数据融合算法特征对比表

融合算法	运算量	实时性	存储资源	运算精度	系统要求
加权平均法	小	良	小	高	数据源误差一致
神经网络法	大	差	大	中	有学习过程
卡尔曼滤波算法	小	中	中	高	—
贝叶斯估计法	中	差	大	—	需要先验概率
D−S证据理论	中	中	大	—	
模糊集理论法	大	中	大	中	依赖模糊集选择

根据上述对比分析，本研究分别选择卡尔曼滤波算法和加权平均法作为分布式融合模式中底层和顶层的数据融合方法，建立一种基于上述两种算法的分布融合算法，该算法的总体作用模型如图8−7所示。

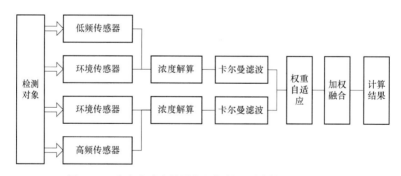

图8−7 分布式融合的最优加权数据融合算法示意框图

如图8−7所示，首先分别获得环境补偿后的低频超声测量结果和高频超声测量结果，然后根据第3章所述计算获得理论浓度值，采用卡尔曼滤波数据融合算法，依据高频和低频每个通道前一次的数据结果进行数据修正和融合。由于卡尔曼滤波算法只涉及存储以及参与计算的当前数据和前一次计算结果，计算资源需求较小，因此非常适合在底层节点端完成，从而分别获得特定频段下的浓度值 C_1 和 C_2。在控制系统作用下，上述数据同步送入具备强大数据处理能力的顶层数据融合中心，在数据融合中心采用一种基于测量误差差值的自适应加权数据融合算法对 C_1 和 C_2 进行融合处理，最后获得可信度和精度均较为理想的最终浓度结果 C_e。

8.4.2　卡尔曼滤波融合的底层数据融合

卡尔曼滤波的数学实质在于采用预测方程和测量方程寻找在最小均方误差 X_K 下的估计值 X_K。假设动态系统的状态方程和测量方程分别为

$$X_K = \Phi_{K,K-1} X_{K-1} + \Gamma_{K,K-1} W_{K-1} \tag{8-8}$$

$$Z_K = H_K X_K + V_K \tag{8-9}$$

式中，X_K 是 K 时刻的系统状态；$\Phi_{K,K-1}$ 和 $\Gamma_{K,K-1}$ 是 $k-1$ 时刻到 K 时刻的状态转移矩阵；Z_K 是 K 时刻的测量值；H_K 是测量系统的参数；W_K 和 V_K 分别表示过程和测量的噪声，假设为高斯白噪声。如果被估计状态和观测量满足式（8-8），系统过程噪声和观测噪声满足式（8-9）的假设，K 时刻的观测 X_K 的估计 $\hat{X}$ 可按下述方程求解：

$$X_{K,K-1} = \Phi_{K,K-1} X_{K-1} \tag{8-10}$$

状态估计：

$$\hat{X}_k = \hat{X}_{K,K-1} + K_K [Z_K H_K \hat{X}_{K,K-1}] \tag{8-11}$$

滤波增益矩阵：

$$K_K = P_{K,K-1} H_K^{\mathrm{T}} R_K^{-1} \tag{8-12}$$

进一步预测误差方差阵：

$$P_{K,K-1} = \Phi_{K,K-1} P_{K,K-1} \Phi_{K,K-1}^{\mathrm{T}} + \Gamma_{K,K-1} Q_{K,K-1} \Gamma_{K,K-1}^{\mathrm{T}} \tag{8-13}$$

估计误差方差阵：

$$P_K = [I - K_K H_K] P_{K,K-1} \tag{8-14}$$

在给定初值 X_1 和 P_0 的条件下，根据 K 时刻的观测值 Z_K，可以递推计算得 K 时刻的状态估计 $X_K (K = 1, 2, \cdots, N)$。

对采集的双频超声浓度特征数据进行滤波处理，如图 8-8 所示。原始浓度信号数据波动剧烈，显示出较大的噪声值，经过卡尔曼滤波处理之后，数据明显变得清晰平滑，噪声得到了有效抑制，同时又完整保留了所有有效数据的特征值，有效提高了数据精度，降低了干扰噪声，为后续处理提供更为可信的浓度信息。

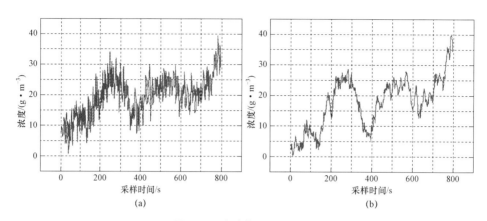

图 8 - 8　滤波效果对比曲线

（a）滤波前；（b）滤波后

8.4.3　基于测量误差差值的自适应加权算法的顶层数据融合

8.4.3.1　常规最优加权数据融合算法

最优加权数据融合算法原理：设 $\{yt\}$，$L=1,2,\cdots,n$ 为观测值序列，对未来 L 个时刻值 $y(n+L)$，$L=1,2,\cdots,k$，用 I 种模型获得预测值 $\hat{Y}(n+L)$，$i=1,2,\cdots,I$；再根据对各单一预测模型预测结果的分析，确定各单一预测模型在组合预测模型中的最优权重 $w_i(i=1,2,\cdots,L)$，这样就构成了组合预测模型：

$$y_{n+L} = \sum_{i=1}^{I} w_i y_{n+L} \qquad (8-15)$$

式中，y_{n+L} 为未来 L 期的预测值；$y_{n+L}(i)$ 为用第 i 种模型预测的未来 L 期的预测值；w_i 为第 i 种模型的权重且 $\sum\limits_{i=1}^{I} w_i = 1$。

基于上述模型原理，假设每套多模复合浓度检测系统中包含 m 套声学测试装置，待测云雾瞬时浓度估计值为 $\hat{\varphi}$，高频超声测量结果为 φs_i，低频超声测量结果为 φe_j，高频测量值和低频测量值的权重分别为 ws_i 和 we_j，高频测量值和低频测量值的方差分别为 σ_i 和 σ_j。则以上数据满足以下基本关系：

$$\hat{\varphi} = \sum_{i=1}^{m}\left(ws_i \times \varphi s_i\right) + \sum_{j=1}^{n}\left(we_j \times \varphi e_j\right) \qquad (8-16)$$

$$\sum_{i=1}^{m} ws_i + \sum_{j=1}^{n} we_j = 1 \qquad (8-17)$$

总体方差为

$$\sigma^2 = \sum_{i=1}^{m}\left[ws_i \times \left(\varphi s_i - \hat{\varphi} \right)^2 \right] + \sum_{j=1}^{n}\left[we_j \times \left(\varphi e_j - \hat{\varphi} \right)^2 \right] \qquad (8-18)$$

当且仅当测量权重满足下式时可以获得最小总体方差：

$$ws_i = \left[\sigma_i^2 \times \left(\sum_{i=1}^{m}\sigma_i^{-2} + \sum_{j=1}^{n}\sigma_j^{-2} \right) \right]^{-1} \qquad (8-19)$$

$$ws_j = \left[\sigma_j^2 \times \left(\sum_{i=1}^{m}\sigma_i^{-2} + \sum_{j=1}^{n}\sigma_j^{-2} \right) \right]^{-1} \qquad (8-20)$$

获得的最小总体方差弹可表示为

$$D = \min\left(\sigma^2 \right) = \left[\left(\sum_{i=1}^{m}\sigma_i^2 + \sum_{j=1}^{n}\sigma_j^2 \right) \right]^{-1} \qquad (8-21)$$

则浓度估计值可以进一步表示为

$$\hat{\varphi} = \sum_{i=1}^{m}\left(\sigma_i^2 \times \varphi s_i \cdot D \right) + \sum_{j=1}^{n}\left(\sigma_j^2 we_j \times \varphi s_j \cdot D \right) \qquad (8-22)$$

且可知 $\hat{\varphi}$ 服从正态分布，即有

$$\hat{\varphi} \sim N\left[\varphi, \left(m \times \sum_{i=1}^{m}\sigma_i^{-2} + n \times \sum_{j=1}^{n}\sigma_j^{-2} \right)^{-2} \right] \qquad (8-23)$$

8.4.3.2　基于测量误差差值的自适应加权数据融合算法

最优加权数据融合算法的理论精度由其样本数量决定，采用无限时间窗时，即具有全部的历史数据。该方法在理论上能够获得最小的总体方差 D 的数据融合结果。但是在实际应用中该算法的应用受到较多限制，例如对于计算实时性要求较高的系统和动态性较高的系统，最优加权数据融合算法并不适用，因此研究人员在上述算法的基础上又提出了多种自适应加权算法，将各权重 ws_i 变成为某些特征数据 ε 的函数，即 $ws_i = \Phi(\varepsilon)$，且保证

$$\sum ws_i = 1 \qquad (8-24)$$

通过采用自适应加权数据融合算法，可以有效地提高加权算法在动态系统和实时性要求较高的系统中进行数据融合的作用效果，因此极大地推进了加权数据融合算法的应用。不同的研究人员根据各自不同的研究需求，提出了多种有效的权重自适应函数，极大地丰富了加权数据融合算法的应用领域。

　　由前所述可知，本研究应用的测量装置（超声探测系统）是典型的同质非恒定误差传感器测量设备，即高频和低频测量系统的系统误差 e^H 和 e^L 均为时变值。其变化规律为：在云雾抛撒作用过程中，e^H 和 e^L 伴随粒径和浓度不断变化，在抛撒初期（粒径大，浓度高）阶段低频超声测量误差小于高频超声测量误差，在抛撒中后期（粒径小，浓度低）高频超声的测量精度明显高于低频超声的测量精度，如图 8-9 所示。

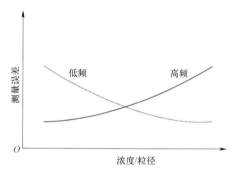

图 8-9　高/低频声波测量误差趋势图

　　根据上述特性，提出了一种基于测量误差差值的权重自适应变化算法：采用若干组历史数据获得一个窄时间窗内的浓度均值作为前一时刻的浓度值，即有

$$C_{t-1} = \frac{1}{2n}\left(\sum_{i=1}^{n} C_{t-1-i}^{H} + \sum_{i=1}^{n} C_{t-1-i}^{L} \right) \tag{8-25}$$

采用该浓度值计算本次测量的两个误差：

$$e_t^H = C_t^H - C_{t-1} \tag{8-26}$$

$$e_t^L = C_t^L - C_{t-1} \tag{8-27}$$

再如上获得 $t+1$ 时刻的测量误差 e_{t+1}^H 和 e_{t+1}^L，则可以获得两个误差的差值绝对值：

$$\Delta e_{t+1}^H = \left| e_{t+1}^H - e_t^H \right| \tag{8-28}$$

$$\Delta e_{t+1}^L = \left| e_{t+1}^L - e_t^L \right| \tag{8-29}$$

然后对 Δe_{t+1}^H 和 Δe_{t+1}^L 的大小和数值，分段使用 Tanh 函数进行权重计算，Tanh 函数方程如下：

$$\mathrm{Tanh}(x) = \frac{\mathrm{e}^x - \mathrm{e}^{-x}}{\mathrm{e}^x + \mathrm{e}^{-x}} \tag{8-30}$$

如图 8-10 所示，Tanh 函数是双曲正切函数，返回以弧度为单位的 x 为输入参数的双曲正切值，其图像被限制在两水平渐近线 $y=1$ 和 $y=-1$ 之间。Tanh 函数作用于数组中的每一个元素，这个函数的域和范围包括幅值，并且所有的角度都以弧度的形式表示。

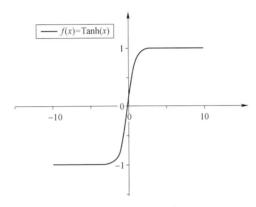

图 8-10 Tanh 函数

当 $\Delta\mathrm{e}_{t+1}^H > \Delta\mathrm{e}_{t+1}^L$，即高频超声误差和误差差值较大时，有

$$\begin{cases} \rho = \dfrac{\Delta\mathrm{e}_{t+1}^L}{\Delta\mathrm{e}_{t+1}^H + \Delta\mathrm{e}_{t+1}^L} \\ w^H = \mathrm{Tanh}(\rho) \\ w^L = 1 - w^H \end{cases} \tag{8-31}$$

当 $\Delta\mathrm{e}_{t+1}^H < \Delta\mathrm{e}_{t+1}^L$，即低频超声误差和误差差值较大时，有

$$\begin{cases} \rho = \dfrac{\Delta\mathrm{e}_{t+1}^H}{\Delta\mathrm{e}_{t+1}^H + \Delta\mathrm{e}_{t+1}^L} \\ w^L = \mathrm{Tanh}(\rho) \\ w^H = 1 - w^L \end{cases} \tag{8-32}$$

当 $\Delta\mathrm{e}_{t+1}^H = \Delta\mathrm{e}_{t+1}^L$ 时，取 $w^L = w^H = 0.5$。

然后采用上述权重计算方式，代入加权数据融合算法中进行加权数据融合，即可获得融合结果。取历史数据计算深度为 8，对上述数据融合算法进行仿真计算，计算结果如图 8-11、图 8-12 所示。

由上述仿真结果可知，采用高频超声检测获得的数据与标准设备相比，检测误差越来越小；低频超声检测获得的数据与标准设备相比，检测误差越来越

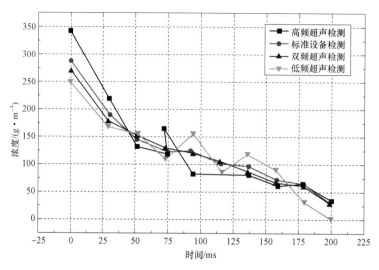

图 8-11　数据融合算法效果测试

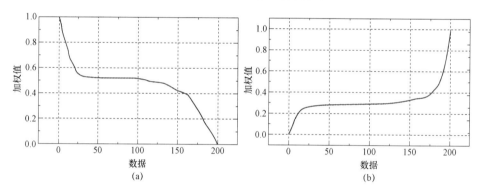

图 8-12　高频/低频超声数据的权重曲线
（a）高频；（b）低频

大；双频超声检测获得的数据与标准设备比较接近。由此可以得出高频超声和低频超声在高浓度段和低浓度段各自都有自己的检测优势和缺点，只有采用两者检测的数据进行融合后才能获得良好的效果。采用基于测量误差差值的自适应加权数据融合算法可以获得更加贴近真实值的计算结果。

进一步调整计算深度，得到不同深度下的总体测量误差，如表 8-2 所示。

表 8-2　不同深度下的总体测量误差

深度	2	4	8	16	32
误差/%	19.3	18.4	15.1	12.9	9.1

|8.5　双频超声复合检测系统原理样机 |

双频超声复合云雾浓度检测系统采用模块化设计,系统总体方案如图 8 – 13 所示。检测系统主要由 40 kHz/200 kHz 超声传感器、信号驱动电路、信号处理电路、控制处理器、计算处理器（DSP）、电源管理电路和接口电路等构成。

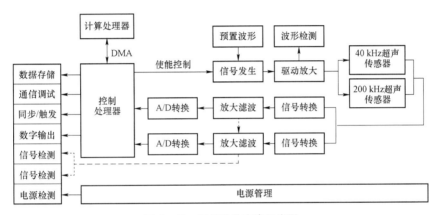

图 8 – 13　系统总体方案示意图

8.5.1　低功耗声波电路

系统功耗是表征检测系统测试性能的一个重要的技术指标,在弹上系统中,由于电源供给有限,低功耗技术显得尤为重要。对收/发复用系统而言,功耗通常集中于发射模块,尤其是发射驱动模块,因此低功耗设计主要集中在声波驱动单元,如图 8 – 14 所示。

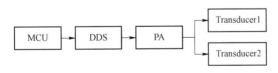

图 8 – 14　发射模块原理框图

其中声波信号源采用直接数字式频率合成通过微处理控制器（MCU）实现驱动信号在线编程,相比传统的频率发生装置,具有低成本、低功耗、高分辨率和波形快速转换等优点,尤其适用于双频超声复合检测系统,可按时序产生两路不同频率的驱动信号。

　　DDS 模块主要用于产生原始的波形信号，输出波形幅值较小，驱动能力较差，因此还需要引入合适的驱动放大电路。如图 8 - 15 所示，基于 MD1211 和 TC6320 两款芯片搭建了功率放大驱动电路。MD1211 是 Supertex 公司生产的高速双驱动 MOSFET 驱动器，可同步驱动高压 N 沟道和 P 沟道 MOSFET 管。经 MD1211 放大的脉冲信号，加载到内封 MOS 管的芯片 TC6320。TC6320 集成高速、高压、栅箝位的 N 通道和 P 通道 MOS 管对，等效于一个具有双极性晶体管处理能力的输入阻抗和固有正温度系数 MOS 器件。TC6320 可加载±200 V 的高压直流源±VH，从而将脉冲信号放大至±200 V，进而驱动压电换能器。

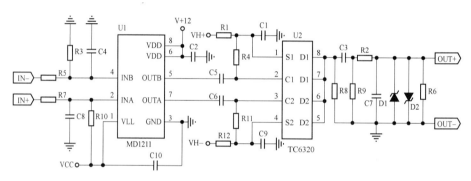

图 8 - 15　驱动信号功率放大电路原理图

　　信号处理电路如图 8 - 16 所示，对换能器接收的微弱电信号进行放大、滤波和整流处理，采用两级放大模式。

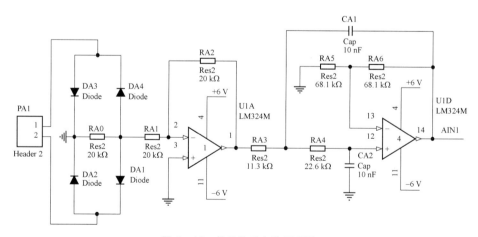

图 8 - 16　信号处理电路原理图

8.5.2 双频超声传感器选型

双频超声换能传感器的总体结构及外部尺寸如图 8-17 所示，主要由声阻抗匹配层、压电陶瓷层、底座层以及壳体等组成。超声传感器的支撑点全部由面接触，焊点固封环氧胶水以保证整个换能器的结构满足抗 10 000 g 过载要求。主要性能指标需求如表 8-3 所示，工作频率为 40 kHz 和 200 kHz。

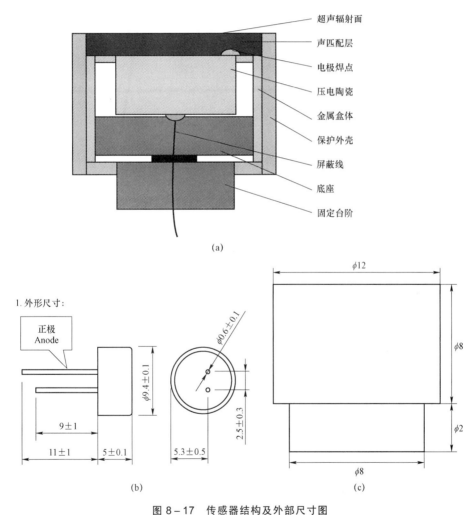

图 8-17 传感器结构及外部尺寸图

（a）超声换能器结构图；（b）40 kHz 超声换能器尺寸；（c）200 kHz 超声换能器尺寸

表 8 – 3　40 kHz、200 kHz 超声换能器的主要性能指标

参数名称	40 kHz 超声换能器	200 kHz 超声换能器
标称频率/kHz	（40±1）%	（200±5）%
指向性/弹 Deg	85±15	11±2
电容量/pF	（1 600±20）%	（1 300±20）%
最大输入电压/Vp – p	150	120
工作温度范围/℃	– 30～ + 70	– 20～ + 70
存储温度范围/℃	– 35～ + 70	– 20～ + 70
使用湿度范围/%RH	15～90	15～90
存储温度范围/%RH	15～90	15～90
外壳材质	POM	POM
回波电压/V	＞1.2	＞0.1

　　超声传感器原理样机实物如图 8 – 18，图 8 – 19 所示，其中图 8 – 18（a）、图 8 – 19（a）为 40 kHz 超声传感器，图 8 – 18（b）、图 8 – 19（b）为 200 kHz 超声传感器。超声传感器的方向角代表了超声传感器的声波指向性能，较小的方向角（方向性）会使超声波发射（接收）能量集中在超声传感器的中心轴面上。原理样机的方向角范围为（11±2）°，如图 8 – 20 所示。

（a）　　　　　　　　　　　　　　　（b）

图 8 – 18　超声传感器实物图

（a）40 kHz 超声换能器；（b）200 kHz 超声传感器

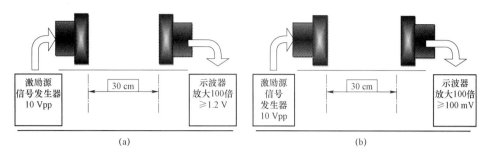

图 8-19 超声传感器原理样机测试示意图

（a）40 kHz 超声换能器；（b）200 kHz 超声传感

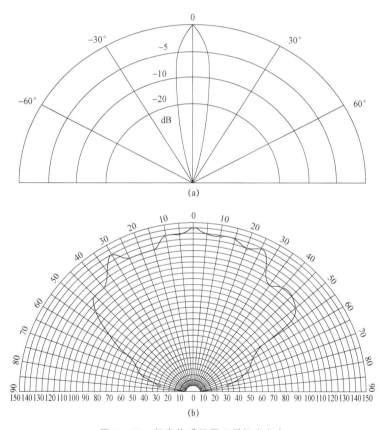

图 8-20 超声传感器原理样机方向角

（a）40 kHz 超声换能器；（b）200 kHz 超声传感器

8.5.3 微处理控制器

系统采用了意法半导体公司基于 Cortex-M3 内核的 32 位增强型闪存微控

制器 STM32F103ZET6 作为控制核心。Cortex－M3 内核是基于 ARMV7－M 体系结构的 32 位标准处理器，具有低功耗、少门数、短中断延迟、低调试成本等众多优点。该芯片具有 512 KB 闪存，16 通道的 12 位 A/D 转换器、7 通道的 DMA 控制器，5 个 USART 串行通信接口。通道采样时间可编程，总转换时间可缩减到 1 μs；此外，多种转换模式供选择，支持 DMA 数据传输。本模块采用定时器触发的同步注入模式，能够对信号进行同步采样。

系统使用 STM32 内部的 A/D 转换器，其参考电压 V_{ref+} 会因为封装的不同而略有差异，一般引脚数目小于或等于 64，其参考电压在芯片内部与 V_{DD} 相连接，而引脚数目大于 64 的需要外接参考电压。系统选用的芯片引脚数为 64，所以 V_{ref+} 默认与 V_{DD} 相连接为 3.3 V，这就要求 A/D 转换器前端放大电路的输出信号不能超过 3.3 V。

电路原理如图 8－21 所示，传感器采集的信号放大后由 ADC1 口进入微处理器的 A/D 转换器。

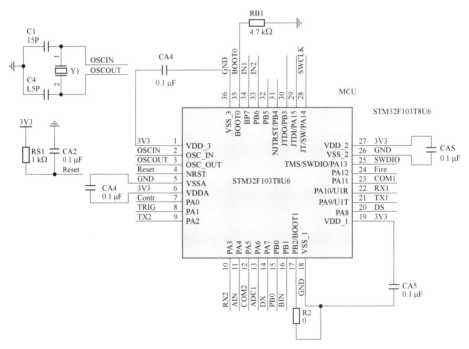

图 8－21　STM32F103ZET6 及其外围电路

8.5.4　数据处理流程优化设计

双频超声浓度检测系统需从原始测试信号中提取出测试信号波形幅值变化

信息，通常可采用数字低频滤波算法和查找峰值算法两种方法，通过对比处理效果来择优进行数据处理。但数字低频滤波算法和查找峰值算法需要对信号进行大量的浮点运算和数值比较运算，运算量大，制约了系统测量速度；另外，上述算法还对微处理器的性能（主频和字长等）有较高要求，间接提高了系统成本和功耗，因此难以实现弹上实时处理解算。

为满足云爆弹云雾浓度快速检测需求，可采用"单周期 8 点均方根"数据处理方法，该方法的基本原理如下：

设计采样信号频率为驱动信号频率的 8 倍，从采样信号中任取 8 个连续的点，则这些点可以表示为

$$S_i = A_i \sin\left(\frac{\pi}{4} \times i + \varphi\right), \ i = \{0,1,2,3,4,5,6,7\} \tag{8-33}$$

式中，φ 为第一采样点的相位角；A_i 为第 i 采样点时刻的峰值。

假设在同一个周期内，信号峰值没有发生变化，即 $A_i - A_0$（A_0 为初始峰值），则有

$$\sum_{i=0}^{7}(S_i^2) = 4A_0^2 \tag{8-34}$$

即这个周期的信号峰值为

$$A_0 = \left(\sum_{i=0}^{7}\left(S_i^2\right)\right)^{\frac{1}{2}} \tag{8-35}$$

通过误差分析发现，该方法的误差主要来源于信号变化速率，即 $A_i - A_0 \gg 0$ 时会出现误差，可以通过半周期计算和增大采样速率两种方式提高计算精度，只要保证采样频率是信号频率的偶数倍即可。

8.5.5　检测系统原理样机

控制处理器连续获得超声信号的数字值，并通过 DMA 不断将数字信号传入计算处理器；计算处理器获得超声信号的数值后，也开始循环对每次获得的数据进行计算和融合处理，获得对应的浓度数据，并通过 DMA 反馈到控制处理器中；控制处理器获得浓度数值后，根据运行模式（测试模式或者起爆模式）对数据进行不同的处理，测试模式下将数据存储到非易失性存储芯片中；起爆模式下则对浓度进行判定，当浓度到达目标范围后输出起爆信号。双频超声复合检测系统电路的制备分别如图 8-22、图 8-23 所示，并最后形成两种类型和用途的云雾浓度复合检测系统原理样机，如图 8-24 所示。

图 8-22 仪表式浓度检测系统 PCB 电路（彩图见附录）

图 8-23 弹载式浓度检测系统 PCB 电路

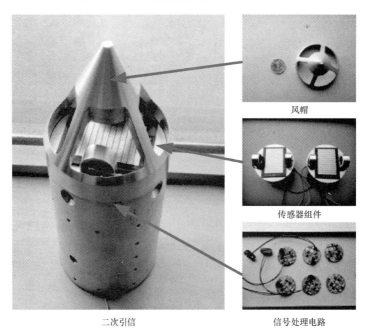

风帽

传感器组件

二次引信　　　　　　信号处理电路

图 8-24 浓度检测系统二次集成引信原理样机

图 8-22 所示为仪表式浓度检测系统，采用金属壳体包装，能够完成两个通道的浓度检测，电路内部含有 2 MB 存储空间，可以实现存储测试；电路接口丰富，具备较多的状态指示功能；支持多种触发方式，还可以形成链式网络结构，构成同步测试网络。该型浓度检测系统主要用于构成可复用外场测试阵列，实现系统性能试验。

图 8-23 所示为弹载式浓度检测系统，采用圆形电路叠层结构，接口设计较为简单，电路中不包含大容量存储单元，存储测试时间长度不大于 30 s，系统功耗不大于 10 mW，该类测试系统主要应用于二次引信集成测试。利用弹载式浓度检测系统，研制了基于云雾浓度控制的云爆弹二次起爆引信原理样机，实物如图 8-24 所示，主要由风帽、传感器组件和信号处理电路三部分组成。

8.6　双频超声浓度检测系统试验验证

合适的燃料云雾浓度是云爆燃料爆轰的前提条件，然而燃料分散的过程中，云雾浓度不可能处处均匀，因此，一般选择在标准罐体内标称浓度下进行试验，实现对云雾浓度的检测研究。

为了对双频超声浓度检测微系统在实验室环境下进行检测精度和速度验证，在 20 L 标准透明罐内进行铝粉抛撒验证试验。由于云爆剂的主要固体成分为铝粉，因此选用平均粒径为 25 μm 的铝粉在实验室进行检测系统的精度和速度验证试验；同时在透明罐中心布置 40 kHz/200 kHz 双频超声传感器，实现铝粉稳态均匀分布状态下双频超声浓度检测系统的检测精度及速度验证。

8.6.1　试验云雾浓度检测装置

燃料云雾形成和浓度检测装置实物如图 8-25 所示，其与空气压力泵相连。空气压力泵是燃料云雾产生方法的气体动能来源。燃料云雾产生是通过气固输送管段、半球形多孔喷头协作完成。该方法产生的燃料云雾雾化效果更好，可以形成更细小的颗粒和喷雾张角，瞬态实现了与 20 L 球形透明罐的空间结构匹配。

燃料云雾形成和浓度检测装置包括双频超声浓度检测微系统、高速摄像仪、20 L 球形透明罐、喷嘴、电磁阀、数据处理计算机、触发控制系统、脉冲驱动装置等。电磁阀用于控制固体喷雾时长，气固输送管是气体携带固体流动

图 8-25　燃料云雾形成和浓度检测装置实物图

的通道。20 L 球形透明罐是实现固体和气体混合的腔体，铝粉放置在储料室中，空气压力泵将铝粉通过喷嘴将铝粉在 20 L 球形透明罐中实现雾化。

（1）20 L 球形透明罐。如图 8-26 所示，20 L 球形透明罐体为球体结构，内径为 336 mm。在罐体两侧对称装有半球形喷雾系统，罐体球腔内中心对称均匀布置了 2 对双频超声传感器，罐体底部设有直径为 20 mm 的排气及排液孔。

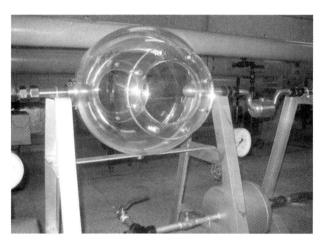

图 8-26　20 L 球形透明罐

（2）喷嘴。如图 8-27 所示，半球形喷嘴通过在径向 90°弧区间等分为 9 份，等分夹角 $j = 10°$；半球周从圆心至半径共划分 9 层，各层依次按周向角度 $j = 0°$、$90°$、$45°$、$22.5°$、$15.6°$、$13.3°$、$10.5°$、$9.4°$、$9.4°$ 等分进行开孔。为了减小径向气动湍流强度，$j \geq 60°$ 的孔径以 1 mm 开孔，其余周向 $j < 60°$ 的孔径以 1.5 mm 开孔，孔数一共为 189 个。

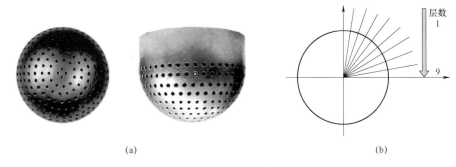

（a）　　　　　　　　　　　　　　　　　　　（b）

图 8 - 27　喷嘴

（a）半球形喷头；（b）开孔方案示意图

8.6.2　试验云雾浓度检测参数

试验样品及其 SEM（Scanning Electron Microscope）图片如图 8 - 28 所示。

（a）　　　　　　　　　　　　　　　　　（b）

图 8 - 28　铝粉颗粒实物及显微照片

（a）微米级铝粉试样；（b）SEM 图片

从云爆燃料抛撒的云雾浓度分布可知，云雾稳定扩散阶段的浓度范围为 $[100\ \text{g/m}^3，1\ 000\ \text{g/m}^3]$。在临界爆轰浓度 $200\ \text{g/m}^3$、$400\ \text{g/m}^3$、$600\ \text{g/m}^3$ 下进行双频超声复合浓度检测系统的验证试验。采用燃料云雾模拟试验装置产生模拟燃料为铝粉的稳态云雾；双频超声复合浓度检测系统对模拟云雾浓度检测，检测时长分别为 225 ms；通过对双频超声复合浓度检测系统的采样数据进行处理分析，计算检测误差，评估双频超声复合浓度检测系统的精度。各次试验燃料投放及检测次数如表 8 - 4、表 8 - 5 所示。

表 8-4　铝粉试验条件表（不同铝粉质量）

序号	模拟燃料	铝粉质量/g	气动压力/MPa	罐体内压/MPa	检测次数
1	铝粉	4	0.80	0.104	2
2	铝粉	4	0.70	0.104	2
3	铝粉	4	0.55	0.103	2

表 8-5　铝粉试验条件表（不同气动压力条件）

序号	模拟燃料	铝粉质量/g	气动压力/MPa	罐体内压/MPa	检测次数
1	铝粉	4	0.80	0.104	2
2	铝粉	8	0.80	0.104	2
3	铝粉	12	0.80	0.104	2

8.6.3　试验结果与数据分析

双频超声传感器的响应时间 t_1：根据测量换能器的发送端与接收端的时间间隔获得；通过测量可知双频超声传感器的响应时间、后端信号处理电路的处理总时间为 1.92 ms。信号 A/D 转换时间 t_2：现有浓度检测系统方案中含有前端信号处理电路，将正弦波形转换为正弦波幅值包络线，即 A/D 转换电路采集处理的是声波幅值的直流信号，无须进行数据调幅处理，因此信号 A/D 转换采集时间约等于 A/D 硬件转换时间。当前设计中，硬件部分采用 STM32 系列微处理器，系统主频率为 72 MHz，A/D 转换速率可以高达 1 MHz。结合前期研究成果，系统实际设定采样频率为 10 kHz，即 A/D 转换时间小 0.1 ms，满足云爆燃料云雾浓度弹载条件下双频超声浓度检测快速响应的需求。

采用双频超声复合浓度检测系统对同一稳态云雾浓度进行误差计算和精度评估。为了预先直观判定铝粉的抛撒分布过程，通过高速摄影捕捉铝粉抛撒（质量分别为 2 g、4 g、6 g），分布过程如图 8-29 所示。分布过程显示铝粉抛撒至均匀时间为 70 ms 左右。

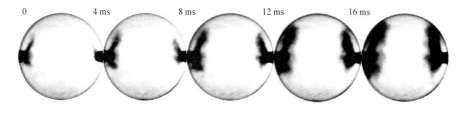

图 8-29　不同时刻粉尘抛撒瞬间

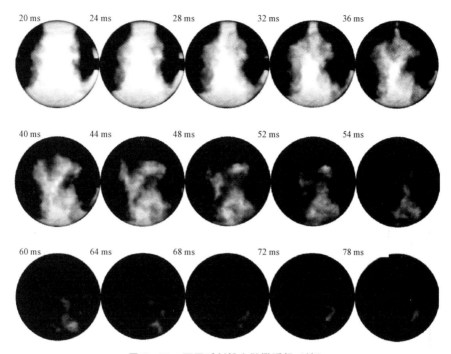

图 8-29　不同时刻粉尘抛撒瞬间（续）

　　可以得出，双频超声检测的铝粉最大浓度在铝粉抛撒后 70 ms 左右，可以认为，此刻铝粉完全抛出并均匀悬浮在腔体内。使用双频超声浓度检测装置进行铝粉云雾浓度测量，铝粉质量为 2 g、4 g、6 g 的双频超声法复合云雾浓度检测两次试验数据对比及误差曲线如图 8-30 和图 8-31 所示。从图中可以得出，双频超声法浓度检测试验结果与图像法检测结果一致，即在 60～80 ms 时，粉尘浓度达到最大值，接近标称浓度的分布状态。

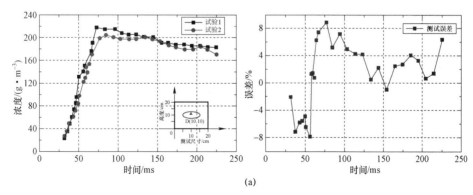

(a)

图 8-30　双频超声法铝粉浓度检测及误差数据

（a）气动压力 0.4 MPa、铝粉量 4 g（标称浓度 200 g/m³）

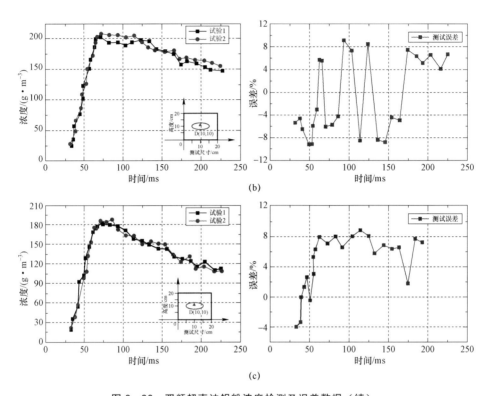

图 8 – 30 双频超声法铝粉浓度检测及误差数据（续）

（b）气动压力 0.55 MPa、铝粉量 4 g（标称浓度 200 g/m³）；（c）气动压力 0.7 MPa、
铝粉量 4 g（标称浓度 200 g/m³）

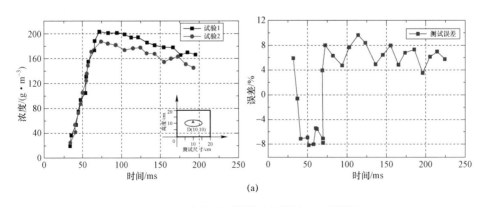

图 8 – 31 双频超声法铝粉浓度检测及误差数据

（a）气动压力 0.8 MPa、铝粉量 4 g（标称浓度 200 g/m³）

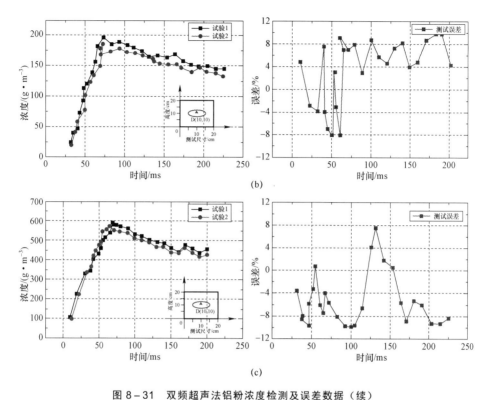

图8-31　双频超声法铝粉浓度检测及误差数据（续）

（b）气动压力 0.8 MPa、铝粉量 8 g（标称浓度 400 g/m³）；（c）气动压力 0.8 MPa、

铝粉量 12 g（标称浓度 600 g/m³）

　　综上分析，即在铝粉云雾标称浓度（一定质量的铝粉在腔体内理想均匀分布时的浓度，标称浓度＝质量/体积）分别为 200 g/m³，400 g/m³，600 g/m³ 下，两组试验数据表明双频超声复合检测的误差均在10%以内，充分验证了本课题组研制的双频超声复合浓度检测系统的可靠性（表8-6）。

表8-6　检测误差

粉尘质量/g	2	4	6
标称浓度/（g·m⁻³）	200	400	600
双频超声浓度检测/（g·m⁻³）	184～205	360～370	550～570
检测误差/%	2.5～8	7.5～10	5～8.25

|8.7 结　　论|

通过开展双频超声复合浓度检测系统性能验证试验可以得出以下结论：

（1）双频超声法同时检测燃料云雾浓度，不同气动压力及质量时，浓度检测结果具有一致性；借助图像法得到铝粉云雾的分布过程，双频超声法检测结果符合铝粉抛撒的分布规律。由此可以判定，双频超声复合检测方法满足燃料云雾瞬态浓度检测。

（2）双频超声复合云雾浓度检测系统对于模拟云雾为铝粉的状态下，检测铝粉标称浓度分别为 200 g/m³，400 g/m³，600 g/m³ 时，经多次重复检测，双频超声检测误差分别对应 2.5%～8%，7.5%～10%和 5%～8.25%。检测误差均小于 10%，符合设计要求。

（3）双频超声复合检测系统的单次检测时间为 3.9 ms，表明检测的快速特性，具备实时浓度检测的需求。

第 9 章

超声波脉冲瞬态云雾浓度测试技术

|9.1 引 言|

利用光学、电场、超声波在不同云雾浓度的衰减特性，可以判断云雾的浓度分布。然而，衰减特性与粉尘浓度之间的动态函数关系很难确定，不能直接给出粉尘瞬态浓度分布的确切值。本研究结合超声波脉冲抗干扰能力强和分辨力高的特性，从超声波脉冲换能器对可燃粉尘扩散云团浓度探测的理论建模到试验技术已取得了显著的发展。

|9.2 超声波脉冲瞬态云雾浓度计算模型|

9.2.1 计算方法

在检测粉尘扩散浓度的过程中，相关频率的超声衰减可以通过传播样本的频率响应和参考信号的频率响应来确定。假设测量系统的响应是线性的，超声信号在空气中的参考信号如下：

$$A_a(\omega) = A_0(\omega) A_{D_a}(\omega) \qquad (9-1)$$

式中，$A_0(\omega)$ 是表征超声电信号在发送和接收换能器的电响应和机械响应的传递函数；$A_{D_a}(\omega)$ 是表征超声波在空气中衍射的传递函数。

超声波脉冲穿过粉尘的响应函数（透射函数）可以写成

$$A_d(\omega) = A_0(\omega) T(\omega) A_{D_d}(\omega) e^{-\alpha(\omega)d} \qquad (9-2)$$

$$T(\omega) = \frac{4 Z_a Z_d(\omega)}{[Z_a(\omega) + Z_d(\omega)]^2} \qquad (9-3)$$

式中，$A_{D_d}(\omega) e^{-\alpha(\omega)d}$ 是表征通过粉尘的传递函数。$-\alpha(\omega)d$ 描述了由于粉尘粒径 d 引起的衰减。其中，$Z_a = \rho_a V_a$ 和 $Z_d = \rho_d V_d$ 分别是空气和粉尘的声阻抗，V_a 和 V_d 是它们的纵向速度，ρ_a 和 ρ_d 是它们的质量密度。

超声波在气固两相云团中的衍射函数可以写成

$$A_{D_a}(\omega) = 1 - e^{-i\left(\frac{2\pi}{s_a}\right)} \left[J_0\left(\frac{2\pi}{s_a}\right) + i J_1\left(\frac{2\pi}{s_a}\right) \right] \qquad (9-4)$$

$$A_{D_d}(\omega) = 1 - e^{-i\left(\frac{2\pi}{s_d}\right)} \left[J_0\left(\frac{2\pi}{s_d}\right) + i J_1\left(\frac{2\pi}{s_d}\right) \right] \qquad (9-5)$$

式中，$s_a = L V_a(\omega) / f D^2$，$s_d = L V_d(\omega) / f D^2$；$J_0$ 和 J_1 分别是零阶和一阶的第一类 Bessel 函数。s_a 和 s_d 取决于声传播的速度 V、换能器的距离 L、换能器直径 D 和超声频率 f。

超声衰减 $\hat{\alpha}(\omega)$ 可以用对数标度定义为

$$\hat{\alpha}(\omega) = -\frac{1}{L} \log\left(\frac{\hat{A}_a(\omega)}{\hat{A}_d(\omega)} \right) \qquad (9-6)$$

式中，$\hat{A}_a(\omega)$ 和 $\hat{A}_d(\omega)$ 分别是通过铝粉尘和空气下参考脉冲测量的响应函数；L 表示换能器之间的距离。

为了产生超声波信号，宽带脉冲或一组窄带脉冲可以用作发射器宽带换能器的激励信号。对于宽带脉冲，衰减可以通过传播脉冲的光谱（即样本的行进脉冲和参考脉冲）来确定，发射的超声脉冲在为换能器设计的共振频率上表现出其最大能量，衰减由各个接收和参考脉冲的最大峰值与离散频率 f 之间的比率确定，得到的结果是离散衰减曲线（即表观衰减），如下式：

$$\hat{\alpha}^{(f)} = -\frac{1}{L} \log\left(\frac{\text{Max}\left\{ A_a^{(f)}(t) \right\}}{\text{Max}\left\{ A_d^{((f))}(t) \right\}} \right) \qquad (9-7)$$

采用铝粉样本进行数值计算，因此讨论了铝粉/空气云雾的物理参数变化对超声衰减的影响，数值计算中使用的参数列于表 9-1 中。

表 9-1　数值计算物理参数

物理参数	数值	
	铝粉	空气
密度/（kg·m⁻³）	ρ_d	1.0
超声波速度/（m·s⁻¹）	6 350	374
颗粒直径/μm	27	—
超声距离/mm	20	
超声频率/kHz	40～600	

计算得到同一铝粉浓度不同频率下的超声衰减系数曲线，以及同一频率不同粒径和浓度下的超声衰减系数曲线，如图 9-1 所示。

计算得出的超声衰减系数表明，随着粒径的增加，中心超声频率逐渐移至较低值，当铝粒径为 27 μm 时，可以在相对较低的频带中获得与超声衰减有关的信息。在所采用的整个频率范围内，衰减系数的影响基本上恒定在 200 kHz 左右。因此，选择 200 kHz 作为特定频率，以评估铝粉尘浓度与超声衰减系数之间的关系。

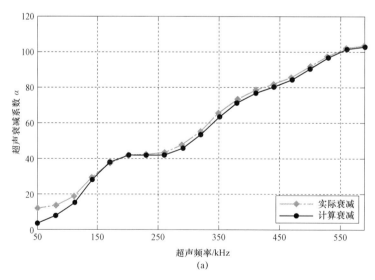

图 9-1　超声波衰减系数与频率、粒径和铝粉质量浓度之间的关系
（a）超声波衰减与频率的关系

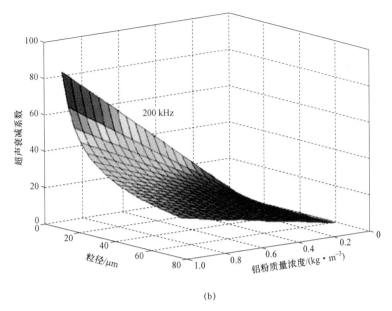

图 9-1　超声波衰减系数与频率、粒径和铝粉质量浓度之间的关系（续）

（b）超声波衰减与粒径、铝粉质量浓度的关系

9.2.2　浓度特征提取方法

通过超声波传感器实时获取粉尘扩散过程的动态浓度信息的变化图，然而对采集过程中的动态特性进行分析，研究对象易受干扰，采集到的数据包括系统中的噪声和干扰的影响。为了尽量去除噪声还原真实数据，提高检测系统抗干扰能力和分辨力，本研究主要基于信号的时频域分析，设计了卡尔曼滤波—希尔伯特的信号特征提取算法，为实现粉尘扩散动态浓度的提取建立算法基础。

9.2.2.1　超声波脉冲时频域分析

对信号进行频谱分析可以获得更多有用信息，如求得动态信号中的各个频率成分和频率分布范围，求出各个频率成分的幅值分布和能量分布，从而得到主要幅度和能量分布的频率值。

频谱分析：在线性系统中，正弦曲线会保持其一致性，系统可以改变正弦曲线的振幅和相位，但不能改变其基本结构。正弦波是线性常系数微分方程的特征函数。因此，正弦曲线可以用来分析和表征线性系统。不同频率的正弦波通过系统时所经历的振幅和相位变化的集合对系统进行了简洁的描述，我们称这种描述为频率响应。频率响应与系统的传递函数及其微分方程密切相关，傅里叶变换也可用于描述时间域或空间域中的信号。我们将讨论局限于时间域描述。信号被分解成一组完整的正交基函数、实数正弦波和余弦，或者等价的复指数。经典的傅里叶变换是执行这种分解的机制，得到信号的频域描述。

与时域方法相比，频域分析信号有几个优点，频域分析可以解决：测量和检测重叠信号的幅度和相位，其幅度按数量级不同。这种强大的特性使得频域测量在许多领域都很重要，包括电信、仪器、雷达、声呐、消费娱乐和其他需要信号分析、信号检测、调制和解调的系统。傅里叶理论最初是为连续时间和振幅而制定的。随着数字计算机的出现，特别是微处理器的出现，频谱分析可以在数字领域进行，同时也可以通过数字技术完成许多其他信号处理任务。

采样定理在数字计算机到达之前就已经很好地建立起来了，对采样数据信号进行信号处理所需的缺失部件是在连续域和采样数据域之间来回传递信号的传感器。满足对高性能、低成本的模/数转换器（ADC）及其双组（数/模转换器）的数字信号处理的发展与微处理器的发展密切相关，其所需的采样率较低，并且所控制的机械系统的带宽较低。采样数据信号处理的首次应用发生在采样数据控制区域，与早期 ADC 改进的性能相匹配。当数字数据（模拟信号的采样和量化表示）由 ADC 传送到数字域时，研究人员发现了一个丰富的信号处理选项，可以随时操作和提取信号参数。Z 变换已经发展成与拉普拉斯变换相对应的采样数据，离散傅里叶变换（DFT）已经发展成与傅里叶变换（FT）相对应的数据。为了对采样数据频谱进行机器计算，需要对 DFT 进行一次修改。

在数字系统中，DFT 由一系列称为快速傅里叶变换（FFT）的算法实现。相对于 DFT，FFT 显著减少了计算工作量。DFT 要求 n^2 复杂操作的顺序，而 FFT 可以在 $2 \times n$ 和 $\log2(n) \times n/2$ 复杂操作之间的工作负载下实现。快速傅里叶变换广泛应用于基于数字信号处理的系统中。

9.2.2.2 基于卡尔曼滤波—希尔伯特的信号特征提取算法

超声波脉冲在进行云雾浓度检测时，除了接收到有效的声音信号，该信号最初是由发射机发出的，然后被铝尘和空气衰减，此外，探测器还受到环境噪声和其他复杂干扰源的影响。因此，使用 Hilbert–Huang 变换（HHT）时频分析方法生成相应的光谱。该分析方法包括希尔伯特变换和经验模式分解（EMD）方法。使用此过程，原始信号可以简化为固有模态函数（IMF），并通过 EMD 分为高阶和低阶，实现自适应 RMF 浓度信息提取。

（1）卡尔曼滤波器：采用卡尔曼滤波对信号进行降噪，可以有效减小检测误差和检测噪声，从而有效提高测试系统的测试精度，获得更为可信的云雾浓度数据。信号经希尔伯特变换后，在频域各频率分量的幅度保持不变，但相位将出现 90° 相移，把一个一维的信号变成了二维复平面上的信号。卡尔曼滤波不要求信号和噪声都是平稳过程的假设条件。对于每个时刻的系统扰动和观测误差，只要对它们的统计性质作某些适当的假定，通过对含有噪声的观测信号进行处理，就能在平均的意义上求得误差为最小的真实信号的估计值。因此本研究所述基于卡尔曼滤波—希尔伯特的算法设计是合理有效的。

卡尔曼滤波器解决了由线性随机差分方程控制的离散时间控制过程状态估计的一般问题。

$$x_{k+1} = A_k x_k + B u_k + w_k \qquad (9-8)$$

$$z_k = H_k x_k + v_k \qquad (9-9)$$

差分方程中的矩阵 A 将时间步骤 k 的状态与步骤 $k+1$ 的状态联系起来。矩阵 B 将控制输入与状态 x 联系起来。测量方程中的矩阵 H 将状态与 z_k 联系起来。

随机变量 w_k 和 v_k 分别代表过程噪声和测量噪声。假设它们彼此独立，呈白色，并且具有正态概率分布。

$$p(w) \sim N(0, Q) \qquad (9-10)$$

$$p(v) \sim N(0, R)$$

离散卡尔曼滤波器使用反馈控制的形式来估计一个过程：滤波器在一段时间内估计过程状态，然后以（噪声）测量的形式获得反馈。时间更新方程负责向前（及时）预测当前状态和误差协方差估计，以获得下一时间步的先验估计。测量更新方程负责反馈，即将新测量纳入先验估计，以获得改进的后验估计。时间更新方程也可以作为预测方程，而测量更新方程可以作为校正方程。

时间和测量的更新方程如下：

$$\hat{x}_{k+1} = \dot{A}_k \hat{x}_k + B u_k \qquad (9-11)$$

$$P_{k+1}^{-} = A_k P_k A_k^{\mathrm{T}} + Q_k$$

根据更新方程预测从时间步骤 k 到步骤 $k+1$ 的状态和协方差估计，更新方程进一步可以写为

$$K_k = P_k^{-} H_k^{\mathrm{T}} \left(H_k P_k^{-} H_k^{\mathrm{T}} + R_k \right)^{-1}$$

$$\hat{x}_k = \hat{x}_k^{-} + K \left(z_k - H_k \hat{x}_k^{-} \right) \qquad (9-12)$$

$$P_k = \left(I - K_k H_k \right) P_k^{-}$$

在滤波器的实际实现中，每个测量误差协方差矩阵和过程噪声都可以在滤波器运行之前进行测量。在测量误差协方差的情况下尤其如此，这是有意义的，因为我们需要能够测量过程（操作过滤器时），通常应该能够采取一些离线样本测量，以确定测量误差的方差。

在这种情况下，往往选择是不太确定的。例如，该噪声源通常用于表示过

程模型中的不确定性。有时通过选择足够的不确定性，可以简单地使用简易模型。当然，在这种情况下，我们希望过程的测量是可靠的。

无论在哪种情况下，无论我们是否有合理的基础来选择参数，通常情况下，通过调整滤波器参数可以获得更好的滤波器性能。调谐通常是离线进行的，经常需要另一个独特的卡尔曼滤波器的帮助。

在 q 和 r 为常数的情况下，估计误差协方差 p 和卡尔曼增益 k 将迅速稳定，然后保持不变（参见滤波器更新方程）。如果是这种情况，可以通过离线运行过滤器来预先计算这些参数，并求解 p 的稳态值来预先计算这些参数。信号滤波过程如图 9-2 所示。

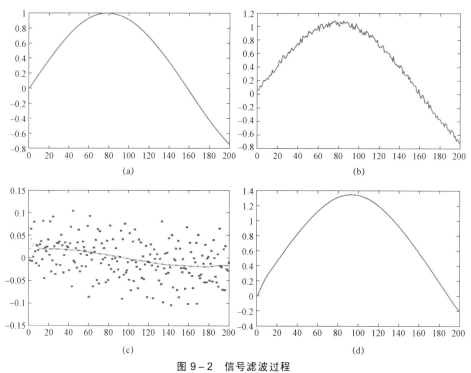

图 9-2　信号滤波过程

（a）信号构建；（b）噪声混叠；（c）卡尔曼滤波；（b）滤波后信号

（2）希尔伯特变换：一个连续时间信号 $x(t)$ 的希尔伯特变换等于该信号通过具有冲激响应 $h(t)=1/\pi t$ 的线性系统以后的输出响应 $xh(t)$。在数字信号处理中，它不仅可以用于信号变换，还可以用于滤波，将一维信号转换为二维复平面上的信号，复数的振幅和角度表示信号的振幅和相位。

经过希尔伯特变换后，信号各频率分量在频域内的幅度保持不变，但相移90°。也就是说，对于正频滞后π/2 和负频超前π/2，希尔伯特变换器也称为 90°

移相器。利用希尔伯特变换描述调幅或调相的包络、瞬时频率和瞬时相位，使分析变得简单，在通信系统中具有重要的理论意义和实用价值。

希尔伯特变换的定义为

$$\hat{s}(t) = H\{s\} = h(t) * s(t) = \int_{-\infty}^{\infty} s(\tau)h(t-\tau)\mathrm{d}\tau = \frac{1}{\pi}\int_{-\infty}^{\infty}\frac{s(\tau)}{t-\tau}\mathrm{d}\tau$$

$$h(t) = \frac{1}{\pi t}$$

（9-13）

希尔伯特变换的频率响应由傅里叶变换给出：

$$H(\omega) = F\{h\}(\omega) = -i \cdot \mathrm{sgn}(\omega)$$

$$\mathrm{sgn}(\omega)\begin{cases} 1, & \omega > 0 \\ 0, & \omega = 0 \\ -1, & \omega < 0 \end{cases}$$

（9-14）

通过构造一组加噪声信号，进行卡尔曼滤波—希尔伯特方法进行去噪和包络谱提取，处理过程如图 9-3 所示。

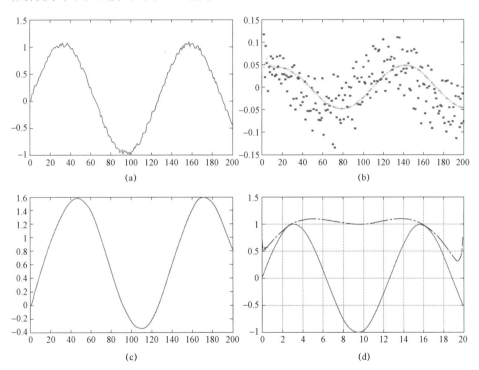

图 9-3　卡尔曼滤波—希尔伯特信号特征提取过程
（a）加噪声的信号；（b）噪声分布；（c）去噪后的信号分布；（d）信号幅值包络谱提取

对于实际超声波脉冲采集云雾浓度特征信号的过程，如图 9-4 所示。首先基于 HHT 获得超声信号频谱，并将其与背景信号的频谱分析进行比较。这样可以清楚地识别有效信号并从噪声中提取其波形（见图 9-5，红色虚线矩形）。随后，如图 9-6 所示，使用有效信号以及从 HHT 获得的边际频谱来获得期望的幅度。此过程类似于矩形窗口技术，但涉及自适应定位以减少噪声的影响。

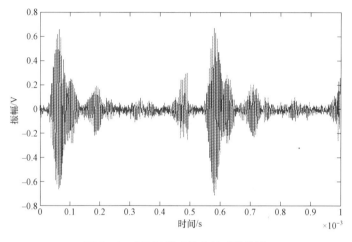

图 9-4 超声波脉冲的有效时域信号

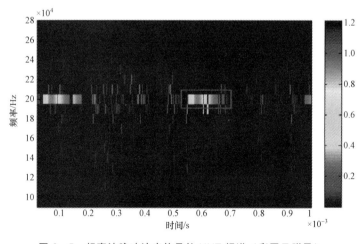

图 9-5 超声波脉冲浓度信号的 HHT 频谱（彩图见附录）

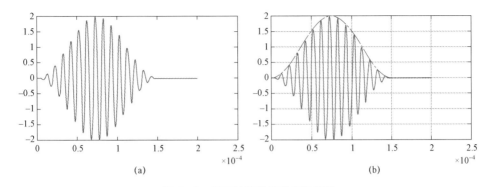

图 9-6　超声波脉冲信号特征提取

（a）超声波脉冲原始信号；（b）脉冲幅值包络提取

| 9.3　云雾浓度检测系统设计 |

　　超声波脉冲瞬态云雾浓度检测系统采用模块化设计方案，系统主要由控制处理器、计算处理器、信号驱动电路、信号处理电路、电源管理电路和接口电路等构成。超声信号发生电路产生脉冲波信号至传感器发射端，接收端传感器通过信号处理电路对特征信号进行滤波、调制、放大处理，系统原理结构如图 9-7 所示。

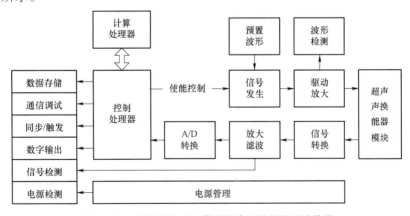

图 9-7　超声波脉冲云雾浓度检测系统原理结构图

9.3.1　脉冲收/发电路总体结构

　　超声波脉冲收/发电路如图 9-8 所示，包括激发和接收两部分电路。

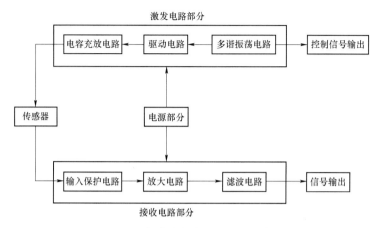

图 9-8　超声波脉冲收/发电路结构图

　　激发电路由场效应管驱动电路、电源电路、充放电电路及多谐振荡电路组成；接收电路由电源电路、滤波电路、放大电路及输入保护电路组成。激发电

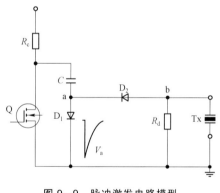

图 9-9　脉冲激发电路模型

路可在外接的磁致伸缩式超声传感器上施加高压脉冲，产生脉冲磁场并在磁致伸缩丝中激发出超声波脉冲波；接收电路可以对磁致伸缩式传感器输出的微弱感应电动势进行调理输出，并抑制激发时施加于传感器的高压激发脉冲，保护放大电路。其中激发主电路设计如图 9-9 所示，电路由旁路电阻 R_c、N 沟道绝缘栅场效应管 Q、电容 C、二极管 D_1、D_2 组成。场效应管 Q 导通后，电容 C 向传感器放电，

在传感器 Tx 中激发出超声波。

　　脉冲电源激励电路如图 9-10 所示，由缓冲器 U、二极管 D、P 沟道绝缘栅场效应管 Q、电阻 R 和电容 C 组成。给缓冲器 U 输入控制脉冲，a 点为高电平时场效应管 Q 截止，不能激发超声波。a 点电位变为低电平时，绝缘栅场效应管 Q 导通，电源电压直接加到传感器上，发出超声波。脉冲驱动电路设计如图 9-11 所示，驱动电路由缓冲器 U、电阻 R_2 及 1 对小功率场效应对管 Q_1、Q_2 组成。当控制信号为低电平时，绝缘栅场效应管 Q_1 的栅极为高电平，N 沟道绝缘栅场效应管 Q_1 导通。当控制信号为高电平时与地相连的 N 沟道场效应管 Q_3 导通，绝缘栅场效应管 Q_1 的栅极为低电平，绝缘栅场效应管 Q_1 管截止。

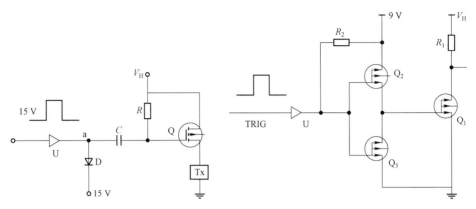

图 9-10　脉冲电源激励电路模型　　　　图 9-11　场效应管驱动电路

9.3.2　控制信号电路设计

控制信号产生电路如图 9-12 所示，通过调整电阻 R_1 的大小可调整脉冲宽度，调整电阻 R_2 的大小可以调整脉冲的重复周期。串联输入限幅电路如图 9-13 所示，在超声波脉冲检测中，多数情况下要采用串联或并联的限幅电路保护输入放大电路。串联输入限幅电路由电源 V_{CC}，电阻 R_1、R_2、R_3，开关二极管 D_1、D_2，电容 C_1、C_2 及运算放大器 A 组成。

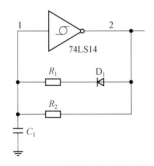

图 9-12　控制信号产生电路

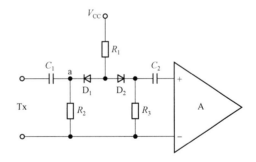

图 9-13　串联输入限幅电路

并联输入保护电路有两种形式。传感器激发时的瞬变高压信号可通过电容 C、电阻 R 耦合到 a 点，因二极管 D_1、D_2 的开关作用，微信号直接输入到运算放大器中，得到对运算放大器 A 的输入限幅作用。在图 9-14 中，把并联的二极管 D_1、D_2 换成串联的稳压二极管 DZ_1、DZ_2，可把激发时耦合到 a 点的高压信号控制在 $\pm(VZ+0.7)$ V，其中 VZ 为稳压管的稳定电压，对运算放大器 A 起保护作用。

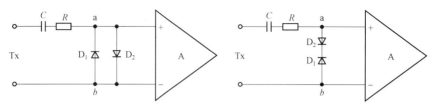

图 9-14 并联输入限幅电路

9.3.3 弹载引信检测系统原理样机

云雾浓度检测系统的测试流程如图 9-15 所示。上电启动之后，控制处理器和计算处理器分别首先完成系统初始化和系统自检，之后计算处理器进入中断等待状态，只有产生数据接收中断（DMA 控制器自动产生）时才开始运算处理，并将结果输出；控制处理器则开始控制检测系统检测动作执行，使用轮询方法读取声场信号，存入 DMA 输出寄存器，如此循环；控制处理器对浓度数据的接收也采用中断方式，因此不需要等待时间，并行实现信号采集和浓度计算，提高检测效率。采集存储电路主要包括运放、ADC、锁存器、单片机、存储器、USB 接口和电池，实现对信号的调理、采样、保存和数据上传，通过15 芯微矩形连接器实现被测信号的输入、USB 总线输出和触发导线的引出。

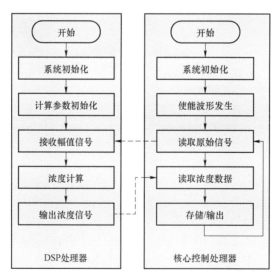

图 9-15 浓度检测系统检测流程示意图

由于气固两相流的复杂性和动态特性，基于弹载浓度检测装置，进行了铝粉扩散的仿真建模，建立弹载浓度检测装置在 100 m/s 的速度下穿过云团时，超声波脉冲传播区域内的云团浓度分布模型。具体结构如图 9 – 16 所示。

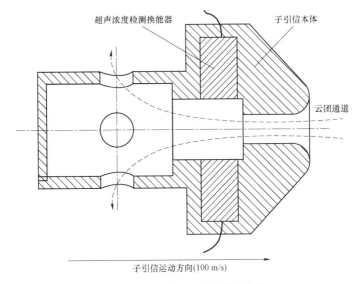

图 9 – 16　弹载云团浓度检测装置

弹载浓度检测系统的整体结构及实物图如图 9 – 17、图 9 – 18 所示，主要包括弹体、超声波脉冲浓度检测传感单元、超声信号处理模块、超声信号采集及存储模块、电源及信号触发装置。超声波脉冲传感器呈对射状态安装在弹体的头部。设计云团流动通道，当弹体进入云爆抛撒云团时，超声波脉冲传感器能实时感知通道中的云团浓度，并实时进行采集、存储，实现对云团浓度的动态识别。

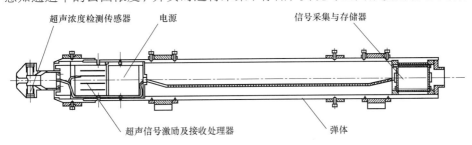

图 9 – 17　弹载浓度检测结构图

图 9 – 18　弹载浓度检测原型样机

| 9.4 瞬态云雾浓度检测系统设计 |

9.4.1 试验装置设计

实验室粉尘爆炸试验通常是在标准 20 L 容器罐内进行，结合欧洲标准 EN 14034（CEN/TC305，2004a；CEN/TC305，2004b；CEN/TC305，2004c）、ASTM 标准 E1226（2007）和中国标准 GB/T16 425（MCI，1996）。在本研究中，标准 20 L 容器罐内不加点火系统，布置超声波脉冲换能器在球罐内进行铝粉云雾浓度检测，超声波脉冲发射换能器与接收换能器之间的间距 $L=20$ mm，如图 9-19 所示。

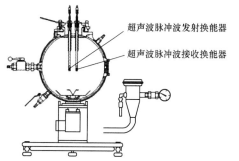

图 9-19 标准 20 L 铝粉喷撒装置

超声波脉冲波发射换能器

超声波脉冲波接收换能器

试验系统主要包括：铝粉抛撒气动装置，200 kHz 超声波脉冲浓度检测换能器，脉冲信号发生器及信号放大器，数据采集仪及处理计算机。其中，气动装置主要由压力泵、储气室、电磁阀及其控制器、逆止阀、铝粉填充室、喷嘴和 20 L 压力球罐组成。一定质量的铝粉放置在填充室中，控制电磁阀通断时间和泵源气压，通过喷嘴将铝粉喷撒至球罐中，如图 9-20 所示。

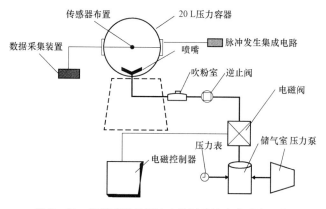

传感器布置 20 L压力容器

数据采集装置 喷嘴 脉冲发生集成电路

吹粉室 逆止阀

电磁阀

压力表 储气室 压力泵

电磁控制器

图 9-20 铝粉喷撒云雾浓度检测系统试验系统组成

　　选用标准的 20 L 的球体，按照 ASTM E1226 标准中报告的常规程序进行，如图 9-21 所示。分散测试带有回弹喷嘴和穿孔环，本次试验选择回弹喷嘴，试验布置如图 9-22 所示。

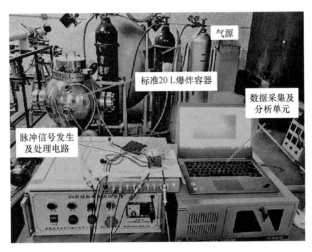

图 9-21　铝粉喷撒云雾浓度检测试验

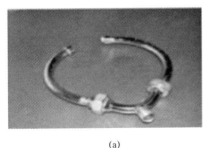

(a)

(b)

图 9-22　云雾抛撒喷嘴

（a）环形；（b）回弹型

　　超声波在含颗粒的气固两相流中传播时，会产生能量的衰减和相位变化。其中能量衰减主要表现为声散射、黏性损失和热损失。利用超声换能器实时采集超声波在 20 L 容器罐内铝粉—空气两相流的能量衰减，结合超声散射理论，计算铝粉分布浓度，如图 9-23 所示。超声波脉冲传感器布置在球罐的中心，探测铝粉浓度采集系统主要包括脉冲信号发生器、超声传感器发射端及接收端、信号放大器、信号采集仪及处理计算机。其中超声传感器发射端与接收端的间距 $d=20$ mm。

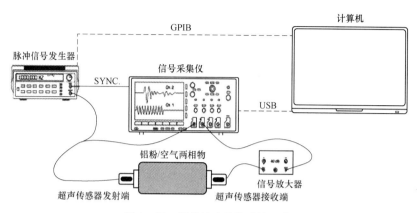

图 9-23　铝粉浓度采集系统组成

考虑铝粉在 20 L 球罐喷撒的过程中伴随着湍流动能、气压等因素，考虑超声波在复杂、不确定干扰的影响。使用持续时间很短的脉冲波能有效抑制外界扰动，识别目标回波信号，同时具备功耗低、信噪比高的优点，如图 9-24 所示。脉冲信号发生器产生频率 200 kHz，幅值 10 Vpp，周期为 5 的脉冲信号激励超声传感器发射端，在空气中传播至超声传感器接收端，形成衰减振荡超声脉冲波，后经信号放大器调制在 1 V 左右。

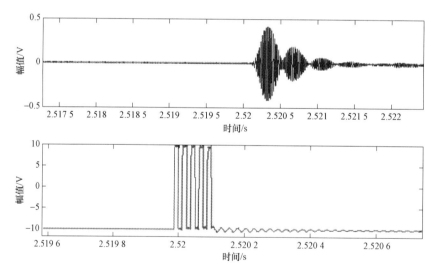

图 9-24　激励信号与接收振荡脉冲信号

使用具有 20 mm 的超声波传播距离，直径为 10 mm 超声波传感器。当气压为 2 MPa 且注入时间为 10 ms 时，将微纳颗粒铝粉注入反应容器中。容器中的初始压力为 0.015 MPa，进料阶段结束时的压力为 0.01 MPa；信号采样频率为

2 MHz，采样时间为 200 ms，从铝粉颗粒注入前 20 ms 开始。表 9－2 提供了试验系统参数。选择标称浓度为 500 g/m³ 铝粉颗粒（标称浓度是指一定质量的铝粉在 20 L 的容器内完全均匀扩散）的参数如表 9－3 所示。

表 9－2　试验参数

系统参数	数值
初始温度/K	300
初始压力/MPa	0.015
铝粉抛撒压力/MPa	2
抛撒时间/ms	30
超声波脉冲频率/kHz	200
采样时间/ms	200

表 9－3　铝粉参数

实验序号	重量/g	标称浓度/($g \cdot m^{-3}$)	平均粒径/μm	体积分数/%
实验 1	10	500	100	0.018 4
实验 2	10	500	10	0.014 5

9.4.2　铝粉扩散浓度数值仿真

为了验证 20 L 球形容器中铝粉浓度分布的均匀性，在计算流体动力学（CFD）模拟中将 SIMPLE 算法应用于系统。迭代时间步长为 10 μs，迭代时间总长 200 ms，因此每个时间步长有 25 次迭代。通过捕获的铝粉在扩散过程中的轨迹云图，图 9－25、图 9－26 分别显示了直径为 100 μm 和 10 μm 的铝粉颗粒分布的代表性云图。图像显示，由于扩散过程中湍流的影响，铝粉云雾浓度的分布不稳定；但是随着湍流强度的下降，铝粉云雾逐渐变得稳定且均匀。扩散的铝粉在 68～106 ms 达到了最佳浓度分布；最后，铝粉颗粒在重力作用下沉降。

在整个铝粉扩散过程中，超声传输区域中铝粉云雾动态浓度如图 9－27 所示。在标称浓度为 500 g/m³ 时，图 9－28 中 MNAP 分布的最大浓度约为 420 g/m³。在重力的影响下，粒径为 100 μm 的 MNAP 的悬浮时间比粒径为 10 μm 的 MNAP 的悬浮时间更长。

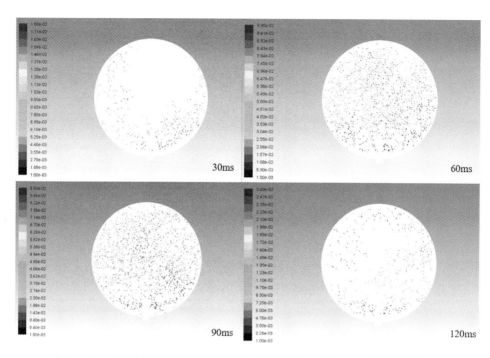

图 9-25　不同时间的云雾粒子分布状态（铝粉粒径 = 100 μm）（彩图见附录）

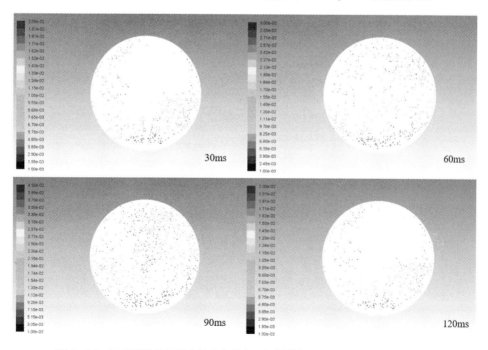

图 9-26　不同时间的云雾粒子分布状态（铝粉粒径 = 10 μm）（彩图见附录）

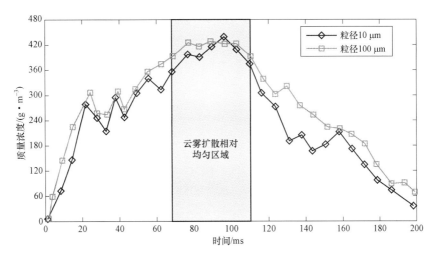

图9-27　不同时间的云雾浓度分布状态

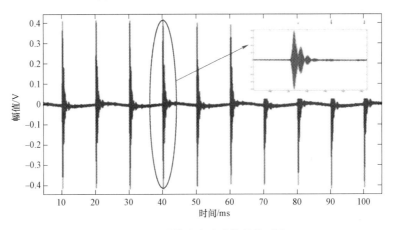

图9-28　原始参考脉冲信号波形图

9.4.3　浓度信号处理

该测试的参考波形如图9-28所示，通过快速傅里叶变换（FFT）分析的超声波脉冲波的幅度—频率特性如图9-29所示。

在铝粉扩展过程的前30 ms中，超声波信号容易受到湍流的影响。因此，根据对铝粉浓度分布的模拟分析，超声信号分析选择了70~110 ms相对稳定的时间段。接收到的脉冲如图9-30所示。出现了一些信号噪声，通过FFT幅度—频率分析可以轻松提取超声衰减，且脉冲信号足够明显，可以进行浓度表征，如图9-31所示。

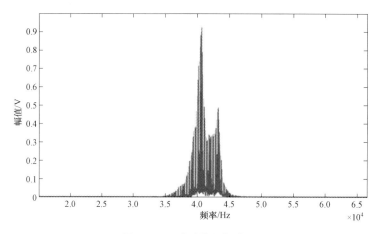

图 9-29　脉冲信号频谱图

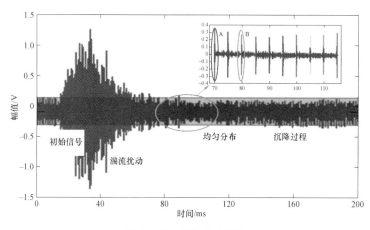

图 9-30　采集脉冲信号

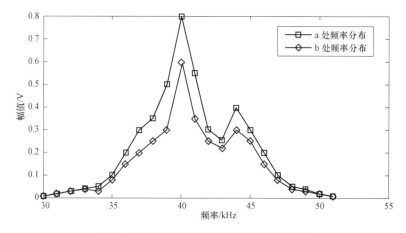

图 9-31　不同时间的超声波脉冲幅值比较

基于卡尔曼滤波理论，对信号进行希尔伯特变换获取包络谱，进一步进行卡尔曼滤波降噪，如图9-32所示。该融合模型可以有效减小检测误差和检测噪声，从而有效提高测试系统的测试精度，获得更为可信的云雾浓度数据。

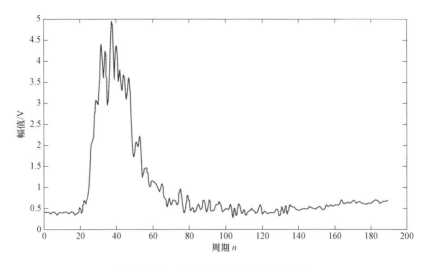

图9-32 超声信号浓度特征提取过程

当铝粉颗粒均匀分布时，在20 L球形容器中，在100 μm和10 μm不同粒径的铝粉质量浓度确定为70～110 g/m^{-3}。根据检测到的衰减特征，通过超声衰减模型计算MNAP的质量浓度，结果如图9-33所示。

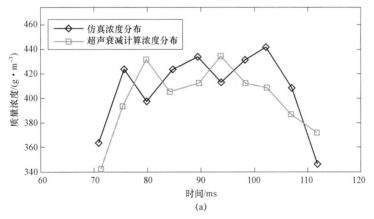

图9-33 云雾（铝粉）质量浓度分布图

（a）粒径100 μm

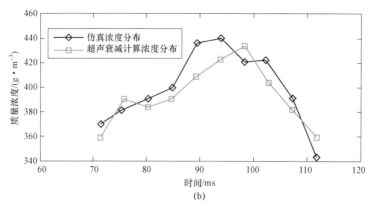

图 9-33 云雾（铝粉）质量浓度分布图（续）

（b）粒径 10 μm

在 70~110 ms 的时间段内，使用超声波传感器获得的测量结果与 CFD 模拟预测的结果一致；另外，发现铝纳米颗粒显示出比铝微粒更好的浓度分布特性。为了进一步讨论 20 L 球形容器中铝粉云雾参数的特性，计算了模拟浓度和测量浓度之间的相对误差，如表 9-4 所示。

表 9-4　铝粉云雾浓度比较分析

计算项目	铝粉粒径 100 μm	铝粉粒径 10 μm
标称浓度/（g · m⁻³）	500	
仿真浓度/（g · m⁻³）	362~438	348~424
仿真误差/%	12.4	15.2
计算浓度/（g · m⁻³）	341~430	338~408
计算误差 r/%	14	18.4

标称铝粉云雾浓度为 500 g/m³，即每单位云雾质量单位体积。当铝粉云雾在 20 L 球形容器中均匀分布时，超声方法和 CFD 模拟之间质量浓度的计算误差铝粉粒径 100 μm 颗粒和铝粉粒径 10 μm 颗粒分别为 14% 和 18.4%。这些数据也与 Benedetto 等和 Zhang 等先前报道的铝粉质量浓度和湍流之间的关系一致。因此，所提出的超声波脉冲衰减方法和测试系统有效地计算了铝粉在 20 L 球形容器扩散过程中的浓度。

|9.5　结　　论|

　　本章在光学、电场、超声连续波在不同云雾浓度与云雾浓度之间的动态函数关系很难确定，不能直接给出粉尘瞬态浓度分布的确切值的背景下，结合超声波脉冲抗干扰能力强和分辨力高的特性，从超声波脉冲换能器对可燃粉尘扩散云团浓度探测进行了理论建模、浓度特征提取算法设计及原理样机的研制，填补了动态浓度瞬时检测的空白。

第 10 章

云爆燃料抛撒浓度测试验证

|10.1 引　言|

　　针对云爆燃料抛撒形成的云雾浓度分布的高动态特性，云雾浓度探测试验成本和不确定因素影响，模拟云爆燃料抛撒，建立等效云雾浓度动态分布是云雾浓度检测方法评估、优化与检测系统的基础。静爆和动爆分散试验可真实模拟云爆燃料的云雾形态、分散过程，但试验周期长、试验成本高，可控性和可重复性较差，参数测量也会受到一定限制。采用非爆炸方式，在实验室内形成状态稳定、浓度可调的模拟云雾，能够真实反映燃料分散过程，为云雾浓度检测方法评估和标定提供试验手段。

　　针对目前缺乏室内云雾模拟试验设备的现状，完成云雾模拟试验装置结构设计，本课题组建立了可用于模拟云爆燃料静态抛撒和动态抛撒条件下的云雾模拟试验装置；针对外场动态试验缺乏广域云雾浓度标定数据的问题，本课题组采用二值图像处理相关算法，建立基于高速摄像的动态云雾浓度等效检测模型和检测系统，实现对动态云雾浓度的等效检测；最后，本课题组开展了真实云爆燃料静态抛撒试验，建立阵列式浓度检测系统，使用高速摄像、超声浓度检测系统同时对云爆燃料静抛云雾浓度进行检测，实现二者浓度检测的对比验证以及对云爆燃料动态云雾浓度的检测效果综合验证性应用。

|10.2　动态云雾浓度分布模拟试验系统设计 |

为模拟实现云爆燃料静态抛撒和动态抛撒条件下燃料分散试验，检测燃料云雾浓度，本课题组设计研发了燃料分散装置。通过高速摄像机和双频超声复合浓度检测系统，检测燃料云雾形态及燃料云雾浓度随时间、空间的变化规律，分析不同分散速度时与燃料云雾浓度的对应关系。

10.2.1　静态抛撒条件下燃料分散模拟试验系统设计

图 10-1 为静态抛撒条件下燃料分散模拟试验系统。该系统由燃料分散装置、流程控制装置、高速摄像系统、双频超声复合云雾浓度检测系统、高速摄像系统、高压气供给装置组成，通过高速摄像系统实现双频超声复合浓度检测系统在静态抛撒条件下燃料浓度检测的可行性验证和标定。燃料分散装置形成云雾分散流场，通过同步控制装置，调整好云雾分散与高速摄像之间的时间差，高速摄像与燃料云雾发生装置可实现同步触发，即可运用高速摄像系统记录云雾的分散过程。该系统可使燃料分散的初始速度达到 100～220 m/s。

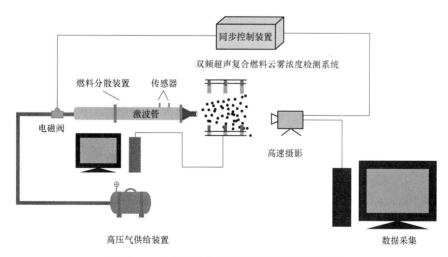

图 10-1　静态抛撒条件下燃料分散模拟试验系统

10.2.1.1　燃料分散装置设计

燃料分散装置主要由激波管、喷嘴和储料装置组成。采用激波管是为了增加气固、气液以及气固液三相云雾的径向分散速度。

水平激波管是燃料云雾发生装置的动力源，产生脉冲，驱动燃料分散。激波管强度可通过提高驱动段压力或采用驱动能力更强的气体实现，也可通过降低被驱动段的压力获得试验所需的激波马赫数。本试验采用提高驱动段压力，模拟云雾抛撒的马赫数。激波段主要由驱动段和被驱动段（两者用一定厚度的膜片分隔）组成。驱动段冲入高压驱动气体，使驱动段和被驱动段具有一定的压力差，从而形成高压驱动段和低压被驱动段。当高压段不再充压时，高低压段的压差给膜片压力，达到承受的最大压力时膜片破裂（图 10-2）。

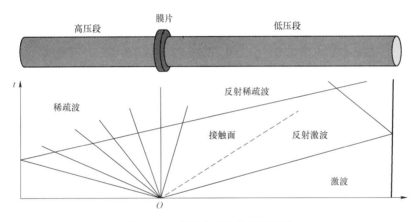

图 10-2　激波生成和传播原理图

如图 10-2 所示，当膜片破碎后，气体发生不定长运动。以膜片所在位置为坐标原点 O，稀疏波冲向高压室一边，激波以超声速的常值速度 U 在低压端内的静止气体中向前运动。低压端中的气体质点在其被激波压缩之后，就以另一常值速度 u（$<U$）沿激波运动方向而运动。这个常值速度可以是亚声速、声速或超声速，它取决于初始的膜片压力比 P_0/P。

由于激波和稀疏波在高压段中传播时产生相互干扰，因此以激波管作为动力源，应减小非定长波相互干扰。采用铝制材料作为膜片，可以增加高压段气体压力和燃料分散速度。

根据静抛落速条件，试验希望得到激波马赫数 $Ma=2$，利用文献提出的激波管性能图解法确定高、低压段的长度，依据马赫数的设定需求，确定拟定常流动的持续时间 $\bar{\tau}$ 与激波后拟定常流动的持续时间 τ 的比值为 1.2，进行激波管的结构优化设计。如图 10-3 所示，高压段长 30 cm，低压段长 270 cm，高压段进气口采用电磁阀控制气量，这将有助于模拟动爆落速条件下气流装置的同步控制。

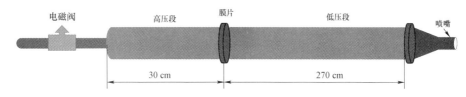

图 10－3　云爆燃料静态抛撒落速下激波管结构设计示意图

10.2.1.2　燃料分散初始速度测量

燃料分散模拟试验中，依据外场实际云爆燃料静态抛撒的初始速度需求，试验中采取铝粉及玉米淀粉作为分散介质，对两种单片厚度为 0.2 mm、0.3 mm 的铝膜分别进行模拟燃料分散初始速度的单一和组合测试。

图 10－4 为高速摄影机拍摄的近场燃料分散云图。高速摄影机拍摄帧数设定为 10 000 fps，通过近景拍摄测量激波管铝膜厚度为 0.5 mm（0.2 mm 厚铝膜与 0.3 mm 厚铝膜叠加）时的燃料云雾分散初始速度，背景标尺的小方格的宽度为 1 cm。其中，图 10－4（a）为高速摄影拍摄的不同时刻淀粉分散原始云图，可以看出当时间 t=0.2 ms 时，云雾的分散距离为（4.4±0.1）cm，对应的燃料云雾分散初始速度为（220±5）m/s。由于图中云雾的分散边界难以确定，因此采用 OpenCV－Python 编程技术将原始云图处理成图 10－4 所示的二值图，

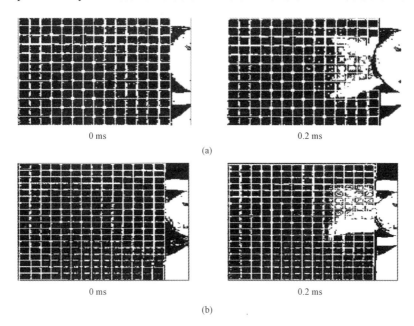

图 10－4　铝膜厚度为 0.5 mm 时淀粉与铝粉云雾分散速度图

（a）淀粉分散二值图；（b）铝粉分散二值图

以便易于确定云雾分散距离。由图 10-4（b）可知当时间 *t*=0.2 ms 时，云雾分散距离为（4.5±0.1）cm，对应的燃料云雾分散初始速度为（225±5）m/s。

采用相同测量方法，得到铝膜厚度为 0.2 mm、0.3 mm、0.4 mm（0.2 mm 厚铝膜与 0.2 mm 原铝膜叠加）时铝粉分散的初始速度分别为 102 m/s、133 m/s、180 m/s，淀粉分散的初始速度分别为 99 m/s、135 m/s/、185 m/s。考虑到误差因素，淀粉与铝粉分散的初始速度标准偏差分别为 2.7%、1.05%、2%。因此，最终取燃料分散初始速度分别为 102 m/s、133 m/s、180 m/s。上述模拟云爆抛撒的初始速度均大于 100 m/s，符合试验要求。图 10-5 所示为模拟云爆燃料静态抛撒条件下，燃料分散初始速度随时间变化的曲线。可以看出在空气阻力的作用下，燃料云雾分散速度逐渐降低，符合真实云爆燃料分散关系。

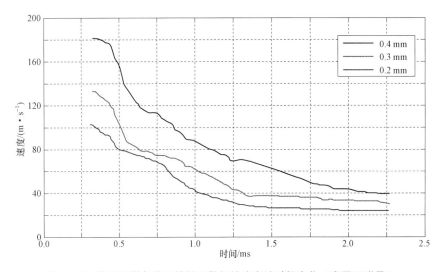

图 10-5　静态抛撒条件下燃料分散初始速度随时间变化（彩图见附录）

10.2.1.3　储料装置及喷嘴

如图 10-6 所示，激波管低压段出口处连接的环形喷嘴采用拉瓦尔喷口设计。该喷口处与激波管之间的收缩段用来增加燃料分散的初始速度，喷嘴环形缝的调节范围为 0~5 cm，通过大量的试验验证环形缝的最佳宽度为 5 cm。

10.2.1.4　流程控制装置

为模拟静态抛撒条件下云爆燃料分散、高速摄影系统和双频超声复合燃料云雾浓度检测系统间的同步控制，设计了同步触发控制系统，可兼顾三者间的延时、燃料分散与气流终止功能。基于试验需求，设计 1 ms、10 ms、100 ms

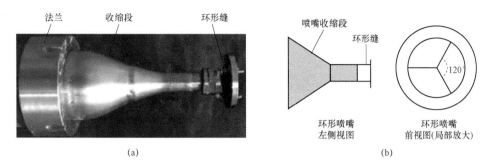

图 10－6　喷嘴及视图

（a）喷嘴；（b）左侧视图及前视图

三种分辨率的控制系统，模拟云爆燃料抛撒的不同持续时间。

10.2.1.5　高速摄影系统

高速摄影系统主要包括高速摄影机、图像采集控制终端、同步触发器。

（1）高速摄像机：模拟云爆抛撒具备的高动态特性。普通高速摄像机的采样频率和缓存大小均难以达到测量云雾所需的要求，本试验选择采样频率高、缓存大的高速摄像机。高速摄像机的型号为 FASTCAM SA3 系列，高拍摄速率达 50 万帧/s；同时配备三个 200 mW 的 LED 强光源，以增强环境光照强度，提高摄像机拍摄帧数。拍摄到模拟云爆抛撒图像存储内存中，进行数据采集终端处理和浓度计算。

（2）图像采集控制终端：图像采集控制终端为计算机。计算机需安装与高速摄像机配套的采集控制软件 OpenCV－Python，可完成对 FASTCAM SA3 系列高速数字摄像机的参数设置、数据采集，通过对图像进行二值化处理，得到模拟云爆抛撒的浓度特征。

（3）同步触发器：高速摄影系统与燃料分散装置通过同步触发器实现联动。调整好燃料分散装置与高速摄影之间的时间差，即可运用高速摄影系统记录燃料云雾的分散过程，为获取燃料云雾的真实形态提供保证。

10.2.2　动态抛撒条件下模拟试验系统设计

图 10－7 是模拟动态抛撒条件下云爆燃料分散试验系统。该系统在静态抛撒条件下燃料分散模拟试验系统的基础上增加了模拟动态抛撒阻力气流装置。该系统由燃料分散装置、双频超声复合燃料云雾浓度检测系统、高速摄影系统、高压空气压缩机、模拟高落速阻力气流装置、同步控制装置组成。

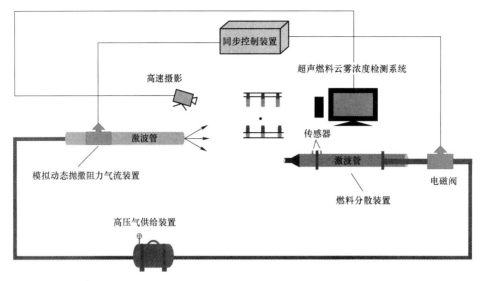

图 10-7　动态抛撒条件下燃料分散模拟试验系统

10.2.2.1　模拟动态抛撒阻力气流装置设计

动态抛撒条件下阻力气流装置设计同样参照激波管的设计理论，与静态抛撒条件下燃料分散装置设计不同的是需要在径向分散云雾正交方向上施加高速气流模拟空气阻力。基于相对速度原理，通过两套激波管装置的组合运行，实现动态抛撒条件下的燃料分散试验。使用 FLUENT 流体力学软件进行估算，计算结果高压段长度为 50 cm，低压段长度为 150 cm，高压段最高承压 5 MPa。

如图 10-8 所示，低压段出口处设置两个压力传感器，两个传感器间距离为 25 cm，压力传感器采用 KISTLER211B2，其承压为 5 000 psi，灵敏度分别为 1.156 mV/psi、1.148 mV/psi。传感器通过信号放大器与示波器连接，由示波器测出两个传感器输出的电压值波形以及波形的时间差，从而测量出激波管出口的初始速度。高压段与低压段之间采用高压高频电磁阀控制，其最高承压为 6 MPa，频率为 2 次/s，直径为 80 mm。

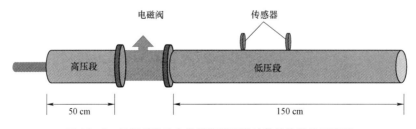

图 10-8　云爆燃料动态抛撒落速下激波管结构设计示意图

10.2.2.2　模拟动态抛撒阻力气流速度设计

为了达到云爆燃料动态抛撒时的初始速度，基于相对速度原理，通过两套激波管装置的组合运行，调整激波管脉冲载荷，从而实现云爆燃料动抛时燃料分散所需的初始速度，如表 10-1 所示。

表 10-1　不同驱动载荷时的冲击波曲线及模拟抛撒速度（彩图见附录）

驱动载荷	冲击波曲线	模拟抛撒速度/ （m·s⁻¹）
高压段压力 为 1 MPa		178
高压段压力 为 2 MPa		278

续表

驱动载荷	冲击波曲线	模拟抛撒速度/（m·s⁻¹）
高压段压力为 3 MPa	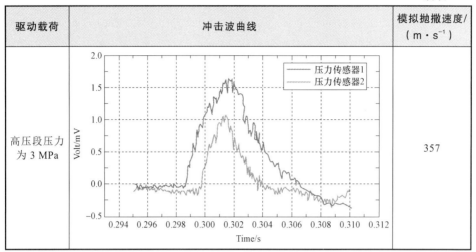	357

表 10-1 为驱动载荷 1 MPa、2 MPa、3 MPa 时冲击波曲线，蓝色、绿色曲线分别为冲击波通过两个传感器时的曲线（见附录彩图），通过时间差计算气流的初始速度。

$$V = \frac{s}{\Delta t} \qquad (10-1)$$

式中，V 为冲击波速度；s 为传感器间距离（20 cm）；Δt 为两个传感器电压波间时间差。

模拟试验中，期望模拟的动抛初始速度接近真实动抛时的初始速度。但从目前调研的结果可知，模拟动抛条件下的燃料分散试验结果较少，因此可借鉴数值仿真。动态抛撒条件下燃料分散试验将通过改变激波管脉冲载荷到达 178 m/s、278 m/s、357 m/s 三种初始落速。

表 10-2 为不同驱动载荷时激波管出口气流速度与仿真速度对比，虽略有误差，但基本上模拟实现了云爆燃料动态抛撒时所需的初始速度。

表 10-2　为不同驱动载荷时激波管出口气流速度与仿真速度对比

压力/MPa	距离/m	时间差/ms	初始速度/（m·s⁻¹）	仿真速度/（m·s⁻¹）
1	0.2	1.4	178	150
2	0.2	0.9	272	250
3	0.2	0.7	359	350

|10.3　模拟系统云雾浓度分布检测试验|

10.3.1　静态抛撒条件的模拟云雾浓度检测试验

采用静态抛撒条件下燃料分散模拟试验系统，模拟云爆燃料分散过程，产生小范围的动态燃料云雾，采用高速摄像机和双频超声复合浓度检测方法同时对动态云雾浓度进行检测，对双频超声复合浓度检测系统的检测精度进行评估验证。通过多次试验结果对比，验证动态云雾下双频超声复合浓度检测方法和系统的检测稳定性和一致性。以铝粉和玉米淀粉两种粉尘作为模拟燃料，相关物理参数、脉冲载荷条件如表 10-3 所示。

表 10-3　试验条件

试验设定	试验 1 参数	试验 2 参数
铝膜厚度/mm	0.3	0.4
分散初始速度/（m·s⁻¹）	133	180
抛撒标称浓度/（g·m⁻³）	400	300

通过同步控制装置实现高速摄影与燃料分散装置同步触发，控制激波管产生云爆燃料静态抛撒条件下的初始速度分别为 102 m/s、133 m/s、180 m/s，检测该速度下动态云雾浓度、尺寸随时间的变化趋势。

取分散速度 133 m/s 铝粉分散后的云雾分散图像进行分析，图 10-9 中白色区域（见附录彩图）即为二值化处理后的云雾团形态，云雾呈扇形向外分散，分散后期在空气阻力以及气化作用下，云雾形态逐渐变得不规则，且出现面积不等的稀疏区。云雾分散过程中，云雾的边缘附近区域随着云雾浓度的降低，形成了云雾稀疏区，该区域云雾浓度低、云雾层薄。240~400 ms 为云雾分散后期流场图，云雾团中也出现一些稀疏区（图中黄色线条所圈区域，见附录彩图），其面积较小。通过图像的二值化处理后，由于云雾层极薄，所以经二值化处理后的稀疏区内云雾不显现。云雾稀疏区与稠密区的交替出现，使得云雾分散过程中的瞬态浓度在数值上会产生振荡。

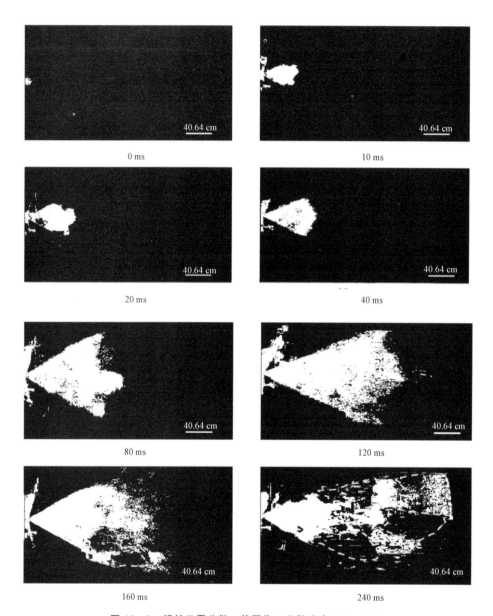

图 10-9　铝粉云雾分散二值图像（分散速度 133 m/s）

　　图 10-10 为铝粉和玉米淀粉不同分散初始速度时的云雾分散半径随时间变化曲线。图 10-10(a)为铝粉云雾，当分散初始速度分别为 102 m/s、133 m/s、180 m/s 时，分散半径分别为 161 cm、170 cm、178 cm；图 10-10（b）为玉米淀粉云雾，分散初始速度分别为 102 m/s、133 m/s、180 m/s 时，分散半径分别为 162 cm、170.5 cm、180 cm。500～600 ms 时间区间内，云雾半径基本不再

增长。由图 10～10 可知，分散初始速度越高，云雾分散半径越大；约 300 m/s 后，在空气阻力的影响下，云雾分散半径增长幅度变小。

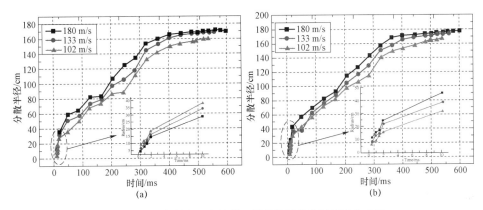

图 10-10　铝粉和玉米淀粉云雾分散半径随时间变化曲线

（a）铝粉；（b）玉米淀粉

为便于观察云雾分散以及测量云雾浓度变化，将喷嘴按照 120° 角度分割，选取其中一个 120° 扇面分散方向进行分析。本试验云雾浓度分布测量分散距离基于云雾分散范围设定为 50 cm、100 cm、150 cm，且分别在三个距离处设置三对双频超声传感器，超声传感器接收端与发射端的间距为 2 cm，如 10-11 所示。

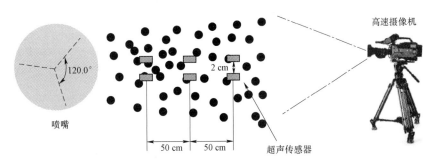

图 10-11　燃料云雾浓度测量布置图

图 10-12 为使用高速摄像机、双频超声复合浓度检测系统同时检测模拟静态抛撒铝粉云雾浓度时的分布及误差分布。从图 10-12 可以看出，前 200 ms 粉尘云雾浓度振荡上升，200 ms 前后出现浓度峰值，之后浓度逐渐降低。随分散距离的增加，粉尘云团浓度逐渐降低。铝粉分散后，云雾向外分散，云雾中

间区域形成稀疏区，因此距离喷口越近的区域，其浓度衰减的速率越快；并且由两者获得的云雾浓度数据误差均小于 10%，系统的测试一致性和可重复性较好。

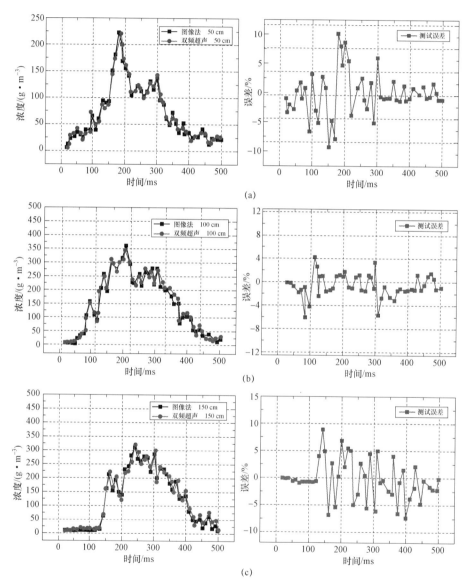

图 10-12　模拟静态抛撒铝粉云雾浓度及误差数据（铝粉分散初始速度 133 m/s）

（a）抛撒距离 50 cm；（b）抛撒距离 100 cm；（c）抛撒距离 150 cm

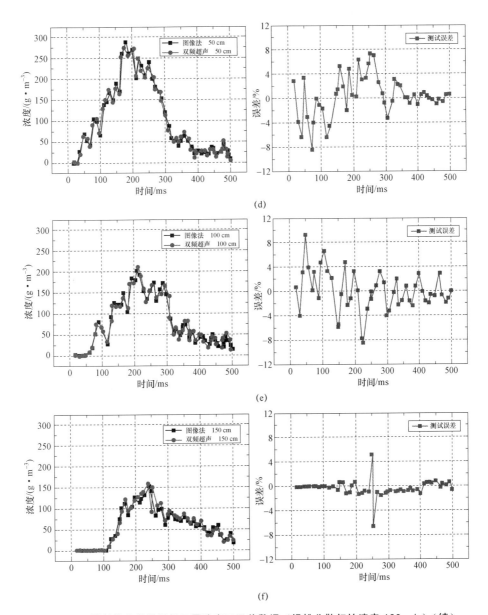

图 10-12　模拟静态抛撒铝粉云雾浓度及误差数据（铝粉分散初始速度 180 m/s）（续）
（d）抛撒距离 50 cm；（e）抛撒距离 100 cm；（f）抛撒距离 150 cm

　　图 10-13 为使用高速摄像机、双频超声复合浓度检测不同位置（抛撒中心 50 cm，100 cm 及 150 cm）玉米淀粉云雾浓度时的分布及误差分布。可以看出，前 200 ms 粉尘云雾浓度振荡上升，200 ms 前后出现浓度峰值，而后浓度逐渐降低。玉米淀粉分散后，云雾向外分散，云雾中间区域形成稀疏区。对固定的

分散距离，云雾浓度均先增长后降低；随着分散距离的增加，云雾浓度逐渐降低。从试验结果可以看出，玉米淀粉与铝粉浓度检测分布趋势一致，双频超声复合浓度检测系统获得的云雾浓度检测数据与图像法获得的数据相比误差小于10%，系统的一致性和可重复性较好。

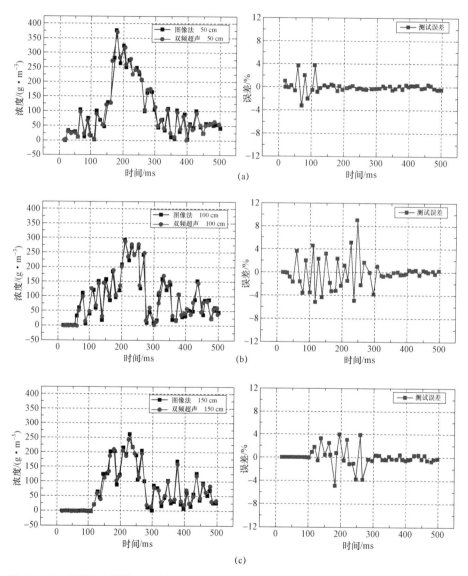

图 10-13　模拟静态抛撒玉米淀粉云雾浓度及误差数据（玉米淀粉分散初始速度 133 m/s）

（a）抛撒距离 50 cm；（b）抛撒距离 100 cm；（c）抛撒距离 150 cm

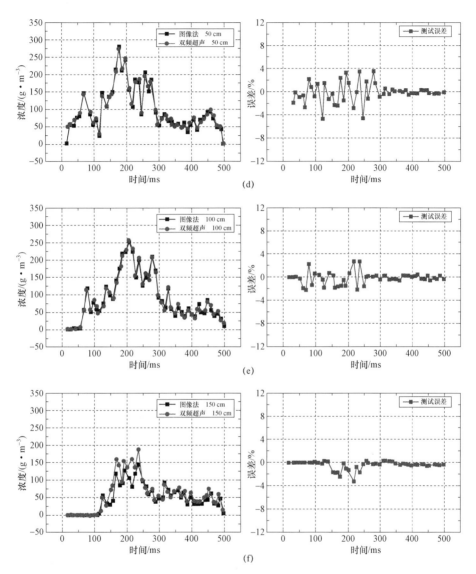

图 10-13　模拟静态抛撒玉米淀粉云雾浓度及误差数据（玉米淀粉分散初始速度 180 m/s）（续）
（d）抛撒距离 50 cm；（e）抛撒距离 100 cm；（f）抛撒距离 150 cm

10.3.2　基于动态抛撒条件的模拟云雾浓度检测试验

选取铝粉和玉米淀粉两种粉尘作为模拟燃料，径向分散速度为 220 m/s。动态抛撒条件下燃料分散脉冲载荷如表 10-4 所示，脉冲载荷分别为 0.5 MPa、0.6 MPa、1.01 MPa，对应的分散初始速度分别为 178 m/s、278 m/s、357 m/s。

表 10－4　不同驱动载荷时冲击波及模拟抛撒速度

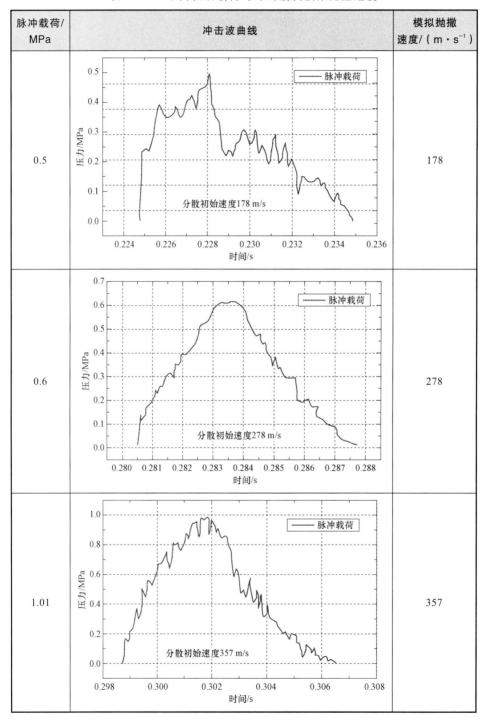

脉冲载荷/MPa	冲击波曲线	模拟抛撒速度/(m·s⁻¹)
0.5		178
0.6		278
1.01		357

　　对高速摄像机拍摄的铝粉、玉米淀粉分散后的云雾分散图像进行分析，得到图 10-14 所示的不同模拟阻力气流速度下铝粉与玉米淀粉云雾分散半径随时间变化的曲线。从图 10-15（a）可以看出，随着阻力气流速度的增加，铝粉云雾分散半径不断增加，当气流速度为 357 m/s 时，云雾轴向分享距离约为 190 cm。从图 10-15（b）可以看出，当气流速度为 357 m/s 时，云雾轴向分享距离为 175 cm。因此，铝粉和玉米淀粉云雾沿阻力气流方向分散的最大半径分别为 190 cm、175 cm，径向分散有效半径为 120 cm。

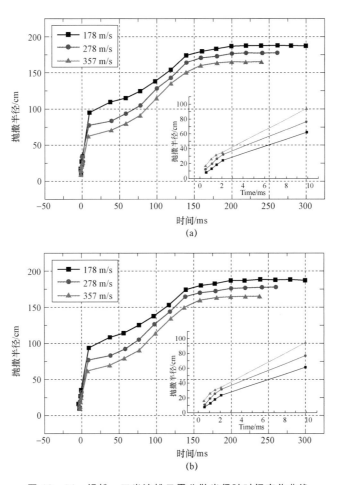

图 10-14　铝粉、玉米淀粉云雾分散半径随时间变化曲线

（a）铝粉；（b）玉米淀粉

图 10-15 为模拟动态抛撒条件下云雾分散试验布置。为了使高速摄像机能够清楚地拍到模拟动态抛撒时阻力气流作用下的云雾分散,将喷嘴按照 120°角度分割,选取 120° 扇面分散方向进行云雾形态分析。左侧激波产生的阻力气流由左向右作用于径向分散的云雾。云雾浓度分布测量分散距离基于云雾分散范围分别设定为 50 cm、100 cm、150 cm,且分别在三个距离处设置三对激光传感器及双频超声传感器,激光与传感器间距离为 100 cm,超声传感器接收端与发射端的间距为 2 cm。

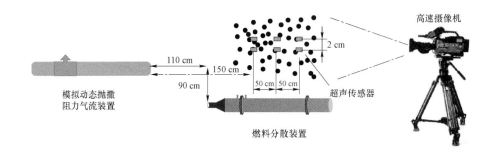

图 10-15　模拟动态抛撒条件燃料云雾浓度测量布置图

图 10-16 为使用高速摄像机、双频超声复合浓度检测系统同时检测模拟动态抛撒铝粉云雾浓度时的分布及误差分布。从图 10-16 可以看出,在三种高速阻力气流速度下,云雾区内稀疏区与稠密区交替出现的频率更高,模拟动态抛撒条件下铝粉云雾浓度的振荡比模拟静态抛撒条件下铝粉云雾浓度的变化更为剧烈;分布趋势随着抛撒时间和分散距离的增加,云雾浓度逐渐降低。固定分散距离时,云雾浓度均先增长后降低。双频超声复合浓度检测系统获得的云雾浓度检测数据与图像法获得的数据相比测试误差小于 10%,系统的测试一致性和可重复性较好。

图 10-17 为使用高速摄像机、双频超声复合浓度检测系统同时检测模拟动态抛撒玉米淀粉云雾浓度时的分布及误差分布。从图 10-17 可以看出,三种阻力气流速度下,玉米淀粉云雾浓度分布趋势与铝粉一致,随着抛撒时间和分散距离的增加,云雾浓度逐渐降低。固定分散距离时,云雾浓度均先增长后降低。双频超声复合浓度检测系统获得的云雾浓度检测数据与高速摄像获得的数据相比测试误差小于 10%,系统的测试一致性和可重复性较好。

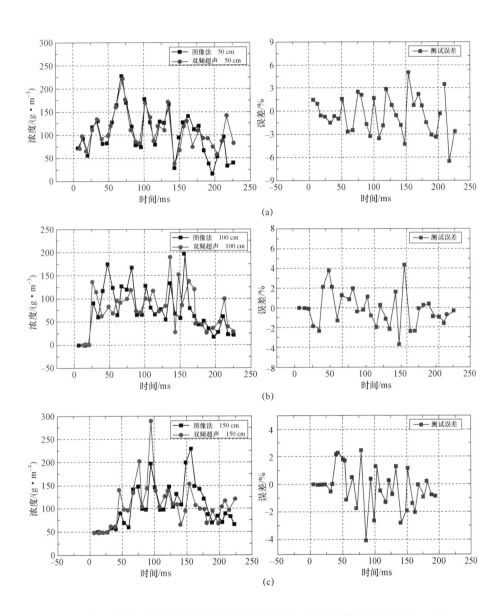

图 10-16　模拟动态抛撒铝粉云雾浓度及误差数据（铝粉分散初始速度 178 m/s）

（a）分散距离 50 cm；（b）分散距离 100 cm；（c）分散距离 150 cm

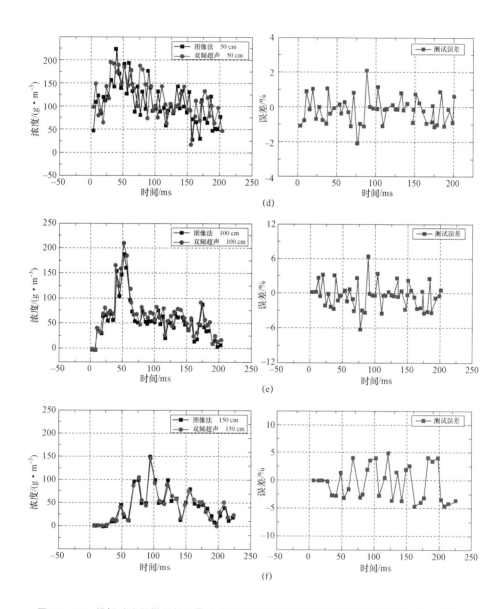

图 10－16 模拟动态抛撒铝粉云雾浓度及误差数据（铝粉分散初始速度 278 m/s）（续）
（d）分散距离 50 cm；（e）分散距离 100 cm；（f）分散距离 150 cm

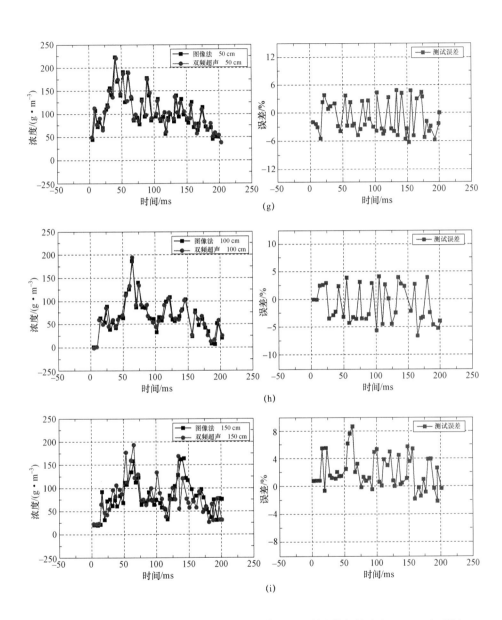

图10-16 模拟动态抛撒铝粉云雾浓度及误差数据（铝粉分散初始速度378 m/s）（续）
（g）分散距离50 cm；（h）分散距离100 cm；（i）分散距离150 cm

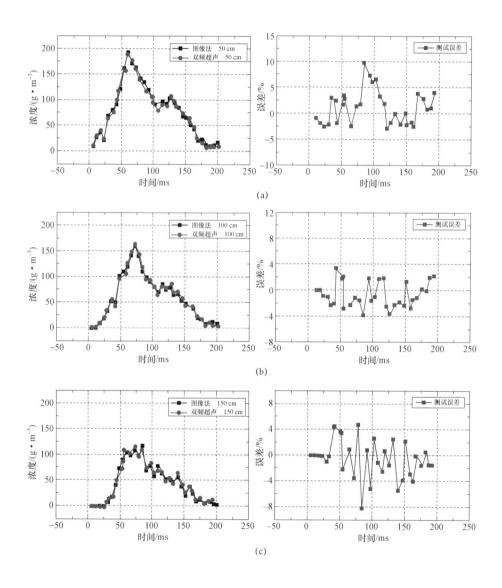

图 10-17　模拟动态抛撒玉米淀粉云雾浓度及误差数据（玉米淀粉分散初始速度 178 m/s）

（a）分散距离 50 cm；（b）分散距离 100 cm；（c）分散距离 150 cm

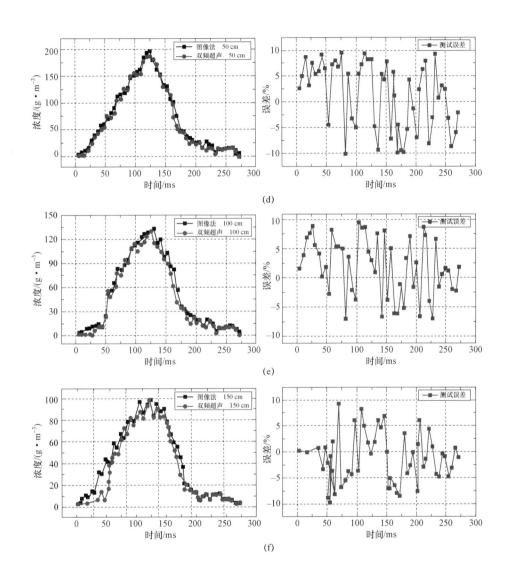

图 10-17　模拟动态抛撒玉米淀粉云雾浓度及误差数据（玉米淀粉分散初始速度 278 m/s）（续）
（d）分散距离 50 cm；（e）分散距离 100 cm；（f）分散距离 150 cm

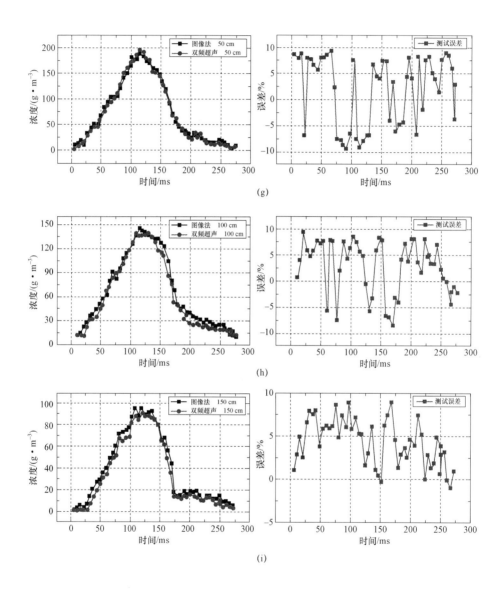

图 10-17　模拟动态抛撒玉米淀粉云雾浓度及误差数据（玉米淀粉分散初始速度 378 m/s）（续）

（g）分散距离 50 cm；（h）分散距离 100 cm；（i）分散距离 150 cm

|10.4　燃料浓度与云雾爆轰效能的评估方法|

铝粉作为云爆燃料的主要成分，其爆炸释放的能量与扩散湍流度和给定标称浓度下的浓度分布有关。本试验中，主要使用超声传感器对湍流影响下的铝粉云雾浓度进行检测，并分析了对 20 L 球形测试容器中铝粉尘/空气爆炸的综合影响。

10.4.1　铝粉爆炸特性概述

铝粉在燃烧和爆炸过程中产生很高的能量密度。各种研究都集中在铝粉和粉尘的敏感性参数上，例如最小点火能量/温度、最小易燃浓度和爆炸严重性特征，包括最大燃烧压力和最大压力上升率。研究表明，铝粉尘爆炸的严重程度与粉尘的散布特性密切相关。在先前的试验中，已经使用标准的 20 L 球形容器检测了铝尘云雾的散布和与粉尘爆炸有关的参数。

20 L 球形测试容器中铝粉尘/空气混合物的易燃性和爆炸行为取决于两个主要因素：湍流度和粉尘浓度（与给定浓度下的分布均匀性有关）。湍流对铝粉尘的火焰传播速度、压力时间历程和爆燃指数有显著影响；此外，增加的湍流可通过增加火焰的表面积和增加火焰强度来增强爆炸的强度，促进悬浮在空气中的铝粉的均匀分散。爆炸的发生还与铝的浓度和分布有关。在标准试验中，假定名义浓度等于添加到容器中的每种粉尘质量除以容器体积。

为了了解铝粉尘分布的特点，有必要研究湍流与粉尘均匀分散程度之间的相关性。Benedetto 等在 20 L 的测试容器中模拟湍流和粉尘扩散，发现在进料阶段达到了最大湍动能。进料阶段还发生了最低程度的粉尘均匀性，此后动能随时间下降，粉尘分散逐渐变得更均匀。Sarli 等模拟了 20 L 爆炸室内的湍流场和粉尘浓度分布。他们的研究结果表明，在标准粉尘爆炸试验中，粉尘浓度不均匀。Q.Zhang 等还对铝在 20 L 球体中的扩散和爆炸进行了建模，并分析了各种标称浓度下湍流和均匀性的影响。在较低的粉尘浓度下，湍流是影响铝粉尘/空气爆炸的主要因素，而不是悬浮在空气中的铝粉尘的均匀性；但是，在较高的标称浓度下，悬浮粉尘的均匀性成为主要因素。

基于以上所述，开发了一种利用超声波传感器监测铝粉尘扩散过程中粉尘浓度和湍流的方法。在此技术中，使用两对超声波传感器实时分析 20 L 球形容器中铝粉尘的扩散特性。本试验的目的是检测分散的粉尘的均匀性和随时间的变化，以及湍流和均匀性与最有可能引起爆炸的铝粉浓度之间的相关性。

10.4.2 试验方法

使用配备回弹喷嘴的 20 L 球形容器，进行涉及铝粉尘扩散和爆炸的测试，如图 10−18 所示。Sanchirico 等先前基于 20 L 容器中具有不同直径和不同分散压力的粉尘的分散度，研究了标准分散系统（即回弹喷嘴）对颗粒完整性和均匀性的影响。他们的工作证实了使用该设备研究与铝粉尘扩散相关的参数的可行性。

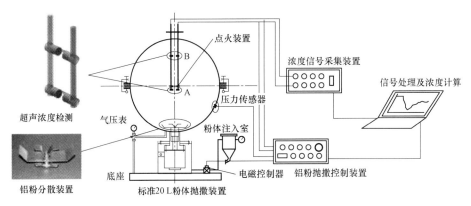

图 10−18 铝粉爆炸特性试验系统图

本试验中的试验设备主要由标准的铝粉分散系统、位置 A 和 B 处的超声波脉冲传感器、自动控制系统、信号采集单元和信号分析系统组成。自动控制系统包括控制粉尘扩散的电磁装置、点火装置和压力监控器。使用回弹喷嘴可确保有效地分散铝粉尘。信号采集系统实时监测铝粉尘的质量浓度，同时信号分析单元确定点火时间和爆炸特性。在每次试验期间，在 10 ms 的时间间隔内以 2 MPa 的压力注入铝粉。容器中的初始压力为 0.015 MPa，而进料阶段结束时的压力为 1 bar。在注入粉尘之前的 20 ms 内，在 200 ms 的时间范围内以 2 MHz 的频率采集了该信号。表 10−5 提供了试验系统参数。

表 10−5 试验系统参数

系统参数	数值
初始温度/K	300
初始压力/MPa	0.015
抛撒压力/MPa	2

续表

系统参数	数值
抛撒时间/ms	30
点火温度/K	3 000
超声频率/kHz	200
采样频率/MHz	2
采样时间/ms	200

本试验中，当铝粉扩散到脉冲传播的区域时，超声波脉冲将衰减，并且可以通过数字计算来提取铝粉浓度。此外，使用安装在 20 L 容器中的两对超声波传感器检查与铝粉尘扩散的浓度特性，监视浓度分布的变化，并验证湍流和分散均匀性之间的相关性。

铝粉尘以标称浓度 300 g/m³ 分散在容器中之后，获取超声脉冲信号，并使用 HHT 方法在 200 ms 的采样期间内获得相应的超声脉冲幅度。当存在湍流时，超声波信号的幅度会突然改变，在位置 A 和 B 处确定了铝粉的局部浓度和湍流分布，以说明铝粉分布位置的影响。如图 10 − 19 所示，在 200 ms 的采样时间内，在最初的 20 ms 内采集的信号代表原始参考信号，20～60 ms 的信号主要反映了湍流的影响。此后，湍流减弱，分散的铝粉在 180 ms 内逐渐变得更加均匀，此后粉尘开始沉降。这与超声波脉冲的幅度在馈电阶段急剧增加，然后

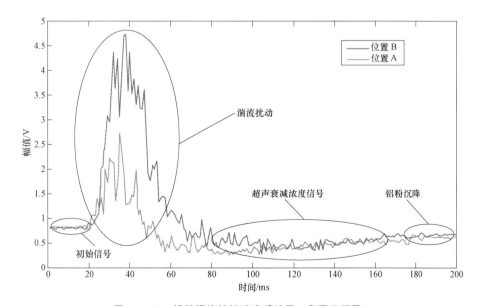

图 10 − 19　铝粉爆炸特性试验系统图（彩图见附录）

减小到小于参考信号的幅度吻合。这些试验结果证实在进料阶段达到了最大湍动能值，在此阶段之后，动能随时间衰减，灰尘逐渐达到均匀分散。因此，可以确定铝粉达到最佳浓度分布状态时的点火延迟时间，这些特征与 Benedetto 等报告的结果一致。

通过计算点 A 和点 B 的浓度，可以确定 20 L 容器中粉尘的分散均匀性，结果如图 10-20 所示。此处，分别在标称浓度 100 g/m³、300 g/m³、500 g/m³ 和 700 g/m³ 下测定铝粉尘的试验浓度分布。总体而言，随着湍流的减弱，A 和 B 位置的浓度差异会随着时间的推移而变小。

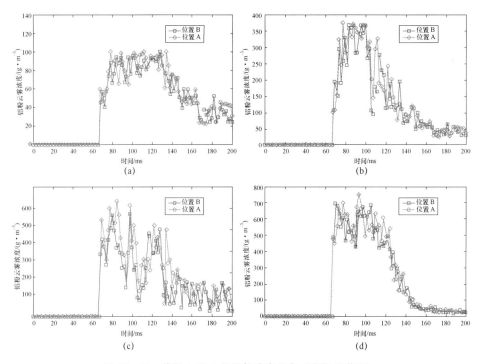

图 10-20 位置 A 和 B 的铝粉浓度分布（彩图见附录）

（a）100 g/m³ 铝粉分布状态；（b）300 g/m³ 铝粉分布状态；

（c）500 g/m³ 铝粉分布状态；（d）700 g/m³ 铝粉分布状态

铝粉在测试容器中的运动主要由湍流和重力 G 决定。从图 10-21 中可以看出，湍流动能在 40 ms 之后随时间衰减，因此湍流强度已经非常大。进料 60 ms 后，湍流动减弱，铝尘云团悬浮，超声波信号开始衰减；最后，铝尘由于重力作用逐渐下沉。图 10-21 表明，在 80～120 ms 时段，粉尘的扩散相对均匀，而位置 A 处尘埃云的浓度和均匀性好于位置 B 处的尘埃，这也验证了湍流对浓度分布的影响。因此，这些数据也证实了将点火位置定位在试验装置中心的必要性。之后，铝尘开始沉降，浓度逐渐降低。

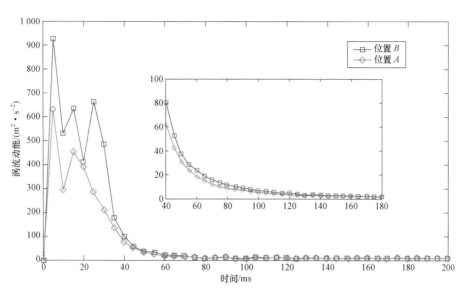

图 10 – 21　铝粉抛撒的湍流分布

为了验证不同浓度的铝粉尘的爆炸压力，在标称浓度为 100～900 g/m³ 的分布情况下，选择点火延迟时间设置为进料后 80 ms，已经产生了铝粉尘浓度的最佳分布，从而使真实浓度接近标称浓度。可以使用这些数据评估粉尘的爆炸能力和能够产生爆炸的铝粉尘浓度范围。使用压力传感器获得了各种浓度的压力数据，结果曲线如图 10 – 22 所示。压力使粉尘浓度在 100～700 g/m³ 的范围

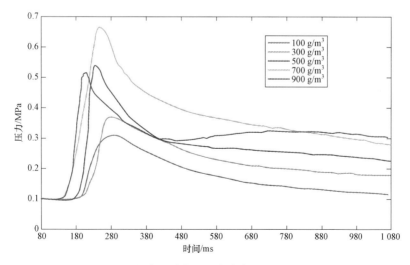

图 10 – 22　铝粉爆炸特性试验系统图（彩图见附录）

内增加，然后在 700～900 g/m³ 的范围内减弱。因此，推断在 700～900 g/m³ 范围内的浓度下可获得最佳爆炸能量。

|10.5 云爆燃料抛撒试验|

10.5.1 基于缩比动态云雾的浓度检测试验

基于缩比模拟抛撒装置的动态燃料云雾浓度检测试验主要使用广域动态云雾浓度等效检测模型，采用缩比抛撒装置，模拟云爆弹燃料抛撒过程；通过爆炸抛撒方式产生小范围的动态燃料云雾，对浓度测试方法和系统的检测精度进行评估验证。

燃料抛撒云雾形状受到弹体结构、壳体材料、长径比和比药量等因素影响，实际抛撒过程中还受到环境气象条件作用，云雾形状极不规则。现有云爆弹燃料抛撒分析研究中，常用简化体积模型，如圆柱体或椭球体计算模型，从而引入较大的模型误差。本研究提出采用外轮廓线旋转积分方法计算云雾体积，如图 10-23 所示。由于常规云爆弹均为轴对称结构（圆柱状），可以假设云雾形状以过爆炸中心的铅垂线对称；通过图像分析方法计算云雾体的几何中心，同时检测不同高度处云雾直径，根据旋转体积积分公式，沿高度积分即可计算出云雾体积。其具体实现过程如下：

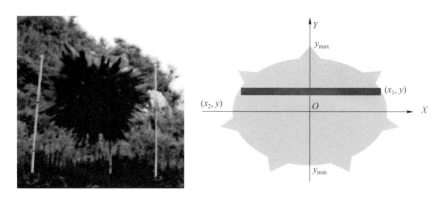

图 10-23　基于旋转体积分方法的体积计算模型

如图 10-23 所示，点 O 为采用图像处理方法获得的云雾中心，过该点设置正交坐标系，设在 Y 轴某处取一厚度为 dy，直径为 $D = x_1 - x_2$ 的薄片，且认为

该薄片沿 Y 轴中心对称，则该薄片的体积 $\mathrm{d}V$ 为：

$$\mathrm{d}V = \pi \left(\frac{x_1 - x_2}{2} \right)^2 \mathrm{d}y \qquad (10-2)$$

对上式沿 Y 轴积分可得云雾体积为

$$V = \int_{y_{\min}}^{y_{\max}} \pi \left(\frac{x_{1y} - x_{2y}}{2} \right)^2 \mathrm{d}y \qquad (10-3)$$

其中，x_{1y}、x_{2y} 为不同高度处云雾尺寸。

对于不同高度处云雾尺寸的检测误差是影响精度的关键因素，为了尽量减小该误差，在实际检测云雾尺寸时，可以根据云雾图像特征选取不同的云层厚度 $\mathrm{d}y$；同时，使用多台高速摄像机进行不同角度拍摄时，可能获得同一云雾不同视角下的不同直径，此时可以采用求均值方法按照圆柱形计算旋转体半径：

$$R = \sum \mathrm{abs}(x_i) / n \qquad (10-4)$$

根据高速摄像机对云雾尺寸进行精确检测，云雾变化过程如图 10－24 所示。通过上述的旋转体积法进行云雾尺寸的计算，得到云团尺寸—时间曲线（图 10－25）、云团体积—时间曲线（图 10－26）。通过获得的云团尺寸，进而实现对云团浓度进行计算，如图 10－27 所示。

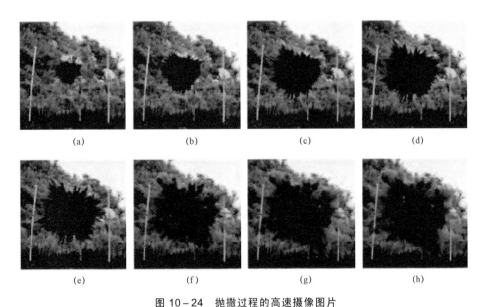

图 10－24　抛撒过程的高速摄像图片

（a）t=2 ms；（b）t=4 ms；（c）t=6 ms；（d）t=8 ms；
（e）t=10 ms；（f）t=20 ms；（g）t=30 ms；（h）t=40 ms

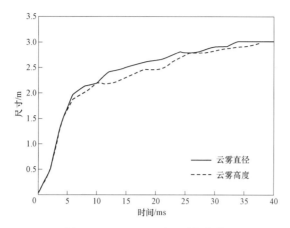

图 10-25 云团尺寸—时间曲线

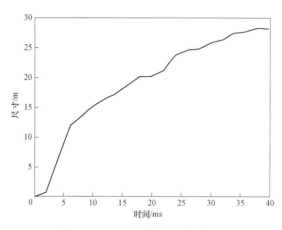

图 10-26 云团体积—时间曲线

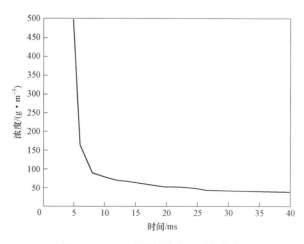

图 10-27 云团平均浓度—时间曲线

由以上图可知，采用缩比抛撒装置形成的燃料云团呈宽高相近的圆柱状，云团尺寸和体积随时间逐渐增大，平均浓度相对减小，但是变化速度呈现明显的先快后慢变化，可以据此将云雾扩散过程分为两个阶段：快速沉降阶段和稳定扩散阶段。对试验中获得的超声衰减数据进行滤波处理，数据曲线如图 10 - 28 所示。

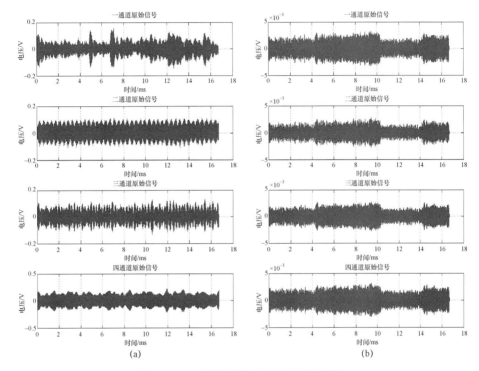

图 10 - 28　典型数据曲线（3 号试验数据）
（a）原始数据；（b）滤波数据

根据试验获得的原始数据提取特征参数提取，如表 10 - 6 所示。

表 10 - 6　原始数据特征参数表

试验序号	节点编号	初始幅值/V	最小幅值/V	衰减量/V	横向衰减比	纵向衰减比
01	01	2.80	1.890	0.910	0.325	1.000
	02	3.32	2.710	0.610	0.183	0.670
	03	3.26	2.495	0.765	0.235	0.841
02	01	2.97	2.390	0.580	0.195	1.000
	02	3.33	2.750	0.580	0.174	1.000
	03	3.19	2.706	0.484	0.152	0.834

续表

试验序号	节点编号	初始幅值/V	最小幅值/V	衰减量/V	横向衰减比	纵向衰减比
03	01	3.25	1.880	1.370	0.421	1.000
	02	3.32	1.460	1.860	0.560	1.358
	03	3.20	2.542	0.658	0.206	0.480

根据原始数据计算云雾浓度，得到广域动态燃料云雾浓度时间变化曲线，如图 10-29～图 10-31 所示。

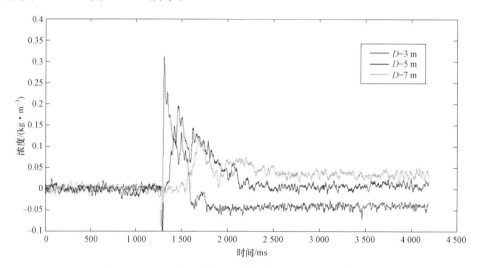

图 10-29　试验 1　浓度时间变化曲线（彩图见附录）

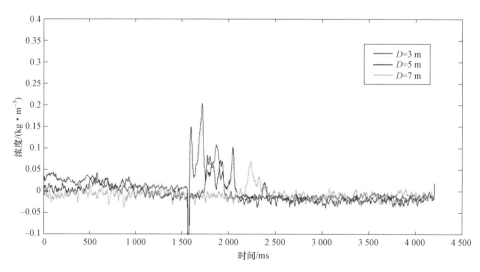

图 10-30　试验 2　浓度时间变化曲线（彩图见附录）

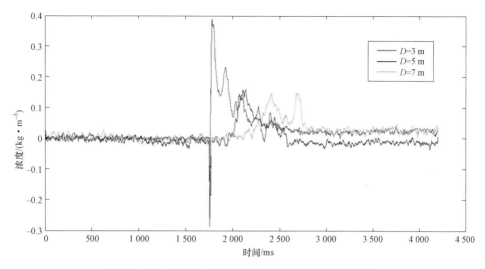

图 10-31 试验 3 浓度时间变化曲线（彩图见附录）

对以上浓度数据图表进行分析，可以获得以下结论：

（1）各个测试点燃料云团浓度均表现出先增大后减小的趋势，峰值出现时间随测试节点与爆炸中心距离增大而增大，以类似燃料环滚动方式扩散。

（2）在不同测试点，浓度峰值及浓度变化速度随测试节点与爆炸中心距离增大而减小，本次试验中各点浓度峰值比为 10:6:4。

（3）云雾抛撒 12 ms 后，01 号节点处云雾浓度小于 02 号和 03 号节点处的云雾浓度，即云雾分布呈现外高内低的趋势，符合抛撒理论中关于燃料"空洞"现象的描述，可以认为该时刻形成了"空洞"。

10.5.2 等效云雾浓度—引信交会浓度探测试验

二次起爆型云爆战斗部的大面积最优体爆轰，与云爆剂引信与云团交会起爆时燃料云团浓度分布、识别最优燃料云团浓度下的多点引信协同起爆有关。基于超声波脉冲在云团中的能量衰减特性，研制云爆引信原型样机，搭建 100 m/s 下引信与等比云爆剂抛撒的云团交会浓度探测的火箭橇试验平台，生成高速环境下引信动态识别云团浓度的变化曲线，得到不同浓度下引信超声波脉冲衰减的梯度规律。

10.5.2.1 试验系统设计

二次起爆型云爆战斗部引信与抛撒云团的动态交会的工作时间短，云团扩散速度与引信飞行速度快，实现最优爆轰效能的云团浓度识别，需要在具体的动态环境下测定。火箭橇试验能够模拟接近于真实的弹目高速交会状态，获得可靠的引信探测目标的动态特性。借助火箭橇平台，针对云爆引信与抛撒云团交会的浓度探测，从引信样机研制、测试系统、试验方法及结果分析进行研究。

基于超声波脉冲衰减原理，进行云爆引信浓度检测原型样机，实现模拟云爆战斗部高速引信抛撒与燃料云团动态交会的火箭橇搭载试验，最终实现云团的动态浓度检测。为确保引信与云团动态交会过程中云团顺利进入超声检测区域，进行引信本体设计，如图 10-32 所示。

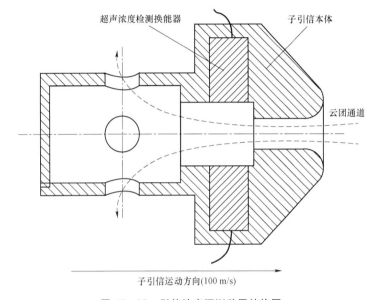

图 10-32　引信浓度探测装置结构图

浓度检测系统的整体结构如图 10-33 所示，主要包括弹体、超声波脉冲浓度检测传感单元、超声信号处理模块、超声信号采集及存储模块、电源及信号触发装置。超声波脉冲传感器呈对射状安装在弹体的头部。设计云团流动通道，当弹体进入云爆抛撒云团时，超声波脉冲传感器能实时感知通道中的云团浓度，并实时进行采集、存储，实现对云团浓度的动态识别。

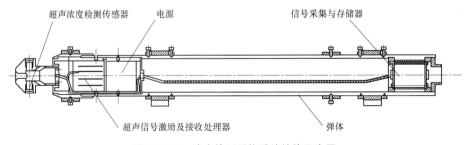

图 10-33　浓度检测引信系统结构示意图

二次起爆型云爆战斗部引信与抛撒云团的动态交会的工作时间短，云团扩散速度与引信飞行速度快。实现最优爆轰效能的云团浓度识别，需要在具体的动态环境下测定。火箭橇通过设定不同引信—云团交会速度试验，获得动态云团浓度信息，可以模拟真实的引信—云团高速交会状态，获得可靠的引信探测云团浓度的动态特性。借助火箭橇平台，针对云爆引信与抛撒云团交会的浓度进行探测，试验组成如图 10-34～图 10-36 所示。

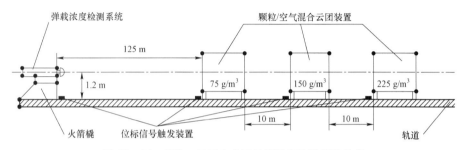

图 10-34 引信—云团交会下云雾浓度检测系统组成

图 10-35 引信—云团交会下云雾浓度检测系统现场图

图 10-36 试验系统云团发生箱体布置图

云雾装置主要包括箱体、云团产生装置和浓度检测装置。箱体为 1.5 m×
1.5 m×1.5 m 密封透明玻璃箱；同时，为检测云团在密封箱体内的分布均匀性，
进行了不同位置的浓度检测，检测结果表明装置的云团分布均匀性良好，可以认
定密闭容器内的浓度与标称浓度相当。云雾装置构造及具体布置如图 10-37、
图 10-38 所示。

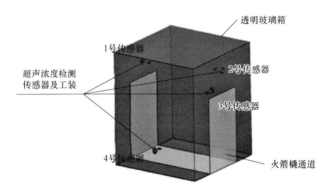

图 10-37　云雾装置结构及具体布置

图 10-38　试验系统箱体内静态浓度采集系统

浓度检测引信通过工装与火箭橇本体连接，如图 10-39 所示。在火箭橇开
始高速运动时，保险绳被拉断作为浓度检测样机开始工作信号。其中，信号存
储时间为 30 s，超声波脉冲频率为 200 kHz，脉冲周期为 500 ns，采样频率为
2 MHz，确保了在整个云团交会过程中的动态浓度信号采集。

云雾装置主要产生标称浓度（在已知体积下一定质量的微/纳颗粒分布比）
的云团。云爆剂抛撒形成铝粉/空气悬浮云团，可以认为铝粉颗粒云团与烟雾粒
子云团具备可比性。通过对其粒子特征（粒径与密度）分析，可以进行超声衰
减计算。

图 10-39　火箭橇弹载浓度检测原理样机布置图

10.5.2.2　试验数据分析

采集各箱体内超声波脉冲信号变化，可以得出在火箭橇与云团交会前后，箱体内浓度特征变化曲线，如图 10-40、图 10-41 所示。

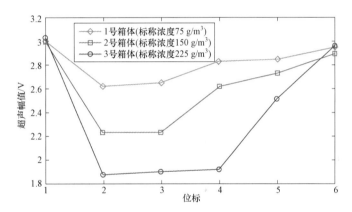

图 10-40　静态浓度特征变化曲线

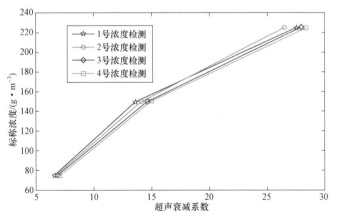

图 10-41　静态浓度与超声衰减系数关系

可以看出，在火箭橇与云团交会前，烟雾粒子具有良好的悬浮特性。初步设定标称浓度下的云团在云雾装置中为分布的最优浓度状态。布置在密封的云雾装置中的四对不同位置的浓度检测装置实时检测烟雾粒子浓度的分布状态，最终可以判定云雾装置中的烟雾粒子浓度与标称浓度的关系，如表 10 – 7 所示。

表 10 – 7 标称浓度下的超声衰减系数

标称浓度/(g·m⁻³)	1 号衰减系数	2 号衰减系数	3 号衰减系数	4 号衰减系数
75	6.63	6.68	8.81	7.82
150	13.66	14.14	15.59	15.01
225	28.63	27.57	26.75	28.42

在 1 号、2 号、3 号云雾箱内的云雾浓度与对应的超声衰减成正比。火箭橇搭载超声检测装置穿过箱体时，根据其动态超声的衰减值与静态标定的衰减—浓度关系，解算高速运动过程中的动态浓度；同时，根据交会时间，确定浓度采集信号的浓度特征区域，判定超声信号的能量衰减信息，如图 10 – 42 所示。

(a)

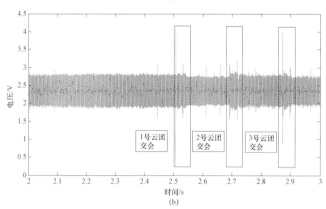

(b)

图 10–42 弹载浓度检测系统与云团交会时的原始信号

（a）检测系统；（b）交会时的原始信号

由设计参数可知，一个脉冲发射周期为 550 μs，云团交会时间为 15 ms。因此，在动态交会过程中，可以根据每一个周期内超声波脉冲的变化特征，实现实时浓度解算。对交会过程中的浓度特征信号进行对比，通过超声能量的衰减信息，进行云团浓度的解算，如图 10-43 所示。

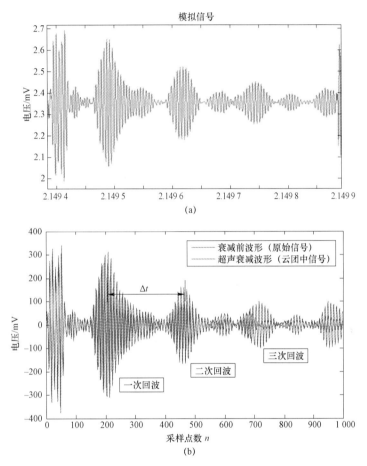

图 10-43　云团交会的特征信号与原始信号对比（彩图见附录）

（a）云团交会的特征信号；（b）原始信号

超声信号的能量计算是通过对每一超声分量的积分的叠加，因此，对动态交会前后的超声信号进行分量提取（图 10-44），进而计算每一周期的能量值，得到如图 10-45 所示的能量变化特征曲线，最终通过超声信号的能量衰减特征，解算云团浓度。同时，进行动态浓度检测环境下的浓度特征曲线与箱体内静态测定的云团浓度特征对比，如图 10-46 所示。可以看出，在静动态环境下，对浓度测定的误差不大于 20%，满足设计要求。

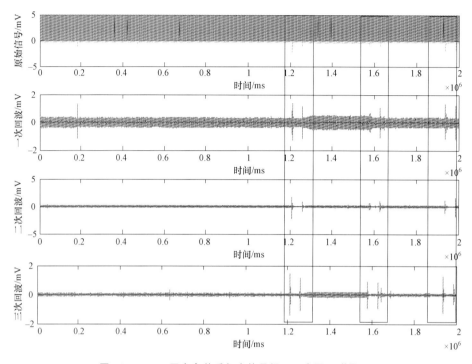

图 10-44 云团交会前后超声信号提取（彩图见附录）

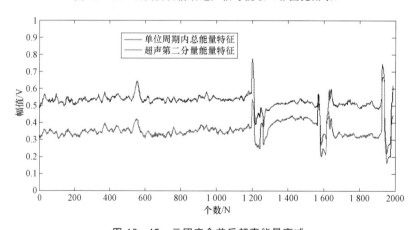

图 10-45 云团交会前后超声能量衰减

10.5.2.3 试验小结

根据测试结果，可得如下结论：

云爆剂标称浓度 75 g/m³ 时，动态浓度检测实际值 87.3 g/m³，合格检测浓度范围为 59～89 g/m³。

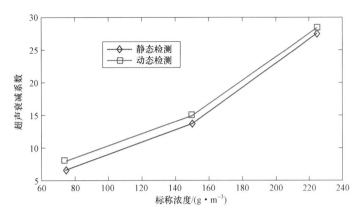

图 10-46 静动态环境下超声衰减与浓度测定对比

云爆剂标称浓度 150 g/m³ 时，动态浓度检测实际值 158.1 g/m³，合格检测浓度范围为 118～178 g/m³。

云爆剂标称浓度 225 g/m³ 时，动态浓度检测实际值 231.5 g/m³，合格检测浓度范围为 177～267 g/m³。

10.5.3 云雾爆轰浓度分布试验

本试验建立多节点阵列式浓度检测试验系统，对云雾在抛撒过程中不同半径和高度处的浓度进行检测。试验过程中采用静态抛撒装置，通过爆炸抛撒方式产生动态燃料云雾；结合高速摄像的动态云雾浓度分析，对浓度检测系统的检测精度进行评估验证，讨论云爆燃料时空分布规律。

10.5.3.1 试验系统设计与搭建

试验系统布置在开阔环境中，试验系统整体布置示意如图 10-47 所示。云雾抛撒装置固定在支架上，抛撒装置几何中心距地面 1 m。以抛撒中心在地面的数值投影为中心布置双频超声浓度检测阵列；检测阵列由 4 组（A、B、C、D）正交布置的浓度检测微系统构成，每组包含 3 个双频超声浓度检测系统，相邻间距为 3 m，与抛撒中心的距离依次为 3 m、6 m、9 m；检测系统的传感器高度与云雾抛撒装置中心等高。在距离中心 20 m 处布置高速摄像机，高速摄像机拍摄方向与 A、D 组浓度检测微系统的连线垂直。在高速摄影机拍摄范围内设置尺寸标志杆，标志杆横向距离 6 m，且尺寸标志杆的连线与拍摄方向垂直。浓度检测系统试验现场布置如图 10-48 所示。

FAE 燃料分散装置是圆柱形的，包括雷管、引爆炸药、分散炸药、炮弹和 FAE 燃料。在圆筒的中心放置一个管以固定分散炸药。选择 TNT 作为分散炸药，炸药的质量为 200 g。中心管和圆柱壳之间的空间用于填充 FAE 燃料。FAE 燃料质量为 50 kg，扩散半径为 15 m。

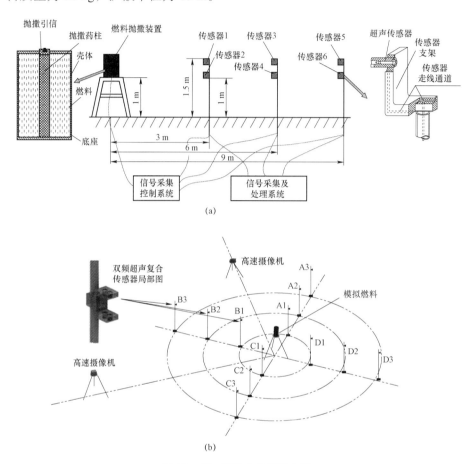

(a)

(b)

图 10-47　试验总体设计方案

（a）试验系统整体布置；（b）双频超声浓度检测阵列

图 10-48　试验现场布置图

云爆弹静态抛撒燃料云雾浓度检测试验流程为：

（1）布置试验系统，对浓度检测系统和高速摄像机进行初始化。

（2）布置缩比抛撒装置，在安全距离外起爆雷管，完成燃料抛撒。

（3）同步触发浓度检测系统和高速摄像装置，分别完成浓度检测和图像记录。

（4）更换缩比抛撒装置，重复步骤（2）、（3）。

（5）试验结束（云爆弹燃料静态抛撒云雾浓度检测试验共计进行 3 次）。

10.5.3.2　试验数据分析

图 10-49 为云雾抛撒在中心装药爆炸驱动载荷作用下的燃料抛撒过程。燃料的抛撒过程中有明显的横向快速抛撒运动阶段和纵向的慢速扩散阶段。虽然这两个典型特征在整个燃料的抛撒过程中都同时存在，但是前期以径向快速抛撒运动为主导运动，后期以纵向慢速扩散为主导运动。

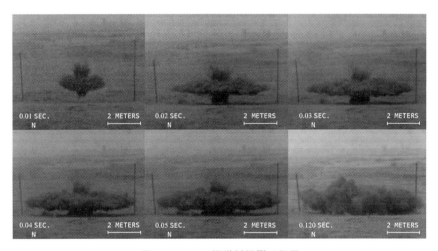

图 10-49　云爆燃料抛撒过程图

图 10-50 为试验过程中云雾在水平方向和高度方向的抛撒半径随时间的变化图，二值图像法处理流程进行体积计算，忽略中心空洞并假设云雾是均匀分布的，最后进行燃料云雾平均浓度计算。

抛撒过程中云雾浓度分布曲线如图 10-51 所示。可以看出，燃料分散的半径随时间单调增加，增长速度越来越慢，大约 20 ms 后，燃料分散半径的增长速度明显变慢，燃料的径向快速扩展运动阶段结束；随后出现了明显的纵向慢速扩散阶段，此阶段是燃料沿着曲线轨迹作自由扩散，使得燃料分散更加均匀，在垂直方向上，云雾有了进一步的扩展。

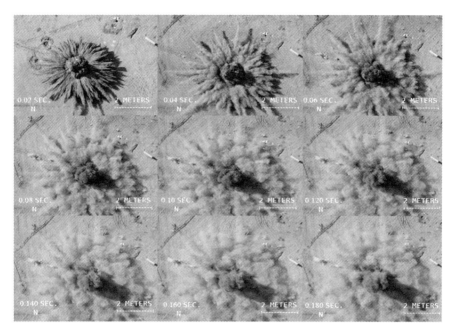

图 10 - 50　燃料扩散半径变化

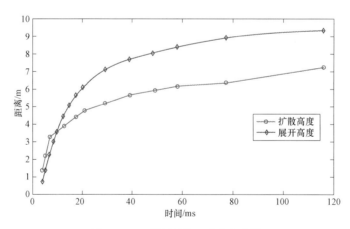

图 10 - 51　燃料扩散尺度变化曲线

　　根据试验中获得的典型超声信号曲线（图 10 - 52）。进行数据处理，即可获得各个测试点的瞬态浓度特征的超声衰减分布曲线，如图 10 - 53、图 10 - 54所示。对于半径方向在距爆心不同距离处，各测试点燃料浓度均出现先增大后减小的趋势，沿半径方向各点浓度峰值交替出现，但浓度峰值逐渐减小，在时空分布曲线中呈现出波动形态。云雾浓度在距抛撒中心 1 m 处达到 1 200 g/m³，随扩散至距中心 4 m 处, 云雾浓度整体分布为 $300 \sim 500$ g/m³, 达到相对分布均匀阶段, 此刻云雾爆轰效应最佳。

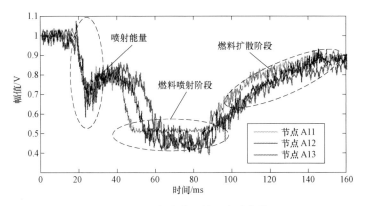

图 10-52　超声检测信号衰减曲线

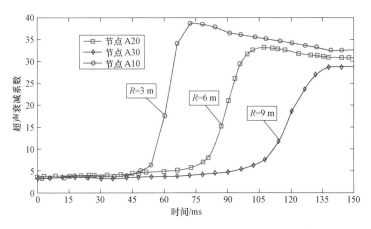

图 10-53　燃料抛撒浓度分布曲线

通过图像法, 可以直观得到云雾扩散过程的两个阶段: 快速射流阶段和稳定扩散阶段。对于稳定扩散阶段, 对稳定扩散阶段的浓度进行实时检测, 实现识别最优爆轰浓度是其关键。对超声衰减信号进行浓度计算, 对布置点 50 ms 后在稳定扩散阶段的浓度进行监测, 如图 10-54 所示。

由图 10-54 可知, 采用超声衰减燃料云雾浓度检测方法和系统获得的云雾浓度数据在同一直径处浓度的一致性较好, 说明了云爆燃料静态抛撒的"圆柱状"特性。在抛撒 50 ms 后, 云雾浓度分布相对均匀, 均为 $400 \sim 600$ g/m³, 这与仿真结果及图像分析在稳定扩散阶段的浓度分布特性一致。

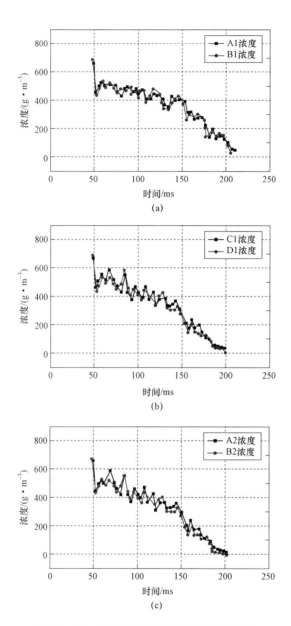

图 10-54 超声衰减燃料云雾浓度检测曲线

（a）A1、B1 浓度；（b）C1、D1 浓度；（c）A2、B2 浓度

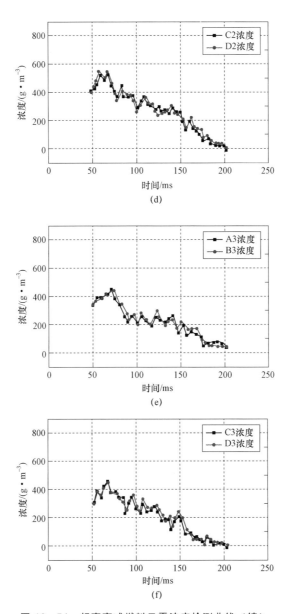

图 10-54　超声衰减燃料云雾浓度检测曲线（续）

（d）C2、D2 浓度；（e）A3、B3 浓度；（f）C3、D3 浓度

|10.6 结 论|

通过开展云爆燃料静态抛撒试验，不仅实现了对超声衰减浓度检测方法的实际应用效果验证，同时还获得了云爆燃料抛撒扩散的浓度分布规律。该规律主要内容如下：

（1）燃料环整体沿爆炸冲击波扩散方向运动，引起途经各测试点出现浓度增大—减小现象。

（2）燃料环向外运动过程中，半径和体积增大，浓度减小，因此各测试点浓度峰值沿半径方向减小。

（3）由于燃料环内部浓度/密度较大，表面浓度/密度较小，燃料浓度环运动过程中，密度较小的迎风面受到空气阻力作用，表面燃料层状剥离，运动速度减小，按照浓度梯度作扩散运动。

（4）在云雾稳定扩散阶段，云雾浓度从 700 g/m³ 逐渐衰减，并在 400 g/m³ 保持一定的均匀分布时间，时间在 70～100 ms 期间，结合云雾爆轰的浓度范围，可以认为在这个阶段是二次起爆的最优点火窗口。

（5）阵列式超声衰减云爆浓度检测具备对云爆浓度分布特征的检测能力，对后期二次云团起爆提供最优爆轰浓度反馈、最佳起爆时间窗口具有重要意义。

第四篇

动态云雾浓度检测应用

云雾作为典型的气固液混合多相流，其浓度检测的模型与技术可扩展到工业生产的多个领域中。本篇结合当前"粉尘爆炸公共安全"与"新型冠状病毒疫苗超低温贮藏"重大科学问题，关于多相流参数展开初步的应用概述。

同时，在自然界以及能源、动力、石油、化工、冶金及航空航天等各领域的工业生产过程中多相流动现象广泛存在，并对国民经济和人们日常生活的发展起着重要的作用。例如在石油工业中，采油井内以及管道输运过程中的流体常为油、气、水三种流体同时存在；在电厂发电过程中，作为燃料的煤粉在输送过程中为气、固相同时存在。随着科学进步和现代工业生产的高速发展，生产规模的扩大和工艺复杂性的提高，对多相流中相关流动参数测量精度的要求越来越高，准确地测量多相流流动参数以及在复杂工况下的在线可视监测与控制，对生产过程以及工艺管理的优化有着重要的意义。工业过程中，常常要求高速性、远程性、非侵入性等测量手段，因此传统的测量技术和装置仍然有很大的发展空间。

特别是在当今智能技术、信息技术与传感器技术快速发展，智能多相流流型/流量检测已经在多个领域得到广泛应用。本篇对多相流量计的智能计算技术进行了全面的回顾，特别着重于测量各个相的流速和相分数（浓度），介绍所使用的传感器以及各种智能计算技术的工作原理，建模和示例应用优点和局限性。

第 11 章

云雾浓度智能检测方法与关键技术

| 11.1　引　　言 |

　　近年来，随着计算机硬件和机器学习的飞速发展，智能计算技术已经在许多工程学科领域得到应用，包括间接测量多相流参数，其中云雾浓度检测是多相流参数中的一个重要分支。本章主要对多相流参数的智能计算技术进行了全面的回顾，特别着重于测量各个相的流速和相分数；介绍所使用的传感器以及各种智能计算技术的工作原理，建模和示例应用的优点及局限性；讨论了多相流量测量的智能计算技术在多相领域的趋势和未来发展。

| 11.2　多相流智能计算概述 |

　　多相流定义为两个或多个不同的相（即气相、液相或固相）或未分离成分（例如水和油）的同时流动。多相流（两相流是多相流的常见示例）应用广泛，在许多工业过程中都可以看到，云雾是典型的气固混合两相流。石油、天然气、水混合物的气液和液液两相或三相混合，在发电厂中以气动方式输送的粉状燃料（煤、生物质或两者的混合物）形成气固两相或三相流。精确的多相流质量流量计量，医疗领域中人的气管支气管气道中的局部颗粒沉积和气流，以及在工业过程中，非常需要对多相流进行精确测量，以实现流量化、运行监控、过程优化和产品质量控制。本章主要关注相关行业的过程中多相流的测量。

各个流量（体积流量或质量流量）和相分数（浓度）是表征多相流的最重要参数。在过去的 30 年中，开发新技术取得了实质性进展，这些新技术可以为工业测量提供解决方案。Thorn 等和 Falcone 等回顾了三相流量计的发展，特别是石油行业。Yan、Zheng 和 Liu，Sun 和 Yan 详细讨论了在气力输送管道和循环流化床中测量气固流动的可能技术。Albion 等回顾了用于监测水平管道中泥浆输送的侵入式和非侵入式测量技术。在这些技术中，在线多相流量计是无须任何分离器和采样线即可测量混合流量的设备。根据部署的测量策略，可以将它们分为直接测量组和间接测量组。通常使用文丘里流量计、科里奥利流量计和互相关技术等对相流量进行直接测量。

多相流的相分数（浓度）通常由辐射吸收（包括声、光及微波等）和电阻抗等传感信号确定，其测量方法主要确定各个相从一组传感器获取的时变信号的分析和信息提取。通常，不能从理论上推导出传感器输出与每个相的流量或分数之间的关系。在这种情况下，可以使用统计方法从试验数据中建立经验模型。随着人工智能和机器学习的最新发展，智能计算技术为传统的统计方法提供了替代方法。

本章的重点是结合智能计算技术的间接方法，以测量各个相的流速和多相流的分数；概述了软计算技术的主要组成部分，并简要介绍了已在多相流量测量中应用的一些技术，即人工神经网络（ANN）、支持向量机（SVM）、遗传算法（GA）、遗传编程（GP）和自适应神经模糊系统（ANFIS）；介绍软计算技术在两相或三相流量测量中的示例应用；总结并讨论多相流量测量领域软计算技术的趋势和未来的发展。

| 11.3　多相流智能计算技术 |

智能计算是旨在利用对不精确性和不确定性的容忍度以实现可处理性、鲁棒性和较低的解决方案成本的方法学的集合。智能计算涵盖了计算机科学、人工智能和机器学习中的一系列计算技术。智能计算从可用的测量中得出所需的信息，在数据融合中，将不同特性和动态的测量结果融合在一起，使用信号处理算法包括卡尔曼滤波算法。目前，神经网络或模糊计算已用于实现智能计算。

如图 11-1 所示，多相流智能计算的主要构成技术包括机器学习（神经网络、支持向量机和深度学习等）、进化计算（进化编程、遗传算法、进化策略等）、模糊逻辑和概率推理（贝叶斯置信网络和邓斯特·谢弗理论等）。

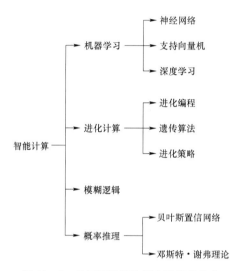

图 11-1　多相流智能计算主要组成部分

机器学习和进化计算是数据驱动的搜索和优化方法，而模糊逻辑和概率推理技术则基于知识驱动的推理。每种技术可以独立使用，几种技术也可以组合构成混合模型。智能计算具有处理高度复杂、动态和非线性问题的能力，并且计算与分析方法简单，因此已成为解决工程挑战的有前途的工具。对于多相流参数检测，智能计算技术用于从传感器输出中提取有用的信息，以预测或估计多相流的流速、相分数（浓度）或确定流型。

11.3.1　人工神经网络（ANN）

人工神经网络（ANN）是通过训练网络来表示数据内在的关系或过程来开发 ANN 模型。它们实质上是非线性回归模型，使用一组互连的节点或神经元执行输入/输出映射。每个神经元从外部或从其他神经元接收输入，并通过激活或传递功能将其传递。

通常，ANN 具有三种拓扑：多层，单层和递归。多层 ANN 通常由一个输入层、一个或多个隐藏层和一个输出层组成。对于单层 ANN，没有隐藏层。循环 ANN 至少在网络中包括一个反馈回路。对 ANN 进行分类的另一种方法取决于学习策略：有监督或无监督。在监督学习中，训练数据集既包含输入对象又包含所需的输出，在非监督学习中，数据未标记。已经开发了多种 ANN 模型并将其进行了一系列应用，例如：模式识别，关联存储器，优化，函数逼近，建模和控制，图像处理和分类。

其中，MLP 算法和 RBF 神经网络已应用于多相流量测量，本节将对这两种 ANN 进行简要介绍。

11.3.1.1　MLP 算法

图 11 – 2 描绘了典型的 m 输入一层/输出三层 ANN 的结构。

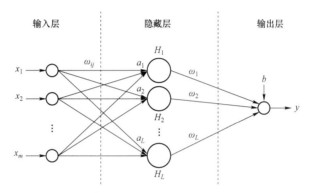

图 11 – 2　输入一层/输出三层 ANN 的结构

$x = (x_1, x_2, \cdots, x_m)$，$T$ 是输入样本，y 是所需的输出。假设 y 是隐藏神经元的线性输出，转移函数 $f(x)$ 用于神经元，其 ANN 建模为

$$y = \sum_{j=1}^{L} \omega_j H_j + b = \sum_{j=1}^{L} \omega_j f\left(\sum_{i=1}^{m} \omega_{ij} x_i + a_j \right) + b \qquad (11 - 1)$$

式中，m 和 L 分别是输入变量和隐藏节点的数量；ω_j 是连接第 j 个隐藏节点和输出节点的权重；ω_{ij} 是将第 i 个输入节点连接到第 j 个隐藏节点的权重；a_j 和 b 分别是第 j 个隐藏节点和输出节点上的偏置。层之间的权重（ω_{ij} 和 ω_j）和偏差（a_j 和 b）是通过训练过程获得的。

神经网络的性能取决于其结构和学习算法的选择。ANN 结构的设计考虑因素包括输入、输出、隐藏层和隐藏神经元的数量。网络输入可以是对于预测输出很重要的变量的任何组合。因此，有关该问题的一些知识以及输入变量选择的过程非常重要。隐藏层的数量是根据问题的复杂性确定的。通常，问题越复杂，就需要越多的隐藏层来达到良好的近似水平；同时，近似水平和计算成本之间应该折中。可以使用一些准则确定隐藏层中神经元的数量（L），例如：

$$L \leqslant 2m+1 \qquad\qquad (11-2)$$

$$L \leqslant \frac{n}{m+1} \qquad\qquad (11-3)$$

式中，m 和 n 分别是输入变量和训练样本的数量。但是，这些规则仅给出了 L 的范围，应通过反复试验来选择模型的确切 L，以在最小化误差和获得良好的泛化能力之间进行折中，输出层中节点的数量等于所需输出变量的数量。

层之间的传递函数可以是 S 型、双曲正切 S 型、线性、高斯和指数等，这取决于网络的性能。反向传播（BP）算法是训练过程中最流行、功能最强大的工具之一。它是梯度下降优化算法的一种变体，在每个训练周期之后调整神经元之间的权重，可以最大限度地减少预测输出值和实际输出值之间的误差。

11.3.1.2　RBF 算法

如图 11-3 所示，RBF-ANN 具有固定的三层结构，并将一种径向基函数作为激活函数应用于隐藏节点。网络的输出是输入的径向基函数和神经元参数的线性组合。径向基函数测量输入矢量和权重矢量之间的距离，通常认为是高斯函数。网络的输出由文献［16］给出，即

$$y = \sum_{j=1}^{L} \omega_j H_j = \sum_{j=1}^{L} \omega_j \exp\left(-\frac{1}{2\sigma^2}\left\|x-C_j\right\|^2\right) \qquad (11-4)$$

式中，C_j 是第 j 个隐藏节点的中心向量，并由 K-means 聚类方法确定；$\left\|x-C_j\right\|$ 是欧几里得范数，σ^2 是高斯函数的方差。

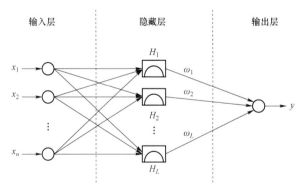

图 11-3　RBF-ANN 的结构

具有足够隐藏节点的 RBF 网络可以任意精度近似任何连续函数。此外，作为局部近似网络，RBF 神经网络具有结构简单、形容词参数少和训练有效的优点。

11.3.2　支持向量机（SVM）

SVM 由 Vapnik 于 1995 年开发，旨在基于统计学习理论和结构风险最小化来解决分类问题，该方法已扩展到回归和预测问题，如图 11–4 所示。SVM 通过非线性映射 $\phi(x)$ 将数据 x 从输入空间映射到特征空间，约束优化方法用于识别和分类。

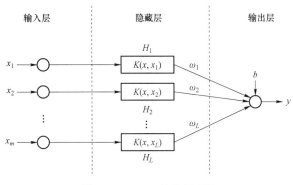

图 11–4　SVM 结构原理图

11.3.2.1　SVM 作为分类器

给定 n 个训练样本 $X^* = (x_1, x_2, \cdots, x_n)$，并且相应的期望输出 $Y = (y_1, y_2, \cdots, y_n)$，每个输入样本都是向量 $x = (x_1, x_2, \cdots, x_m)$，$T$ 由 m 个变量组成。使用传递函数 $\phi(x)$ 将输入向量映射到 L 维特征空间。特征空间中两个不同类之间的距离为 $\dfrac{2}{\|\omega\|}$。为了最大限度地提高分离余量，使训练误差最小化 ξ_i 等于 $\|\omega\|^2$。

$$\min \frac{1}{2}\|\omega\|^2 + C\sum_{i=1}^{n}\xi_i$$
$$\text{s.t.} \begin{cases} y_i(\langle \omega, \phi(x_i)\rangle + b) \geqslant 1 - \xi_i \\ \xi_i \geqslant 0 \end{cases}$$

（11–5）

式中，ξ_i 是松弛变量，C 是指定的参数，并且在分隔边距的距离与训练误差之间进行权衡。

基于 Karush–Kuhn–Tucker（KKT）定理，该问题等效于以下双重问题：

$$\min \frac{1}{2} \sum_{i=1}^{n} \sum_{j=1}^{n} y_i y_j \alpha_i \alpha_j \left\langle \phi(x_i), \phi(x_j) \right\rangle - \sum_{i=1}^{n} \alpha_i$$

$$\text{s.t.} \begin{cases} \sum_{i=1}^{n} y_i \alpha_i = 0 \\ 0 \leqslant \alpha_i \leqslant C \end{cases} \tag{11-6}$$

其中，每个拉格朗日乘数 α_i 对应于训练样本 (x_i, y_i)，$K(x_i, x_j) = \left\langle \phi(x_i), \phi(x_j) \right\rangle$ 是核函数。SVM 分类器的决策功能描述为：

$$y = f(x) = \text{sign} \left(\sum_{i=1}^{n} \alpha_i y_i K(x, x_i) + b \right) \tag{11-7}$$

SVM 有一些可选的内核功能，例如：

线性核：
$$K(x, x_i) = \left\langle x, x_i \right\rangle \tag{11-8}$$

多项式核：
$$K(x, x_i) = (\left\langle x, x_i \right\rangle + p)^d, \ d \in m, \ p > 0 \tag{11-9}$$

RBF 核：
$$K(x, x_i) = \exp \left(-\frac{\|x, x_i\|^2}{2\sigma^2} \right) \tag{11-10}$$

Sigmoid 核：
$$K(x, x_i) = \tan h(\varphi \left\langle x, x_i \right\rangle + \theta), \ \varphi > 0, \ \theta > 0 \tag{11-11}$$

11.3.2.2　SVM 作为识别器

SVM 回归使用 ε 不敏感损失在高维特征空间中执行线性回归，并且倾向于通过最小化 $\|\omega\|^2$ 来降低模型复杂度。通过引入松弛变量 ξ_i 和 ξ_i^*（$i=1$，2，$\cdots$，n）来测量 ε 不敏感区域之外的训练样本 (X^*, Y) 的偏差来描述。通过最小化训练数据的经验风险来获得回归估计，因此，将优化问题表述为

$$\min \frac{1}{2} \|\omega\|^2 + C \sum_{i=1}^{n} (\xi_i + \xi_i^*)$$

$$\text{s.t.} \begin{cases} y_i - \left\langle \omega, \phi(x_i) \right\rangle - b \leqslant \varepsilon + \xi_i \\ \left\langle \omega, \phi(x_i) \right\rangle + b - y_i \leqslant \varepsilon + \xi_i^* \\ \xi_i, \xi_i^* \geqslant 0 \end{cases} \tag{11-12}$$

式中，n 是训练样本的数量，ε 是在不可行情况下可以通过松弛变量 ξ 和 ξ^* 的近似精度。C 是一个正常数，作为正则化参数，可以调整函数 $f(x)$ 的平坦度和大于 ε 的偏差公差之间的折中。通过 KKT 条件来计算参数 b。

$$\max_{\alpha,\alpha^*} Q = -\frac{1}{2}\sum_{i,k=1}^{n}(\alpha_i - \alpha_i^*)(\alpha_k - \alpha_k^*)\langle \phi(x_i), \phi(x_k)\rangle$$

$$-\varepsilon\sum_{i=1}^{n}(\alpha_i + \alpha_i^*) + \sum_{i=1}^{n} y_i(\alpha_i + \alpha_i^*) \qquad (11-13)$$

$$\text{s.t.}\begin{cases} \sum_{i=1}^{n}(\alpha_i - \alpha_i^*) = 0 \\ \alpha_i, \alpha_i^* \in [0, C] \end{cases}$$

根据 Mercer 的条件，可以通过内核 $K(x, x_i)$ 定义内积 $\langle \phi(x), \phi(x_i)\rangle$，因此 SVM 方法中训练过程的最终乘积可以表示为

$$f(x) = -\sum_{i=1}^{n}(\alpha_i - \alpha_i^*)K(x, x_i) + b \qquad (11-14)$$

支持向量机是带有相关学习算法的监督学习模型，可以对数据进行分类和回归分析。原始公式带有一组标记的数据实例，SVM 训练算法旨在找到一种超平面，该超平面以与训练示例一致的方式将数据集分为离散的预定义数量的类。近年来，已经开发了一些支持向量机的优化模型，例如最小二乘支持向量机、孪生支持向量机、多内核支持向量机和模糊支持向量机，以提高计算效率和泛化能力。

11.3.3　进化计算方法

进化计算的灵感来自遗传学和自然选择的原理。进化计算或进化算法的核心组成部分包括遗传算法（GA）、进化策略（ES）、进化规划（EP）和遗传规划（GP）。这些进化方法为启发式解决方案不可用或不令人满意的问题提供了替代解决方案。由于简单性、灵活性和鲁棒性的优势，进化算法已成功应用于不同领域的各种问题，包括优化、自动编程、机器学习、运筹学、生物信息学和社会系统等。GA 算法和 GP 算法是最重要的两个进化计算中的代表性方法。

11.3.3.1　GA 算法

遗传算法通常用于通过应用生物启发性算子（例如突变、交叉和选择）来生成用于优化和搜索问题的高质量解决方案。如图 11-5 所示，进化通常从随机生成的个体群体开始。在每一代中，使用目标函数来评估人口中每个个体的适应性。从当前人群中随机选择合适的个体，并对每个个体的基因组进行修饰以形成新一代，新一代候选解决方案将在算法的下一次迭代中使用。通常，当

产生了最大数量的代数或达到了令人满意的适应性水平时，算法终止。

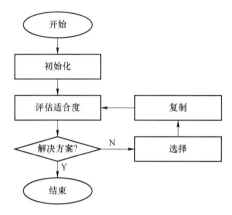

图 11-5　遗传算法流程图

11.3.3.2　GP 算法

遗传编程是一种通过使用各种数学构造块（例如函数、常数和算术运算）并将它们组合为单个表达式来演化方程的方法。它最初是由 Koza 开发的。遗传编程和遗传算法之间的主要区别是解决方案的表示形式。GP 作为一种先进的进化计算技术，是遗传算法的扩展，已广泛应用于符号数据挖掘（符号回归、分类和优化）。与传统回归分析不同，基于 GP 的符号回归会根据可用数据自动演化数学模型的结构和参数；同时，在无须假定现有关系的先验形式的情况下生成经验数学方程的能力方面，它优于其他机器学习技术。图 11-6 显示了多基因符号回归模型的结构。

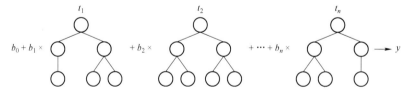

图 11-6　遗传编程 GP 结构图

GP 模型可以看作是输入变量的低阶非线性变换的线性组合。输出 y_{GP} 定义为由偏置项 b_0 和缩放参数 b_1，$\cdots$，b_n 修改的 n 棵树的向量输出：

$$y_{GP} = b_0 + b_1 t_1 + \cdots + b_n t_n \tag{11-15}$$

其中，t_i（$i=1$，$\cdots$，n）是第 i 个包含多基因个体的树的输出的 $m \times 1$ 向量。进化过程从最初的种群开始，首先是创建包含 GP 树的个体，这些 GP 树具有随机产生的不同基因。进化过程继续进行，包括对新种群的适应性评估，获取和删除基因的两点高级交叉以及子树上的低级交叉；然后，创建的树通过变异算子替换下一代的父树或未更改的个体，定义 GP 算法的输出。

11.3.4　模糊逻辑方法

Zadeh 提出了模糊逻辑理论。模糊逻辑提供了一种推理机制，该机制可以实现近似推理，在基于知识的系统中对人类推理能力进行建模，并处理不精确性和不确定性。模糊逻辑由模糊集、隶属函数和用于解决各种计算问题的规则集组成。在模糊系统理论中，元素可以属于具有一定程度（部分隶属度）的集合。隶属程度称为隶属值，通常由 [0，1] 中的实际值表示。因此，模糊集为扩展二进制逻辑的功能提供了强大的计算范式，从而可以更好地表示特定应用程序中的知识。

模糊逻辑方法已应用于各个领域，例如控制系统、模式识别、预测、可靠性工程、信号处理、监视和医学诊断。

11.3.5　概率推理方法

贝叶斯网络（信念网络）是一种概率图形模型，代表一组变量及其概率依存关系。在形式上，贝叶斯网络是有向无环图，其节点表示贝叶斯意义上的随机变量：观测量，潜在变量，未知参数或假设。未连接的节点表示有条件的彼此独立的变量。每个节点都与一个概率函数关联，该概率函数为该节点的父变量采用一组特定的值，并给出该节点表示的变量的概率。

11.3.6　混合方法

混合模型集成了两种或多种软计算技术来解决问题，例如与 GA 相结合的神经网络（神经遗传），与模糊逻辑相结合的神经网络（神经模糊），并入 GA 的模糊逻辑系统（模糊）遗传算法以及结合了模糊逻辑和遗传算法（神经模糊遗传算法）的神经网络。在神经遗传模型中，神经网络调用遗传算法来优化其结构参数，从而优化模型的性能。在神经模糊模型中，ANN 根据给定的输入—输出信息为模糊逻辑系统开发了可接受的 if-then 规则和隶属函数。混合系统同时利用了神经网络和模糊逻辑系统。软计算技术的集成提供了互补的推理和搜索方法，这些方法与领域知识和经验数据相结合，以开发灵活的计算工具并解决复杂的问题。

典型的混合模型是自适应神经模糊推理系统（ANFIS），其中在自适应网络的框架中实现了模糊推理系统。它的优点是神经网络的学习特性和模糊推理系统的专家知识。ANFIS 模型是基于多层神经网络的模糊系统，共有五层。具有两个输入的 ANFIS 的结构如图 10-7 所示，输入和输出节点分别代表输入状态和输出响应。

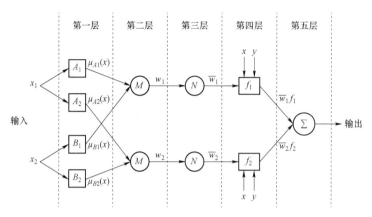

图 11-7　ANFIS 模型结构图

如图 11-7 所示，第一层中的节点 $O_{1,i}$ 是具有隶属函数 $\mu(x)$ 的自适应节点：

$$\mu(x) = \cfrac{1}{1 + \left| \cfrac{x - c_i}{a_i} \right|^{2b_i}} \tag{11-16}$$

$$O_{1,i} = \mu_{Ai}(x_1), \ i = 1, 2 \tag{11-17}$$

$$O_{1,i} = \mu_{Bi-2}(x_2), \ i = 3, 4 \tag{11-18}$$

式中，μ_{Ai} 和 μ_{Bi-2} 分别是模糊集 A_i 和 B_i 的隶属度；$\{a_i, b_i, c_i\}$ 是参数集，称为前提参数。

第二层中的节点 $O_{2,i}$ 将输入信号相乘，然后将乘积发送出去。每个节点输出代表规则的触发强度：

$$O_{2,i} = w_i = \mu_{Ai}(x)\mu_{Bi}(y), \ i = 1, 2 \tag{11-19}$$

第三层中的节点 $O_{3,t}$ 是固定节点，并计算归一化的强度 $\overline{w}_i$：

$$O_{3,t} = \overline{w}_i = \frac{w_i}{w_1 + w_2}, i = 1, 2 \tag{11-20}$$

第四层中的节点 $O_{4,i}$ 是具有节点功能的自适应节点，并计算第 i 条规则对模型输出的贡献：

$$O_{4,i} = \overline{w}_i f_i = \overline{w}_i(p_i x + q_i y + r_i), i = 1, 2 \tag{11-21}$$

式中，$\overline{w}_i$ 是第 3 层的输出；$\{p_i, \ q_i, \ r_i\}$ 是参数集，称为后继参数。

第五层中的单个节点 O_5 是固定节点，并计算所有输出作为所有传入信号的
总和：

$$O_5 = \sum_{i=1}^{2} \overline{w}_i f_i = \frac{w_1 f_1 + w_2 f_2}{w_1 + w_2} \qquad （11-22）$$

| 11.4　多相流智能计算应用 |

　　智能计算技术在多相流量测量中的应用主要集中在相流量和相分数的估计
以及流态的识别上。相流量和相分数的估计等效于解决函数逼近问题，而流态
的识别则是分类问题。由于本研究着重于相流量和相分数的测量，因此单纯使
用智能计算技术进行流态识别的研究不在本研究的范围之内。以下部分回顾了
结合传统传感器和智能计算技术的间接多相测量系统。

11.4.1　超声法智能计算

　　Figueiredo 等利用四个结合了人工神经网络的超声波传感器来识别流型并
分别获得两相流的气体体积分数。从图 11-8 可以看出，ANN 的输入由来自四
个声学传感器的能量比组成。ANN 模型中有两个隐藏层，分别包括五个和两个
隐藏神经元，输出层生成识别出的流型或估计的气体体积分数。在 1 英寸
（2.54 cm）上进行了空气—油流和 2 英寸（5.08 cm）垂直测试部分的试验工作。
在试验测试中，观察到分散的气泡间歇流动、搅动流动和环形流动，液体速度
为 0.1～0.3 m/s，气体体积分数为 0～85%。试验结果表明，流型的总体成功识
别率为 98.3%，而估计气体体积分数的总体变化为 ±4.2。

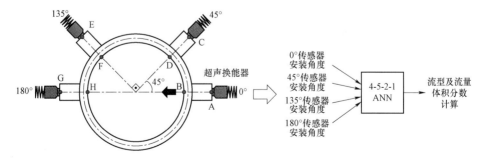

图 11-8　人工神经网络超声传感多相流测量系统

11.4.2　压差法检测智能计算

Wang X 等提出了一种新的方法来测量流量,该方法使用了基于文丘里管的智能计算近似技术。测量系统如图 11－9 所示,开发了反向传播 ANN（BP－ANN）模型和 SVM 模型,以通过压差的静态和动态特征估算气体流量和液体流量。在天然气和水的两相流中采用 2 英寸进行了试验测试。气体流量为 0.013 9～0.044 4 m³/s,液体流量为 0.000～0.001 5 m³/s。发现在信号特征和两相流量之间的复杂关系的近似中,ANN 和 SVM 模型都是有效的。使用 BP 神经网络时,燃气流量的平均预测误差和标准偏差分别为 3.14% 和 4.22%,而水流量的平均预测误差和标准偏差分别为 4.77% 和 6.33%。通过支持向量机计算模型,相对预测误差的平均值和标准偏差分别为气体流量的 2.86% 和 4.39%,而水流量的平均值和标准偏差分别为 4.25% 和 6.09%。与 ANN 模型相比,SVM 模型显然具有优势,因为气体和水流量的相对预测误差分别提高了 8.9% 和 10.9%。

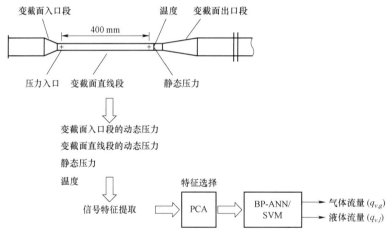

图 11－9　基于 ANN/SVM 的文丘里管多相流测量系统

Shaban 和 Tavoularis 提出了一种使用压差（DP）信号测量垂直向上的管道中的气体和液体流速的方法。如图 11－10 所示,通过主成分分析（PCA）和独立成分分析（ICA）获得并处理了归一化 DP 信号的概率密度函数和功率谱密度。首先通过在 DP 信号的概率密度函数上,应用弹性映射方法来确定两相流态;然后,针对每种流态（段塞、搅动和环形）,开发以提取的特征作为输入的多层 BP－ANN,以产生相流量。在直径 32.5 mm 的垂直管中进行空气—水试验,空气表观速度为 0.014～22 m/s，液体速度为 0.04～0.4 m/s。试验结果表明，段塞、搅动和环形流态的液体流量的平均相对误差分别为 − 0.3%、− 0.1%和 − 0.4%，气体流量的平均相对误差分别为 5.5%、0.5%和 0.6%。

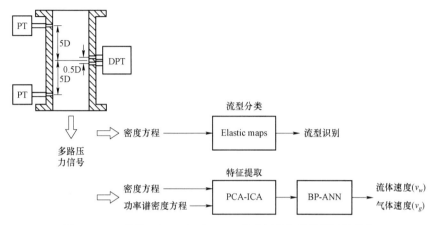

图 11 – 10　基于 PCA – ICA 和 ANN 的差压法气液流量测量系统

11.4.3　电场法检测智能计算

Fan 和 Yan 提出了一种基于 ANN 的方法，通过电导探头获得 50 mm 内径水平管中气液两相流的气液流量。从图 11 – 11 可以看出，从电导信号中提取了机械塞流模型的五个特征参数，包括平移速度、塞保持、膜保持、塞长度和膜长度，并将其作为神经网络的输入。采用具有 10 个隐藏节点的前馈神经网络来预测气体和液体的流量。测量系统的试验评估是在空气表观速度为 0.58～1.86 m/s、水表观速度为 0.35～1.62 m/s 的条件下进行的。结果表明，对于液体和气体流速的预测，总体性能在满量程的 ±10%以内。

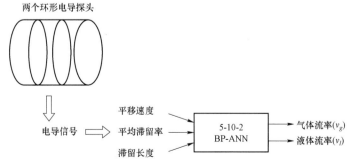

图 11 – 11　基于 ANN 的电场法测量气液流量系统

Shi Y 等提出了一种使用单个环形静电传感器和 BP－ANNs 测量气动输送固体的速度和质量流量的新方法。如图 11－12 所示，在时域和频域中总共提取了 9 个静电信号的特征参数。通过 PCA 的特征选择，开发了两个三层 BP 神经网络分别估计固体速度和质量流量。在 50 mm 口径的测试台上对盐颗粒进行了试验测试。预期速度为 10～30 m/s。结果表明，颗粒速度和质量流量测量的相对误差大多在 ±15% 以内。两次测量的相对误差的标准偏差分别为 7.7% 和 6.8%。

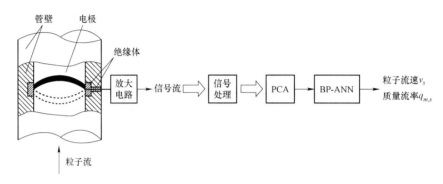

图 11－12　基于 ANN 的电场法气固流量测量系统

11.4.4　光学法检测智能计算

Li 等应用激光源、12×6 光电二极管阵列传感器和 SVM 模型来量化小通道中气液两相流的空隙率。如图 11－13 所示，从 72 个测量信号的平均值和标准偏差中提取的特征用作 SVM 模型的输入。通过在水平直径为 4.22 mm、3.03 mm、2.16 mm 和 1.08 mm 的水平管上进行氮气—水流的试验测试，观察到的流型包括气泡流、团状流、分层流和环形流，发现空隙率的最大绝对误差为 7%。

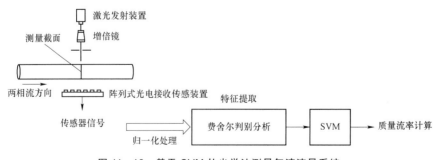

图 11－13　基于 SVM 的光学法测量气液流量系统

11.4.5　多传感器融合法检测智能计算

Wang L 提出了一种使用涡轮流量计、电导传感器和 SVM 的测量系统，以识别流量模式并获得内径为 18 mm 的垂直向上管中的气液两相流的含水率。如图 11-14 所示，通过电导信号的混沌吸引子形态分析确定了流型；通过涡轮机的转速及多项式回归获得混合物的总流量。为了估计混合流的含水率，从时域和频域的波动电导信号中提取的总共 10 个特征以及涡轮机的平均转速作为 SVM 模型的输入。在测试期间，气液流量的总流量为 0.1～2.5 m³/h。试验结果表明，流型识别的成功率高于 96%，水流量和燃气流量测量的平均误差为 7.36%。

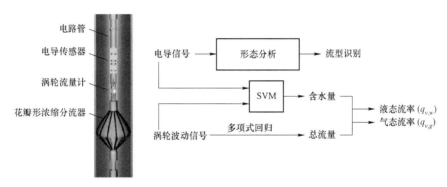

图 11-14　基于 SVM 的光学和涡轮计测量气液流量系统

Meribout 等将阻抗测量与超声测量集成在一起，以提供含水率为 0～100% 的油水流量的体积流量。如图 11-15（a）所示，实现了基于 ANN 的模式识别算法。在第一阶段，使用从电导、电容、超声波和文丘里管探头中提取的信号以及混合物密度的输出来开发前馈三层 ANN。通过人工神经网络，可以通过传感器信号来解释含水率。在第二阶段，建立了另一个三层人工神经网络，通过结合第一阶段的估计含水率以及压差和文丘里管输出来获得油水的流量。试验是在 2 英寸（5.08 cm）的油水试验台上进行的，结果表明，对于含水率和总流量的测定，任何流量形式的相对误差均小于 5%。在随后的研究中，他们将相同的测量方法应用于油气水三相流。如图 11-15（b）所示，高频和低频超声波传感器的两个环分别用于低和高气体分数。在这种情况下，在第一阶段使用电容、电导、超声、压力传感器的信号开发了人工神经网络；然后，使用估计的总密度、压差和文丘里管输出获得混合物的流速。试验结果表明，水流量的平均相对误差为 3.91%，气体流量的平均相对误差为 4.68%，油流量的平均相对误差为 6.2%。

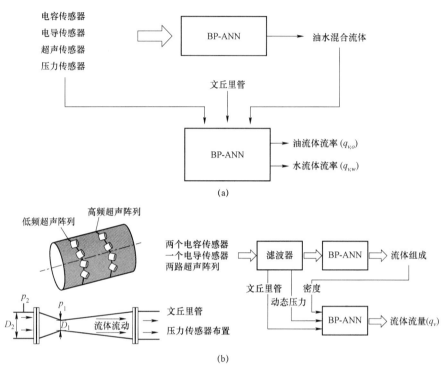

图 11-15　基于电容超声复合传感的文丘里管流量测量系统
（a）油水两相流检测系统；（b）油气水三相流检测系统

　　Wang 等提出了一种将电容和静电传感器相结合的数据融合方法，以实现对联合火力发电厂中粉煤/生物质燃料流的在线体积浓度测量（图 11-16）。通过将卡尔曼滤波算法与梯度下降算法相结合，通过梯度下降法和混合法的训练，开发了一种基于自适应网络的模糊推理系统。在 36 mm 孔径水平石英玻璃管上的试验结果表明，基于混合学习规则的 ANFIS 优于基于梯度下降学习规则的系统，生物量和粉煤流量的基准误差分别为 1.2% 和 0.7%。结果表明，基于静电波动信号的极限学习机（ELM）被用于识别煤/生物质/空气三相流的流动状态，并且基于静电和电容传感器的自适应小波神经网络（AWNN）创建以预测每个阶段的体积浓度。试验工作是在 94 mm 口径的水平石英玻璃管上进行的。此方法对生物质产生 2.1% 的基准误差，对粉煤产生 1.2% 的基准误差。

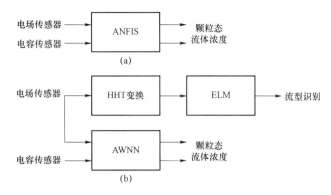

图 11-16　基于电容和静电传感器的测量系统

（a）基于 ANFIS 流体测量系统；（b）基于 ELM-AWNN 流体测量系统

11.4.6　小结

本节回顾了间接多相测量系统，该系统结合了传统传感器和智能计算技术来测量相流量和相分数。智能计算技术的主要特征是为无法建模或数学建模太困难的现实问题提供解决方案。由于流体中不同相或组分之间同时存在和相互作用，因此多相流非常复杂且难以理解和建模。本研究已经应用了一系列的智能计算技术，例如 ANN、SVM、ANFIS 和 GP 来估计流速或相分数；已经进行了试验研究，以评估软计算技术在气液、气固两相或三相流测量中的有效性。

| 11.5　多相流智能计算趋势与发展 |

11.5.1　多传感器融合

结合智能计算技术的传统传感器为相流量和相分数的测量提供了有效的解决方案。在这些测量系统中，多传感器能够以更高的精度估算更多的参数。例如，具有 ANN 的电导率传感器可以测量空气水流，误差小于 ±10%；而电导率传感器与涡轮流量计一起能够获得单个相的速度，误差不大于 7.36%。电导、电容、超声波、DP 传感器和文丘里管流量计的组合可用于测量油气水三相流。传感器融合是扩展传统流量仪表的测量范围和适用性的有效解决方案。

11.5.2 智能计算技术

MLP 神经网络已被广泛用于估计单个相的流量和相分数。但是，神经网络的结构参数需要在训练过程中进行调整，并且通常通过反复试验来确定。由于结构固定且参数可调性较差，因此在一些研究中采用了 RBF 神经网络来提高训练效率。尽管神经网络为多相流量测量提供了有效的解决方案，但是 ANN 基于经验风险最小化，并且所有参数都经过迭代调整，因此 ANN 可能会过拟合。在这种情况下，基于结构风险最小化的 SVM 提供了一种替代选择。一些研究工作已经证明，在泛化能力方面，SVM 的性能优于 ANN。对于进化算法，遗传算法已被广泛用于优化神经网络的内部参数。与 ANN 和 SVM 相比，模糊逻辑和概率推理在多相流量测量中的应用较少；另外，已经开发了一些结合了 ANN 和模糊逻辑的基于知识的系统，例如 ANFIS。这种混合系统利用了人工神经网络和模糊逻辑系统的优势。对于解决难以通过分析或数学模型描述的问题，软计算方法优于常规方法。

成功的应用表明，软计算技术将在未来几年中对多相流量计量产生越来越大的影响。利用每种技术的优势和混合模型为多相流量测量领域提供了新的维度。另外，深度学习是一组机器学习算法，可以使用由多个非线性变换组成的体系结构对数据中的高级抽象进行建模。深度学习已成功应用于计算机视觉、语音识别和社交网络过滤领域。最近尝试了将深度学习用于流模式识别。预计在未来几年中，将会出现更多的深度学习在多相流量测量中的应用。

许多结合了智能计算技术的传感组件已用于测量气—液和液—液流中的各个流量和相分数。一些研究集中在气固液三相流中单个固相浓度的测量上。但是，单个流量尚未量化。很少有报道使用软计算技术来测量泥浆流的相流速或相分数。但是，使用智能计算技术预测了考虑管道设计的参数，例如压降、滞留和临界速度。可以预见，在未来的几年中，在开发结合传统传感器和软计算技术的测量系统方面将取得更大的进步，用于测量气—液、气—固和液—固流量。

11.5.3 数据驱动模型

用智能计算方法开发的经验模型通常被认为是数据驱动模型。如果有大量描述该问题的数据可用，则数据驱动的模型对于解决实际问题或对特定系统或过程进行建模将非常有用,前提是在模型涵盖的期间内建模系统没有显著变化。然而,在数据驱动模型的实际应用中的主要挑战在于,在有限的实验室条件下根据试验数据建立的模型可能不适用于安装了流量计量系统的过程条件。在实际条件下可能会影响模型性能的因素包括管道直径、管道方向,流速和相分数范围,以及被测流体的温度、压力和黏度。只要有可靠的参考数据或历史数据可用,就可以对数据驱动模型进行测试。

为期望的输出开发最优模型并增强模型的泛化能力,应考虑两个方面:输入变量的选择和模型评估。输入变量的选择是从可用数据中提取有用的信息,并确定合适的输入变量,这些变量能够很好地解释数据驱动模型的期望输出。通过选择输入变量来消除无关变量或冗余变量,简化了模型结构的复杂性,提高了计算效率,这些模型包括特征选择或变量选择。因此,输入变量选择是数据驱动建模中的重要步骤。May 等对人工神经网络输入变量选择方法的综述,提供了有用的指导。

11.5.4　应用趋势

多相流参数智能计算技术将传统传感器的可用性从单相流量测量扩展到多相流量测量。这样的技术优于常规方法来解决难以通过分析或数学模型描述的挑战性问题。通过结合软计算技术、超声波传感器、文丘里流量计、电导传感器和科里奥利流量计能够测量两相或三相流中的各个流速或相分数。该技术为开发多相流量检测提供了一种有效、智能且具有成本效益的方法。因此,预计结合传统传感器和软计算技术的测量系统将应用于油气行业的多相流量计量、CCS 系统、燃煤/生物质发电厂、泥浆工艺和燃料加注中心等。

| 11.6　结　　论 |

本章介绍了智能计算技术在多相流量测量中的应用,并定义了采用这种技术的多相流量计的最新技术发展,涵盖了过去 15 年中进行的研究,重点是使用结合智能计算技术的常规传感器对相流量和相分数的测量。

多相流量测量是一个复杂而困难的问题,尽管已经在传感器设计、信号处理和测试设备的开发方面进行了广泛的研究,但是开发理想的多相流量检测仍然有很长的路要走。随着智能计算技术在处理不精确、不确定、不完整和主观的数据和信息方面的进步，基于数据的驱动模型和基于智能计算技术的混合模型为测量问题提供了有效的解决方案。可以预见，智能计算技术将在多相流量测量中扮演更重要的角色。

第 12 章

多相流浓度检测应用

| 12.1　引　　言 |

云雾作为典型的气固液多相流，其浓度检测的模型与技术可扩展到工业生产的多个领域中。本章结合当前"粉尘爆炸公共安全"与"新型冠状病毒疫苗超低温贮藏"重大科学问题关于多相流参数展开初步的应用叙述，并对过程工业（石油、煤粉发电）及新型多相流应用领域进行了概述。

| 12.2　超低温高压冷凝多相流瞬态浓度精准检测 |

12.2.1　概述

新型冠状病毒（COVID-19）持续蔓延，超过 2.2 亿人感染的全球"大流行"，已经改变了全人类的生活方式，新冠疫苗的接种已成为常态。然而确保新冠疫苗活性的贮藏及运输中转仓储对超低温制冷系统的苛刻要求，成为"疫情时代"的又一大难题。如 Moderna 的冠状病毒疫苗 mRNA-1273 贮藏温度

为 −20℃；辉瑞公司的 BN1162b2 和 BioNTech 更是要求 −70℃的制冷温度；中国目前上市的灭活疫苗也需要 2~8℃的冷链环境。各国均陆续制定了《新冠病毒疫苗货物运输指南》，对稳定超低温—低温的疫苗环境监测作出了具体规定。冷凝剂精确加注是确保超低温—低温冷链环境的重要环节，为如何实现冷凝剂高效利用、助力节能减排与抗击疫情，带来了挑战与机遇。

超低温—低温制冷系统通常采用低沸点冷凝剂加注进行热交换的循环过程，主要是气液混合共沸物，如 R170（乙烷）和 R1150（乙烯），具有易燃特点，安全防护要求高。目前冷凝剂的加注控制主要借助冷媒秤的人工加注方法，造成新冠疫苗在存储库房或中转库房等场所的人力、安全和效率的矛盾突出。在加注—热交换过程中的流型、流量特性，对冷凝剂利用率及制冷温度起到决定性影响。实现冷凝剂加注—热交换的流型辨识与流量参数实时监测，是预防泄漏引发安全事故、冷凝剂精确高效利用、保持稳定超低温环境、保证疫苗长时间活性的关键环节。同时，本技术在清洁能源、生命科学等超低温领域，均有广泛应用前景。

2019 年全球冷凝剂的年消耗规模到达 210 亿美元，抑制新冠病毒需覆盖 70%~85%的人口，恢复疫情前状态还需要 7.4 年。在新冠疫苗的全球覆盖式接种局面下，未来几年冷凝剂的需求将呈数十倍增长，2025 预计达到 3 000 亿美元的巨大市场规模。当前气—液混合冷凝剂加注过程测量的冷媒秤，每年需求量 30 万~40 万台，在冷凝市场中的价值预计每年达到 20 亿美元。针对跨尺度（厘米级、毫米级、微米级）下的冷凝剂流动，采用冷媒秤的冷凝剂加注监测存在测不准、实时性差、效率低和安全防护难等难题，研制冷凝多相流（RMF）流型辨识、流量在线监测可以提高冷凝剂的利用效率 30%~35%，对于优化传统市场、降低能耗、推进"节能环保"国家重大发展战略具有重要意义。

超低温冷凝剂在加注及制冷过程中具有高压跨尺度流动、流型多态性、流量非线性及参数多变性的特点，如图 12−1 所示。

（1）高压跨尺度。冷凝剂的注入饱和压力高达 2 MPa，且流动管道具有厘米级、毫米级、微米级的跨尺度变截面特点。

（2）流型多态性。主要有间歇流、搅动流、波状流、环状流和分层流。

（3）流量非线性。冷凝剂流型的气/液两相之间相界面随机多变，相界面形状和相分布随着流动过程不确定。

（4）参数多变性。物理参数如黏度、密度、尺度及速度等多参数耦合，并随着介质成分配比不同发生改变。

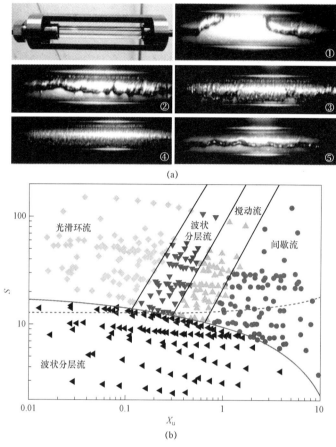

图 12-1 冷凝剂加注过程试验图、流型分布图

（a）过程试验图；（b）流型分布图

①—间歇流；②—搅动流；③—波状流；④—环状流；⑤—分层流

RMF 浓度指单位截面冷凝剂质量与体积的比值，是表征流型/流量状态与制冷效率的重要参数。如图 12-2 所示，气—液态混合冷凝剂的 RMF 浓度大小关系冷凝流型的转变、流动压力、多相流量的分布状态，决定制冷温度的非线性变化。因此，挖掘不确定 RMF 的浓度特征，进行瞬态 RMF 浓度精确实时检测，是分析超低温制冷系统中冷凝剂加注—热交换过程流型—流量与制冷效率的重要途径。

当前，国内外知名企业如西门子、海尔对制冷过程的智能检测主要通过温度反馈形成控制系统及物联网系统。本研究项目创新性地提出对加注过程的冷凝剂进行智能监测，实现新冠疫苗超低温制冷系统的温度直接控制，达到实时、高精度、在线及信息化的要求。目前行业市场占有率最高的美国 CPS 公司、中

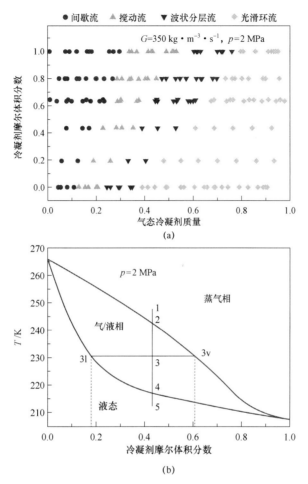

图 12-2 RMF 浓度与流型、温度及压力分布关系图
(a) RMF 浓度与冷凝流型分布关系;(b) RMF 浓度与制冷温度非线性关系

国精创电器等采用冷媒秤的方式,对冷凝剂加注过程的 RMF 进行人工称重的质量控制,如图 12-3 所示。然而对超低温新冠病毒疫苗的贮藏,存在安全隐患大、效率低、不可控的瓶颈,传统 RMF 浓度检测原理主要有光学法、电学法、声学法和核磁共振法等。但电学法易受介质影响,光学法因其穿透力有限适合低浓度检测,射线、核磁共振与微波法的成本高昂、结构复杂使得应用受限。

超声波在多相流体中传播时,其能量的衰减和相位变化表征多相流浓度参数,具有嵌入式、结构非破坏性、安全性高、效率高等优点。针对高压环境,采用超声—压力融合的 RMF 浓度检测机制是本研究项目解决新冠疫苗超低温贮藏 RMF 流型—流量监测的主要技术途径。目前,超低温 RMF 浓度检测的核

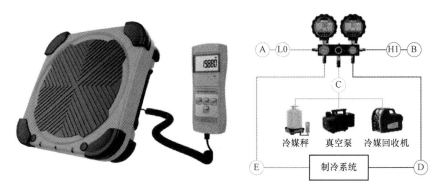

图 12－3　称重法冷凝剂注入流量分析原理

心与技术难点在于建立冷凝剂加注—热交换过程中，饱和压降状态下 RMF 浓度分布与超声衰减特性的映射模型，特别是冷凝剂的跨尺度（厘米级、毫米级与微米级）流动，建立超声波脉冲在信号感知、浓度信号处理、功耗、体积及系统集成，从检测机理、模型构建及技术手段上进行研究与突破，实现微纳尺度、非接触、超声—压力融合的超低温 RMF 瞬态浓度在线智能检测系统，形成重要科学仪器平台。

12.2.2　主要研究内容

本课题组以气液混合超低温冷凝剂加注过程的 RMF 浓度检测作为研究对象，进行 RMF 浓度超声—压力融合检测方法研究。针对冷凝剂加注过程的多态流型与非线性流量不确定环境，突破 RMF 瞬态浓度超声—压力融合检测技术空白，建立超低温 RMF 浓度检测模拟验证平台。课题组将结合理论计算与检测数据的比较分析，优化浓度检测模型，力争形成重要科学仪器平台。具体机理研究技术路线如图 12－4 所示。

12.2.2.1　研究 RMF 浓度与超声衰减分布物理场耦合机理

研究超低温 RMF 浓度分布机理。由于超低温气液态冷凝剂的流型多态和流量非线性，其浓度参数存在不稳定和制冷效率多参数耦合特点，课题组采用数值模拟方法进行冷凝剂流态的建模与参数仿真分析，设定边界条件下冷凝剂加注过程的流动仿真模型，分析 RMF 浓度在不同流速、压力下的流动分布状态。课题组对 RMF 扩散过程采用 ANSYS FLUENT 流体仿真软件，建立了几何变截面的浓度分布，如图 12－5 所示。课题组将进一步结合超低温 RMF 流型—流量检测需求，建立冷凝剂加注过程的流型—流量与 RMF 浓度空间分布模型。

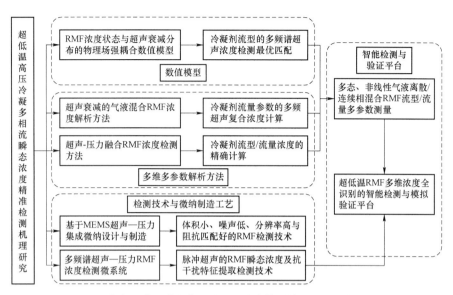

图 12-4 超低温高压冷凝多相流瞬态浓度精准检测机理研究技术路线

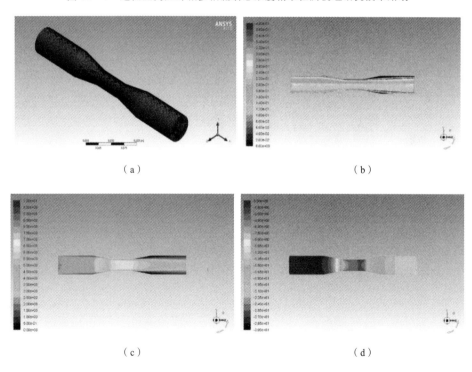

（a）　　　　　　　　　　　　　（b）

（c）　　　　　　　　　　　　　（d）

图 12-5 RMF 浓度分布仿真模型

（a）流场网格划分；（b）流场浓度；（c）流场速度；（d）流场静压

分析超低温高压环境下 RMF 的超声衰减机制,结合超声衰减与 RMF 浓度、流速及物理尺度等参数的分析，建立浓度与超声衰减分布的物理场耦合仿真模型，得到在不同 RMF 流型/流量浓度下的超声衰减分布状态与规律。课题组建立了剖分截面的 RMF 浓度与超声分布耦合模型，如图 12－6 所示。课题组将进一步根据冷凝剂加注过程中多态流型、非线性流量 RMF 参数测量的需求，建立超声衰减分布机理模型。

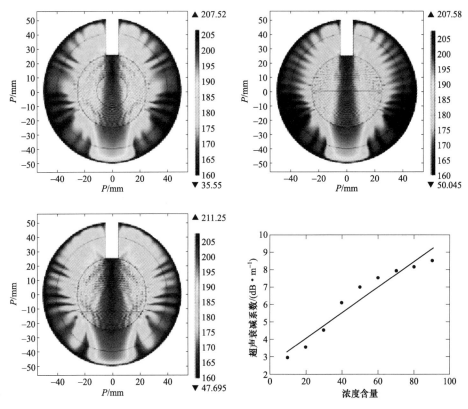

图 12－6　不同 RMF 浓度下的超声分布及衰减曲线

12.2.2.2　非线性 RMF 流量浓度的超声衰减检测解析模型

抽象冷凝剂加注过程为稳态层流的气—液滴离散相和气—液连续相混合 RMF，分析超声在气液混合多相流的散射与吸收衰减特性，如图 12－7 所示。课题组建立了气—液滴离散相超声衰减模型，得到了关于超声频率、粒度与浓度对超声衰减的影响，如图 12－8 所示。分析了气—液连续相的超声时—频响应特性，建立了超声的衰减传递函数，如图 12－9 所示。课题组将进一步对冷凝剂加注过程中气液离散—连续相混合特性，建立非线性 RMF 流量浓度超声衰减的解析模型。

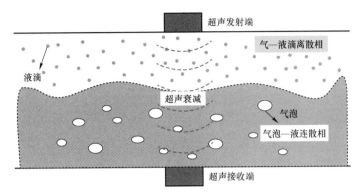

图 12-7 RMF 分布状态示意

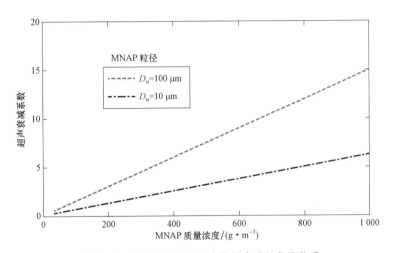

图 12-8 离散相浓度与超声散射衰减的曲线关系

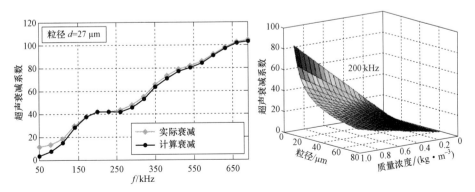

图 12-9 连续相浓度与超声频率、吸收衰减的曲线关系

12.2.2.3　研究 RMF 多频谱超声波脉冲瞬态浓度检测方法

建立 RMF 浓度的多频谱超声信号特征提取与抗干扰处理模型,分析干扰与噪声产生机制,进行超声脉冲波的频率分析;对干扰频域进行滤波,解决不同流态—流量的多频谱超声最优频率、高分辨率与抗干扰检测。课题组对单一频率的超声波脉冲信号,采用 Hilbert – Huang 变换(HHT)时/频域分析方法生成相应的光谱,将原始信号简化为固有模态函数(IMF),通过 EMD 分为高阶和低阶,使用矩形窗口技术,进行了 RMF 自适应浓度特征识别,如图 12 – 10 所示。课题组将进一步研究挖掘多频谱复合 RMF 浓度检测原理,基于脉冲压缩原理提高超声衰减的分辨率与抗干扰能力,突破 RMF 瞬态浓度测量的技术空白。

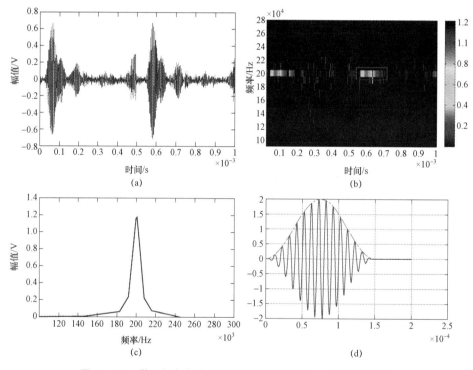

图 12 – 10　基于超声衰减的浓度特征自适应提取(彩图见附录)
(a)超声波脉冲原始波形;(b)超声波脉冲频谱图;(c)超声波脉冲中心频率提取;(d)浓度特征提取

12.2.2.4　研究 MEMS 阵列式超声—压力单片集成与微纳制造工艺

采用电容式微机械超声(CMUT)微纳制造方法,以器件灵敏度高、杂散电容小、满足频率及量程要求为出发点,采用阳极键合工艺制造 CMUT 工艺流程，由上、下电极引线互错的电容式超声传感器，如图 12-11 所示。其中，绝缘性好的玻璃衬底避免了以导电硅为衬底的传感器杂散电容大的缺点；SOI 片作振动薄膜，可达到很好的厚度均匀性。

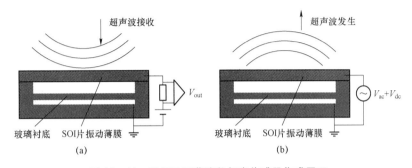

图 12-11　CMUT 工艺流程超声传感器集成原理
（a）CMUT 接收端集成原理；（b）CMUT 发生端集成原理

采用压阻式 MEMS 压力传感器微纳制造方法，通过半导体膜片四处产生较大应力差的区域布置压敏电阻，进行电阻的噪声模型和灵敏度计算，得到传感器的灵敏度、噪声和压力分辨率。最终采用 MEMS-CMOS 兼容芯片集成化设计，获得优化设计的结构参数和工艺参数，如图 12-12、图 12-13 所示。课题组今后将进一步研制用于 RMF 浓度检测的超声—压力单片集成微纳设计与制造工艺，形成冷凝剂加注过程流型—流量在线智能检测微系统，形成多维、多参数的 RMF 检测新方法与微纳制造。

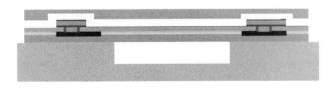

图 12-12　集成单芯片压力传感器结构图

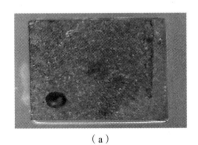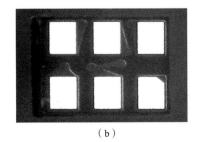

（a）　　　　　　　　　　　　（b）

图 12-13　集成芯片封装样品
（a）顶视图；（b）底部焊盘

|12.3 云雾爆炸风险评估系统|

粉尘是指悬浮在空气中的固体微粒，在生活和工作中，生产性粉尘是人类健康的天敌，是诱发多种疾病的主要原因，一方面严重危害工人的身体健康，致使工人患尘肺病；另一方面粉尘浓度过高还潜伏着爆炸的危险。每年因为粉尘灾害而造成的人员伤亡数量极大，也给国家造成了巨大的经济损失。目前，环境保护部和国家煤矿安全监察局对粉尘危害非常重视，对作业场所的粉尘排放浓度制定了相关标准，严格控制粉尘浓度，以减少粉尘危害。因此，及时有效地对作业场所的粉尘浓度进行监测，研制探测粉尘浓度传感器，研发一套智能检测识别粉尘扩散浓度系统，更好地掌握粉尘浓度状况，进行有效的除尘和降尘，对确保人身安全和提高环境质量有着极其重要的作用。

12.3.1 预警管理体系的要素

一个完整的粉尘事故预警管理体系应由外部环境预警系统、内部管理不良预警系统、预警信息管理系统和事故预警系统构成，如图 12－14 所示。外部预警体系中的外部环境预警系统主要由自然环境突变预警、政策法规变化预警、技术变化的预警构成。内部管理不良预警系统主要由粉尘实时监测数据突变、安全管理预警、设备安全管理预警、人的行为活动管理预警构成。事故预警系统主要任务是当粉尘事故有可能发生时，作出警告和对策措施建议，因此其业务隶属预警管理信息系统。

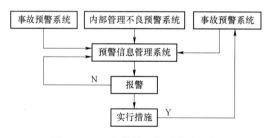

图 12－14 预警管理体系基本框架

外部环境预警系统、内部管理不良预警系统及事故预警系统接到信息后传入预警信息管理系统，预警信息管理系统选择报警或不报警。若报警触动则系统会实行相应措施制止事故的发生；若未触动报警，则再次反馈预警信息管理系统，如此循环作出判断。如果事故预警系统收到事故信息，则系统直接采取措施制止事故发生。

粉尘在线监测与事故预警系统主要由外部环境预警系统、内部管理不良预警系统、预警信息管理系统及事故预警系统构成。管理信息系统（MIS）是利用计算机硬件、软件及其他办公设备进行信息的收集、传递、存储、加工、维护和使用等，提高收益和效率。将管理信息系统运用于粉尘在线监测与事故预警系统，对粉尘监测与事故预警管理的信息进行管理。预警信息的管理包括信息收集、处理、辨伪、存储、推断等，主要是监测外部环境与内部管理的信息，以此提高粉尘在线监测的效率，降低粉尘爆炸事故的发生率。信息管理部门及信息流动及其预警部门的运转模式是粉尘在线监测与事故预警系统的一大优势，其信息流动及其预警部门的运转模式如图 12 - 15 所示。

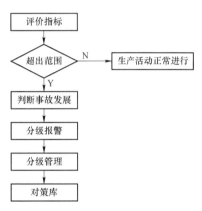

图 12 - 15 预警信息管理的流程图

粉尘事故预警系统可实现粉尘监测、识别、诊断、评价。粉尘监测是预警活动的前提，监测的任务包括两个方面：① 对安全生产中的薄弱环节和重要环节、粉尘实时浓度等进行全方位、全过程的监测；② 对大量的监测信息进行处理（整理、分类、存储、传输），建立信息档案，进行历史的和技术的比较。即通过对历史数据、即时数据的整理、分析、存储，建立预警信息档案。信息档案中的信息是整个预警系统共享的，它将监测信息及时、准确地输入下一预警环节。识别是运用评价指标体系对监测信息进行分析，以识别生产活动中粉尘事故征兆、事故诱因，以及将要发生的事故活动趋势。对已被识别的粉尘事故现象，进行成因过程的分析和发展趋势预测，可以明确哪些现象是主要的，哪些现象是从属的、附生的。诊断的主要任务是在诸多致灾因素中找出危险性最高、危害程度最严重的主要因素，并对其成因进行分析，对发展过程及可能的发展趋势进行准确定量的描述。对已被确认的粉尘事故征兆进行描述性评价，以明确生产活动在粉尘事故征兆现象冲击下会遭受什么样的打击，判断此时生产所处状态是正常、警戒、还是危险、极度危险、危机状态，并把握其发展趋势，在必要时准确报警。

粉尘事故预警系统的建立为粉尘远程监测与事故预警系统平台的设计提供了理论基础，利用事故预警原理建立粉尘事故预警系统，实现粉尘的监测、识别、诊断、评价，根据这些功能及特征，研究及开发粉尘远程监测与事故预警平台，通过平台实现数据动态监测及粉尘危险危害因素辨识等，为安监部门及企业提供及时有效的信息预警。

12.3.2　总体设计思路

　　针对粉尘事故防范和粉尘浓度实时监测，建成由安监部门、企业等构成的多用户资源共享、互联互通的粉尘远程监测与事故预警信息平台，实现涉爆粉尘企业粉尘危害危险信息规范完整、实时数据动态监测、粉尘危险危害因素辨识、应急处置快捷可视、事故规律科学可循，全面提升粉尘事故防控及在线监测预警的信息化效能。该系统平台主要包括粉尘在线监测节点终端、无线传输系统、粉尘浓度监测平台、粉尘事故预警系统，总体设计思路如图 12－16 所示。

图 12－16　粉尘远程监测与事故预警系统平台总体设计思路

12.3.3　总体架构设计

　　基于物联网、Wi-Fi/5G 和 B/S 架构的作业场所粉尘远程在线监测系统平台，可实现粉尘检测仪终端数据采集、无线传输、实时同步、数据分析、事故预警等功能；同时，通过研发爆炸性粉尘事故预警模型和职业病危害粉尘浓度预警模型，创建不同事故预警模式，提高粉尘事故的预防能力。系统平台架构如图 12－17 所示。

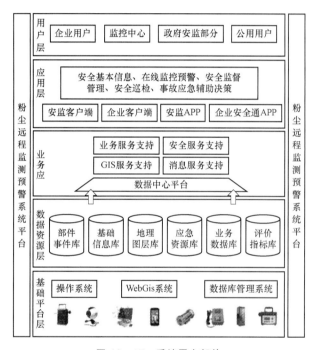

图 12－17　系统平台架构

　　粉尘远程在线监测与事故预警系统平台具体包括：

　　（1）基本信息管理——企业基本信息、涉爆粉尘基本信息等信息管理。

　　（2）作业场所粉尘浓度的实时采集、监测——通过全自动粉尘检测仪实现生产场所粉尘浓度的采集和检测分析，为系统平台提供数据保障。

　　（3）作业场所粉尘浓度的传输、记录、分析——通过建立基于互联网平台的数据传输系统，实时同步检测终端的实时数据，并保存至云数据库，为预警预报提供分析基础。

　　（4）作业场所粉尘事故预警——整合事故预警技术，结合爆炸性粉尘和非爆炸性粉尘的特点，建立不同等级的事故预警体系以及根据作业现场不同粉尘浓度下的事故预警响应机制。

（5）粉尘制度管理——粉尘信息管理、粉尘清扫记录等。

粉尘远程在线监测与事故预警系统平台的设计以实时数据服务为基础，具有简易便捷的特征，因此数据库的设计将依托规范数据，实现数据的实时采集、数据分析等功能。数据库主要包括企业基础信息、建构筑物信息、物料信息、粉尘信息，以及粉尘在线监测仪、粉尘实时监测数据表、粉尘浓度预警值表、粉尘预警记录、粉尘清扫记录等。

12.3.4 系统应用实施

通过前期大量的理论研究研发出粉尘在线监测与事故综合预警系统，可实现对粉尘进行实时监测，进入系统可以查看粉尘浓度、温度、湿度、大气压强等数据监控信息，并以趋势显示。软件设置不同功能的模块，单击模块显示相应的功能。如单击粉尘浓度趋势分析，可查看不同粒径的粉尘统计情况；单击波动情况可查看不同粒径的粉尘浓度趋势统计情况，可形成历史大数据，如图 12-18 所示。

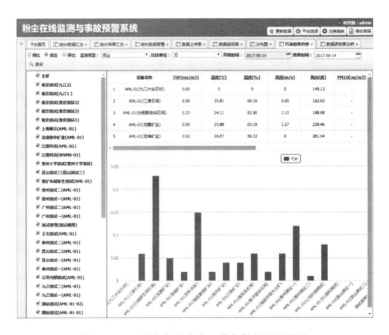

图 12-18 站点粉尘浓度及趋势数据统计界面

粉尘事故综合预警系统可实现实时报警、粉尘预警查询、粉尘报警查询、预警阈值设置、预警设置等功能。如单击实时报警菜单，还可查看所管辖的企业粉尘实时浓度超标报警情况，如图 12－19 所示；单击污染源异常查询，可查询某企业某站点某时间段内监测数据的预警记录；单击污染源异常报警查询，可查询某企业某站点某段时间内监测数据的报警记录等；单击污染源浓度指标设置可对粉尘监测预警的阈值进行设置；单击联系人设置、预警告知设置、预警处置设置即可实现预警联系人设置、预警告知设置、预警处置设置。

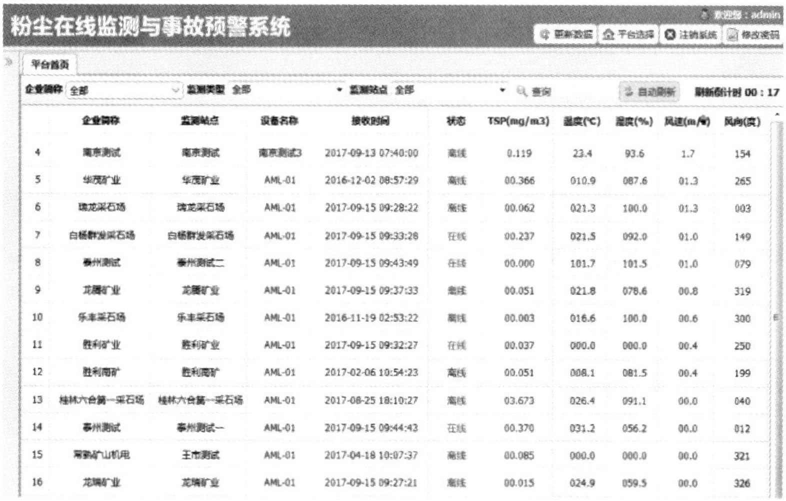

	企业简称	监测站点	设备名称	接收时间	状态	TSP(mg/m3)	温度(℃)	湿度(%)	风速(m/s)	风向(度)
4	南京测试	南京测试	南京测试3	2017-09-13 07:40:00	离线	0.119	23.4	93.6	1.7	154
5	华茂矿业	华茂矿业	AML-01	2016-12-02 08:57:29	离线	00.366	010.9	087.6	01.3	265
6	瑞龙采石场	瑞龙采石场	AML-01	2017-09-15 09:28:22	离线	00.062	021.3	100.0	01.3	003
7	白杨群发采石场	白杨群发采石场	AML-01	2017-09-15 09:33:28	在线	00.237	021.5	092.0	01.0	149
8	泰州测试	泰州测试二	AML-01	2017-09-15 09:43:49	在线	00.000	101.7	101.5	01.0	079
9	龙腾矿业	龙腾矿业	AML-01	2017-09-15 09:37:33	离线	00.051	021.8	078.6	00.8	319
10	乐丰采石场	乐丰采石场	AML-01	2016-11-19 02:53:22	离线	00.003	016.6	100.0	00.6	300
11	胜利矿业	胜利矿业	AML-01	2017-09-15 09:32:27	在线	00.037	000.0	000.0	00.4	250
12	胜利南矿	胜利南矿	AML-01	2017-02-06 10:54:23	离线	00.051	008.1	081.5	00.4	199
13	桂林六合第一采石场	桂林六合第一采石场	AML-01	2017-08-25 18:10:27	离线	03.673	026.4	091.1	00.0	040
14	泰州测试	泰州测试一	AML-01	2017-09-15 09:44:43	在线	00.370	031.2	056.2	00.0	012
15	常勤矿山机电	王市测试	AML-01	2017-04-18 10:07:37	离线	00.085	000.0	000.0	00.0	321
16	龙瑞矿业	龙瑞矿业	AML-01	2017-09-15 09:27:21	离线	00.015	024.9	059.5	00.0	326

图 12－19　粉尘实时监测及预警界面

根据粉尘监测的相关技术要求及粉尘的主要特性，结合物联网、移动互联网、大数据及云计算等最新信息技术，设计研发的基于物联网的粉尘在线监测预警系统平台，实现了粉尘相关参数的实时监测、粉尘浓度的趋势分析、粉尘指标预警报警、粉尘安全管理等功能，为安监部门、企业等安全生产监督管理提供信息化支持，提高工作效率和事故预防能力。

12.4　过程工业中多相流检测

自然界中的物质通常可分为气相、液相和固相。气体或者液体单相物质的流动称为单相流。两相流是指两相物质所组成的流动系统。若流动系统中物质的相态多于两个，则称为多相流。两相流及多相流是化工生产中为完成相际传质和反应过程所涉及的最普遍的黏性流体流动。通常把含有大量气体、液体或固体颗粒的气体或液体流动称为两相流。例如在石油工业中，采油井内以及管道输运过程中的流体常为油、气、水三种流体同时存在；在电厂发电过程中，作为燃料的煤粉在输送过程中为气、固相同时存在。

此外，多相流相含率的测量对能源动力、石油、天然气、化学工业、医学制药、航空航天等工业过程均具有重大的科学研究意义和工程应用价值。如在环保领域，大气中的液滴与固体颗粒、河流中的泥沙、汽车尾气排放及工业污染源产生的固体相颗粒，都与多相流参数测量相关，影响生产过程中的能源消耗甚至影响最终产品的质量和性能。

12.4.1 管道石油运输多相流检测

油气水三相混输是石油化工行业中一种非常典型的多相流。在油田开采出来的流体中，原油在井筒中向上流动，当流压低于泡点压力后，产生原油脱气，气体以游离气的形态在，导致在油井的开采生产过程以及原油的管道输运过程中，形成油气水三相流流动过程。石油开采中最常见的多相流现象就是油水两相流和油气水三相流。

油气水三相流过程参数检测主要包括流型、相含率、速度、黏度、密度、压力降等参数。

12.4.1.1 流型

流型指在多相流流动中相与相的交界面处由于相间相互作用而呈现出的不同的几何形状和流动状态。由于各组分之间的相互作用和能量交换，导致多相流流型在诸多影响因素的作用下复杂多变。水平管道中油水两相流主要有两种流型：分层流和分散流。

分层流主要发生在油水混合物流动速度较低的情况下。由于重力的作用，油相浮于管道上部流动，水相则在管道下部流动，两相均为连续相。

分散流是由于当油水混合物流速增加，在油水分界面上存在液滴。在水动力的搅拌作用和水浮力的抵制重力作用下，液滴分布在整个管子横截面上，使油水分层流动变为分散流动。

12.4.1.2 流量

多相流的流量参数通常可以用容积流量或者质量流量来描述。两相流的质量流量，采用质量进行计量，是指单位时间内流过任一管道横截面的两相混合物的总质量，即两相质量流量之和。

12.4.1.3　相含率

两相流中，组分两相各自占两相流体总量的比值定义为相含率。相含率包括截面相含率、体积相含率和质量相含率。

12.4.1.4　速度

速度包括相速度、混合流速、表观相流速、滑速比、滑脱速度、漂移速度和质量流速。在多相流体中，由于各相速度存在差异，除了表征多相流混合体流动的速度外，还需要表征各分相的分相速度。所以多相流速度由混合体平均流速和分相速度（真实流速）两种速度参数表示。

12.4.1.5　密度（浓度）

多相流密度通常分为流动密度和真实密度。

流动密度是指单位时间内流过流断面的多相流质量与体积之比，表征了多相介质在流动中的平均密度。

真实密度是指流动过程中的单位体积内含有的多相混合流体的质量，反映了流动中两相流体混合物质的实际密度。

除了上述介绍的参数之外，还有黏度、压力降、传热传质系数、液膜流率与液膜厚度等参数，也是用来描述多相流特性的常见参数，这些参数对于多相流系统流动特性的分析和研究都有着重要的作用。此外，两相流中气泡、液滴或颗粒的尺寸及分布等也是描述多相流动特性的参数，并受到了研究者极大的关注。

12.4.2　发电厂煤粉运输多相流检测

目前，中国能源的构成中，火力发电仍然占据着主导地位，目前国内的各大火力发电厂基本都是以烧煤为主。基于我国矿产资源特点（煤的储量相对较多）和经济高速发展对电力的需求，电力供应的来源仍然是以煤炭为主。除此之外，中国已经成为世界上仅次于美国的能源消费国和最大的能源生产国。根据统计数据显示，2020 年，我国的发电量为 7.42 万千瓦时，燃煤发电量占全球煤电的 50.2%。因此提高电站锅炉燃烧效率，减少燃煤电站污染排放对火电的清洁高效发展具有很大的意义。

锅炉在燃烧过程中，需要使每个燃烧器中风粉两相流参数相同，只有在这样的条件下，同层各燃烧器可以组织良好的温度场和空气动力场，使整个炉膛的燃烧效果最好，污染物排放最少。如果同层各燃烧器中的风粉浓度差异过大，即使总的风煤比维持在合适范围内，也会带来许多不良后果。这些不良后果主要体现在炉膛火焰中心产生偏移，炉膛热负荷不均匀，着火不稳定，无法低 NO 运行，造成烟气侧和蒸汽侧温度偏差；严重时还会使得火焰冲刷后墙，进而造成炉内结渣，影响锅炉安全运行。

国内的燃煤电厂在运行过程中，由于磨煤机的性能原因及受管道布置方式的影响，导致一次风管道中各同层燃烧器的煤粉分配偏差较大。实际工程数据表明，由于同层燃烧器的配风不均以及各层一次风管风粉浓度与设定值的偏差所导致的锅炉爆管和一次风管故障时有发生。此外，由于国家对污染物排放的要求愈加严格以及火电企业对经济和安全性的需要，提高风粉浓度监测水平对指导一次风配风以及锅炉的安全、经济运行有着重要的意义。

风粉浓度的测量属于稀疏气固两相流浓度测量领域。气固两相流各相间存在相对速度，而且气固两相界面会发生随机变化，这使得其特征参数的测量难度要远远高于单相流系统。此外，在气固两相流参数检测中，除了流速、固相浓度之外，固相颗粒的颗粒尺寸及分布、流型等都会对测量结果的准确性和可靠性产生较大的影响。

（1）固相颗粒浓度和速度的非均匀分布。在实际气力输送过程中，由于气固两相界面的相互作用或管道布置、输送方式等因素的影响，气固两相流中的固相颗粒浓度和速度分布往往是不均匀的，局部区域的固相浓度和速度分布也具有一定的随机性，流动过程较为复杂。在实际的工程应用中，若是涉及水平输送，还需要考虑重力对固相颗粒分布的影响，从而进一步加剧了流动的复杂性。

（2）颗粒尺寸分布及形状。气固两相流中的颗粒粒径一般在几微米到几百微米的范围内变化，而且其形状也不固定。虽然对确定的气力输送系统来说，颗粒粒径会保持在一定的范围内，但是具体分布却与实际运行状态有关。例如，一次风管道中的煤粉粒径范围可以确定，但是其粒径分布却主要取决于磨煤机的工作性能。

（3）固相颗粒化学成分及含水量。气力输送的物料多种多样，不同物料的化学成分差别较大。燃煤电站所用的燃煤，有来自全国各地的煤种，这些煤种之间的化学成分变化很大，含水量也不一样。在气力输送过程中，含水量较高的物料往往需求温度较高的风温，这会使水分析出变成过热蒸汽，会对某些传感器性能产生较大影响。

此外，气力输送过程中产生的噪声、振动也会对测量结果产生一定的影响，而这些因素往往是不可控的。由于气固两相流动十分复杂而且具有一定的随机性，使得其参数检测难度较大，尽管学术界和工业界对稀疏气固两相流固相浓度测量做了大量的研究工作，取得了一批具有启发性、建设性的成果，但是大部分还处于实验室研究阶段。因此发展稀疏气固两相流过程参数（主要是浓度）检测方法具有重要意义。

12.4.3 三相融合射流清洗技术流体检测

我国的工业清洗领域主要有化学清洗、物理清洗、生物清洗三种清洗方法。国内市场上现有的环保型水、砂混合清洗设备存在着效率较低、操作不便、维护成本高、作业风险大等种种难题。

三相融合射流清洗技术具有绿色环保、高效率、低能耗等优点。只需要空气、水和石英砂，通过设备内部的流场一体化和二次引流加速设计，利用空气动力让气、固、液充分均匀混合，再以一定的速度喷射到待清洗物体表面，就能利用砂粒棱角的切割、摩擦以及水的浸润、气体的冲刷等综合作用高效地完成清洁作业。该技术不但没有化学污染，还节能省水，更避免了可吸入粉尘危害操作人员的健康。作业全过程无须额外用电，用过的水和沙砾还可以回收重复使用。经过科学测算，应用三相融合射流清洗技术后，单位清洗成本仅相当于高压水清洗的 1/2、空气喷砂清洗的 2/3。经第三方检测，作业车间内空气中颗粒物平均为 0.2 mg/m³，远远优于国标 5 mg/m³ 的标准。

12.4.4 新型智能传感系统对区域供热管网进行精确监测

泄漏和热量损失是当今区域供热网的主要挑战。智能无电池传感器技术的发展将支持 Logstor 的智能供应网络愿景。近几十年来，人们已经开发出帮助检测区域供热系统泄漏的技术，但仍然没有廉价、简单和自主的技术，即使没有外部电源，也无法将温度、压力及流体参数等运行数据传输到云端。基于多相流体监测技术应用到区域供热网络，将神经形态数据处理与能量收集技术术联系起来，创建一个极低能量的系统，直接安装在区域供热管道中，形成智能监测。

|12.5 结 论|

本章对多相流体的流型和流量特性进行了概述，表明了多相流体的多态非线性对其参数（流型、流量、流速、浓度）等检测的挑战。结合当前"节能减排""公共安全"等国家重大发展战略,从新冠疫苗冷链检测、粉尘爆炸预警,以及过程工业中石油、煤粉、供热运输的流体检测必要性进行了讨论;最后对新型产业中的三相融合射流清洗技术进行了概述,充分表明多相流检测技术应用场景的广泛和重要性。

参考文献

第1章参考文献

［1］白春华，梁慧敏，李建平，等. 云雾爆轰［M］. 北京：科学出版社，2012.

［2］张博，白春华. 气相爆轰动力学［M］. 北京：科学出版社. 2013.

［3］王世英. 二次起爆云爆战斗部的发展趋势［C］//OSEC 首届兵器工程大会论文集. 2017.

［4］恽寿榕，赵衡阳. 爆炸力学［M］. 北京：国防工业出版社，2005.

［5］吴力力，丁玉奎，甄建伟. 云爆弹关键技术发展及战场运用［J］. 飞航导弹，2016（12）.

［6］张宝平，张庆明，黄风雷. 爆轰物理学［M］. 北京：兵器工业出版社，2001.

［7］章艳. 云爆引信云雾扩散浓度双频超声实时探测技术［D］. 北京：北京理工大学，2020.

［8］郭明儒. 云爆浓度快速多模检测机理与方法研究［D］. 北京：北京理工大学，2016.

［9］Zeldovich Y B. On the theory of the propagation of detonation in gaseous systems［J］. Technical Report Archive & Image Library，1940.

［10］Moen I O. Transition to detonation in fuel-air explosive clouds［J］. Journal of Hazardous Materials，1993，33（2）：159－192.

［11］A C van den Berg and A. Lannoyb. Methods for vapour cloud explosion blast modelling［J］. Journal of Hazardous Materials，1993，34（2）：151－171.

［12］ Carlson G A. Fuel-air munition and device［P］. US-US3955509 A，1976.

［13］ Gardner D R. Near-field dispersal modeling for liquid fuel-air explosives ［M］. Sandia National Labs，Albuquerque，NM，1990（7）：83.

［14］ Gabrijel Z，Nicholls J A. Cylindrical heterogeneous detonation waves［J］. Acta Astronautica，1978，5（11－12）：1051－1061.

［15］ Method of generating single-event，unconfined fuel-air detonation［P］. Sayles D C，US4463680，1984.

［16］ Gelled Fuel-Air Explosive Method［P］. Stull B O. US4293314 . 1981

［17］ Sedgwick R T，Kratz H R. Fuel Air Explosives：A Parametric Investigation ［P］. US，1979.

［18］ Lavoie L. Fuel-air explosives，wapens，and effects［J］. Military Technology， 1989，（9）：35－41.

［19］ Sedgwick R T. Fuel air explosive：a parametric investigation［J］. AD-A159177， 1985（18）.

［20］ Stanley E W. Gelled FAE Fuel［P］. US430220，1981.

［21］ Bertram O. Gelled fuel-air explosive method［P］. US4293314，1981.

［22］ Rosenblatt M. Remarks on a Multivariate Transformation［J］. Annals of Mathematical Statistics，1952，23（3）：47 0－472.

［23］ Bagduev R I，Balkanov V A，Belolaptikov I A，et al. The optical module of the Baikal Deep underwater neutrino telescope［J］. Nuclear Instruments & Methods in Physics Research，1998，420（1－2）：138－154.

［24］ Borisov A A. Modeling pressure waves formed by the detonation and combustion of gas mixtures［J］. Combustion Explosive and Shock Waves， 1985，21（2）：211－217.

［25］ Gardner D R，Trogdon S A，Douglass R W. A modified tau spectral method that eliminates spurious eigenvalue s［J］. Journal of Computational Physics， 1989，80（1）：137－167.

［26］ 薛社生，刘家骢，等. 燃料爆炸抛撒成雾的实验与数值研究［J］. 爆炸 与冲击，21（4）：272－276.

［27］ 任晓冰，陆晓霞，等. 爆炸驱动液体分散的实验与数值模拟研究［J］. 兵 工学报，2010，31（S1）：93－97.

［28］ 李磊，崔箭，等. 液体爆炸分散过程中界面破碎的实验研究［J］. 科学 通报（12）：57－64.

［29］丁珏，刘家骢. 液体燃料云团形成过程的数值仿真［J］. 兵工学报，2001，
　　　22（14）：481－484.

［30］惠君明. FAE 燃料抛撒与云雾状态的控制［J］. 火炸药学报，1999，22
　　　（1）：10－13.

［31］张奇，覃彬，白春华，等. 中心装药对 FAE 燃料成雾特性影响的试验分
　　　析［J］. 含能材料，2007；15（5）：448－450.

［32］肖绍清，白春华，等. FAE 云雾控制因素的优化研究［J］. 火炸药学报，
　　　1999，18（2）：11－14.

［33］石艺娜，洪滔，秦承森. 气溶胶抛撒过程中首次破碎液滴的尺寸分布［J］.
　　　计算物理，2010，27（6）：847－853.

［34］王仲琦，陈翰，刘意，等. 炸药驱动惰性颗粒运动过程数值模拟研究［J］.
　　　兵工学报. 2010，31（1）：112－127.

［35］罗艾民，张奇，李建平. 爆炸驱动作用下固体燃料分散过程的计算分析［J］.
　　　北京理工大学学报，2005，25（2）：103－107.

［36］张博，李斌，沈正祥，等. 激波与固体颗粒群相互作用实验研究［J］. 实
　　　验流体力学，2009，23（3）：16－19.

［37］李斌，解立峰，等. 激波驱动下固体颗粒抛撒的实验研究［J］. 实验力
　　　学，2012，27（6）：715－720.

［38］王凯，黄寅生，等. 爆炸装置结构对固体粉末抛撒半径的影响［J］. 安
　　　全与环境学报，2011，11（5）：154－157.

［39］刘意，王仲琦，等. 颗粒特征尺寸对爆炸驱动惰性金属颗粒运动的影响［J］.
　　　科技导报，2009，27（22）：48－53.

［40］许学忠，裴明敬，王宇辉，等. 一次起爆 FAE 的燃料扩散特征［J］. 火
　　　炸药学报，2000（1）：47－49.

［41］张奇，白春华，刘庆明，等. 壳体对燃料近区抛撒速度的影响［J］. 应
　　　用力学学报，2000，17（3）：102－107.

［42］郭学永，惠君明. 装置参数对 FAE 云雾状态的影响［J］. 含能材料，2002，
　　　10（4）：161－165.

［43］Dobbins R A, Crocco L, Glassmans I. Measurement of mean particle sizes of
　　　sprays from diffractively scattered light［J］. AIAA Journal，1963，1（8）：
　　　1882－1886.

［44］Samirant M, Smeets G, Baras C, et al. Dynamic measurements in combustible
　　　and detonable aerosols. Propellants，Explosives［J］，Pyrotechnics，1989，
　　　14（2）：47－56.

［45］ Labbe J，Bardon M F，Sellens R W. Diode laser for in situ transient measurements in explosively formed aerosol clouds［J］. Review of Scientific Instruments，1992，63（4）：2170 – 2173.

［46］ Klippel A，Schmidt M，Muecke O，et al. Dust concentration measurements during filling of a silo and CFD modeling of filling processes regarding exceeding the lower explosion limit［J］. Journal of Loss Prevention in the Process Industries，2014（29）：122 – 137.

［47］ Hauert F，Vogl A，Radandt S. Dust cloud characterization and the influence on the pressure time history in silos［J］. Proc. Safe. Progr，1996（15）：1 – 8.

［48］ Liu X，Zhang Q. Influence of turbulent flow on the explosion parameters of micro-and nano-aluminum powder‐air mixtures［J］. Journal of hazardous materials，2015（299）：603 – 617.

［49］ Rani S I，Aziz B A，Gimbun J. Analysis of dust distribution in silo during axial filling using computational fluid dynamics：Assessment on dust explosion likelihood［J］. Process Safety and Environmental Protection，2015（96）：14 – 21.

［50］ Spida M，Sievic V，Jahoda M，et al. Solid Particle distribution of moderately concentrated suspensions in a pilot plant stirred vessel［J］. Chemical Engineering Journal，2005，113（1）：73 – 82.

［51］ Yamazaki H，Tojo K，Miyanami K. Concentration Profiles of Solids Suspended in a Stirred Tank［J］. Powder Technology，1986，48（3）：205 – 216.

［52］ Omotayo Kalejaiye，Paul R. Amyotte，Michael J. Pegg，et al. Cashdollar Effectiveness of dust dispersion in the 20 – L Siwek chamber［J］. Journal of Loss Prevention in the Process Industries，2010（23）：46 – 59.

［53］ Esmail R. Monazam，Rupen Panday，Lawrence J. Shadle. Estimate of solid flow rate from pressure measurement in circulating fluidized bed［J］. Powder Technology，2010，203（1）.

［54］ Juliusz B. Gajewski. Non-contact electrostatic flow probes for measuring the flow rate and charge in the two-phase gas-solids flows［J］. Chemical Engineering Science，2005，61（7）.

［55］ 田贻丽. 粉尘浓度测量方法的研究［D］. 重庆：重庆大学，2003.

［56］ 胡澄. 基于 MIE 散射理论的粉尘浓度测量研究［D］. 苏州：苏州大学，2007.

［57］ 赵政. 基于电荷感应法的金属粉尘浓度检测技术［J］. 煤炭科学技术，2017，45（12）：155 – 159.

［58］ 张国城，沈正生，等. 微电荷法在线粉尘仪原理及其计量检测［J］. 计量技术，2017，511（3）：41－45.

［59］ Allegra J R，Hawley S A，Holton G. Attenuation of Sound in Suspensions and Emulsions：Theory and Experiments［J］. Optics，1970，51（1A）：1545－1564.

［60］ Chang J S，Ichikawa Y，Irons G A，et al. Void fraction measurement by an ultrasonic transmission technique in bubbly gas-liquid two-phase flow［C］// Measuring Techniques in Gas-Liquid Two-Phase Flows. Springer Berlin Heidelberg，1984：319－335.

［61］ Falcone G. Chapter 3 Multiphase Flow Metering Principles［J］. Developments in Petroleum Science，2009，54（9）：33－45.

［62］ Figueiredo M M F，Goncalves J L，Nakashima A M V，et al. The use of an ultrasonic technique and neural networks for identification of the flow pattern and measurement of the gas volume fraction in multiphase flows［J］. Experimental Thermal and Fluid Science，2016（70）：29－50.

［63］ 唐娟. 粉尘浓度在线监测技术现状及发展趋势［J］. 矿业安全与环保，2009，36（5）：69－71.

［64］ 杜利利，谭利民，等. 作业场所粉尘危害现状调查［J］. 职业卫生与病伤，2013（3）：129－132.

第 2 章参考文献

［1］ A t d，A m l，A a d，et al. Automatic ultrasonic inspection for internal defect detection in composite materials – ScienceDirect［J］. NDT & E International，2008，41（2）：145－154.

［2］ Zabelka R J，Smith L H. Explosively Dispersed Liquids［R］. AD－863268，1969.

［3］ Borisov A A. Research on the Explosive Dispersion of FAE［R］. Report in NUST，1995.

［4］ Popoff I G，Thuman W U. Research Study on the Dissemination of Solid Liquid［R］. Agent Final Report，1980.

［5］ Borisov A A. Research on the Explosive Dispersion of FAE［R］. Report in NUST，1995.

［6］ Ivandaev A I. Numerical Investigation of Expansion of a Cloud of Dispersion Particles or Drops under the Influence of an Explosion［J］. Fluid Dynamics，1982，17：68－74.

［7］ Ivandaev A I. Numerical Investigation of Expansion of a Cloud of Dispersion Particles or Drops under the Influence of an Explosion［J］. Fluid Dynamics, 1982, 17: 68－74.

［8］ Glass M W. Far Field Dispersal Modeling for Liquid Fuel Air Explosive［R］. SAND 900687, 1991.

［9］ Gardner D R. Near Field Dispersal Modeling for Liquid Fuel Air Explosives［R］. SAND 900686, 1990.

［10］ Spidla M, Sinevič V, Jahoda M, et al. Solid particle distribution of moderately concentrated suspensions in a pilot plant stirred vessel［J］. Chemical Engineering Journal, 2005, 113（1）: 73－82.

［11］ Gregoire Y, Frost D, Petel O. Development of instabilities in explosively dispersed particles［J］. AIP Conference Proceedings, 2012（23）: 1623－1626.

［12］ Grégoire Y, Sturtzer M O, Khasainov B A, et al. Cinematographic investigations of the explosively driven dispersion and ignition of solid particles［J］. Shock Waves, 2014（24）: 393－402.

［13］ Charles M J, Robert C R, Wu C Y, et al. Explosively driven particle fields imaged using a high speed framing camera and particle image velocimetry［J］. International Journal of Multiphase Flow, 2013（51）: 73－86.

［14］ 张奇, 白春华, 等. 燃料抛撒过程中的相似律［J］. 北京理工大学学报, 2000, 20（5）: 651－655.

［15］ 罗艾民, 张奇, 李建平, 等. 爆炸驱动作用下固体燃料分散过程的计算分析［J］. 北京理工大学学报, 2005, 25（2）: 103－107.

［16］ 蒲加顺, 白春华, 梁慧敏. 多元混合燃烧分散爆轰研究［J］. 火炸药学报, 1998, 21（1）: 1－5.

［17］ 郭明儒. 云爆浓度快速多模检测机理与方法研究［D］. 北京: 北京理工大学, 2016.

［18］ 薛社生. 燃料空气炸药的爆炸抛撒研究［D］. 南京: 南京理工大学, 1997.

［19］ 惠君明, FAE 燃料抛撒与云雾状态的控制［J］. 火炸药学报, 1999, 22（1）: 10－13.

［21］ Song Y, Nassim B, Qi Z. Explosion energy of methane/deposited coal dust and inert effects of rock dust［J］. Fuel, 2018, 228: 112－122.

［22］ Xiang G D, Sun H L, Zhao L S, et al. The antioxidant alpha-lipoic acid improves endothelial dysfunction in duced by acute hyperglycaemia during OGTT in impaired glucose tolerance［J］. Clinical Endocrinology, 2010,

68（5）：716－723.

［23］蒋丽，白春华，刘庆明. 气、固、液三相混合物燃烧转爆轰过程实验研究
［J］. 爆炸与冲击，2010，30（6）：588－592.

［24］陈嘉琛. 多相燃料分散及瞬态云雾场数值模拟［D］. 北京：北京理工大学，2015.

［25］陈腾飞. 高速云雾浓度、粒度、速度场分布及爆轰过程研究［D］. 北京：北京理工大学，2017.

［26］刘丽娟. 瞬态多相云雾爆轰特性及其传播规律［D］. 北京：北京理工大学，2019.

第3章参考文献

［1］惠君明. FAE 燃料抛撒与云雾状态的控制［J］. 火炸药学报，1999，22（1）：10.

［2］范宝春，姚志霞，李鸿志. 气云爆轰的一维模型［J］. 爆炸与冲击，1995，4：307－314.

［3］李定和. 云爆弹云雾引信抛射轨迹的研究［J］. 兵工学报，1993（2）：74－77.

［4］洪滔，秦承森，林文洲，等. 悬浮 RDX 炸药和铝颗粒混合粉尘爆轰的数值模拟［J］. 爆炸与冲击，2009，29（5）：468－473.

［5］刘庆明，白春华，张奇，等. 多相云雾爆轰计算机仿真［J］. 兵工学报，2002，23（1）：19－22.

［6］何志光，陈网桦，彭金华. 二次 FAE 的火球温度及热辐射效应研究［J］. 安全与环境学报，2004，Vol. 4：183－185.

［7］谢立军，叶剑飞，周凯元，等. 固态燃料小型 FAE 装置空中爆炸场效应分析［J］. 实验力学，2006，20（4）：579－583.

［8］崔晓荣，周听清，贾来兵，等. 多元固相 FAE 的离散与爆轰的协调研究［J］. 实验力学. 2006（02）

［9］惠君明，刘荣海，彭金华，等. 燃料空气炸药威力的评价方法［J］. 含能材料，1996，4（3）：123－128.

［10］李贝，余文力，王文欣，等. 中心装药起爆方式对 FAE 影响的仿真研究［J］. 兵器自动化. 2014（11）：9.

［11］张陶，於津，惠君明. 爆炸抛撒方式对 FAE 云雾爆轰特性及威力影响的实验研究［J］. 弹箭与制导学报，2010，30（1）：137－140.

［12］刘云. 爆炸抛撒云雾形貌特征及威力场研究［D］. 北京：北京理工大学，2016.

第 4 章参考文献

［1］ 胡澄. 基于 MIE 散射理论的粉尘浓度测量研究［D］. 苏州：苏州大学，2007.

［2］ 顾侃. 基于 Mie 散射理论的微粒粒径分布检测研究［D］. 上海：东华大学，2013.

［3］ 孙昕. 基于 Mie 散射理论测量微小球粒粒径的数值模拟及实验研究［D］. 天津：天津大学，2004.

［4］ 李亦军. 基于 Mie 散射的微粒浓度和粒度测试的理论与实验研究［D］. 太原：中北大学，2005.

［5］ 郑刚，蔡小舒. 消光法测量微粒尺寸的测量下限的研究［J］. 仪器仪表学报，1998，19（5）：503－507.

［6］ 郑刚等. 用多波长消光法测量大颗粒的尺寸分布［J］. 光学学报，1993，13（2）：165－169.

［7］ 刘铁英，等. 三波长消光法测定微粒的粒径及其分布［J］. 仪器仪表学报，2000，21（2）：208－210.

［8］ Vâjâiac S N，Filip V，Ştefan S，et al. Assessing the size distribution of droplets in a cloud chamber from light extinction data during a transient regime［J］. Journal of Atmospheric and Solar-Terrestrial Physics，2014，109（3）：29－36.

［9］ 刘雪岭. 瞬态多相云雾浓度、湍流及其爆炸物理特征实验研究［D］. 北京：北京理工大学，2016.

［10］ Wu W，Liu L，Zhang Q. A new 20 L experimental vessel for dust explosion and measurement of local concentration［J］. Journal of Loss Prevention in the Process Industries，2017，49：299－309.

［11］ Novick V. Use of Series Light Extinction Cells to Determine Aerosol Number Concentration［J］. Aerosol Science & Technology，1988，9（3）：251－262.

［12］ Hulst H C，van de Hulst H C. Light scattering by small particles［M］. Courier Corporation，1957.

［13］ Kerker M. The Scattering of Light and Other Electromagnetic Radiation［J］. 1969，22（5）：620－645.

第 5 章参考文献

［1］ Abouelwafa A，John M E. The Use of Capacitance Sensors for Phase Percentage Determination in Multiphase Pipelines［J］. IEEE Trans. on Instru.

and Meas，1980，29（1）：24－27.

［2］ Xie C G，Plaskowski A，Beck M S. 8－electrode capacitance system for two-component flow identification［J］. IEE Proceedings，1989，136：173－183.

［3］ 张宝芬，焦明. 电容式两相流浓度传感器的仿真及优化［J］. 清华大学学报（自然科学版），1992（1）：25－30.

［4］ 谢秉川，何勤，等. 半导体/绝缘体复合材料的介电特性和光谱特性［J］. 量子光学学报，2006（2）：95－97.

［5］ 吴裕功，沈洪亮，等. 两相复合介质等效介电常数的二维模拟计算［J］. 哈尔滨理工大学学报，2002，7（6）：24－26.

［6］ 陈小林，成永红，等. 两相复合材料等效复介电常数的计算［J］. 自然科学进展，2009，19（5）：532－536.

［7］ 肖钢. 多层吸波材料计算设计及优化研究［D］. 哈尔滨：哈尔滨工程大学，2003.

［8］ 肖婷，杨河林. 非同心介质球壳内外的电场分布［J］. 高等函授学报（自然科学版），2008（1）：13－17.

［9］ 周邢银. 煤粉浓度测量用电容式传感器优化设计研究［D］. 保定：华北电力大学（河北），2005.

［10］ 董恩生，董永贵，等. 同面多电极电容传感器的仿真与试验研究［J］. 机械工程学报，2006，42（2）：6－11.

［11］ 刘少刚，安进华，等. 单一平面电容传感器数学模型及有限元解法研究［J］. 哈尔滨工程大学学报，2011（1）：79－84.

［12］ 向莉，董永贵. 同面散射场电容传感器的电极结构与敏感特性［J］. 清华大学学报（自然科学版），2004，44（11）：1471－1474.

［13］ 侯北平. 基于信息融合的两相流参数检测研究［D］. 天津：天津大学，2001.

［14］ 陆增喜，王师. 气固两相流速度测量算法研究［J］. 计量测试与检定，2007，17（3）：7－9.

［15］ 陆耿，邹璐，等. 基于电容测量和 PCA 法的两相流相浓度检测方法［J］. 中国计量学院学报，2003，14（1）：15－18.

［16］ 薛庆忠，李文瀛. 二元无规混合物的有效介电常数计算公式的改进［J］. 石油大学学报，1999，23（4）：102－104.

［17］ 蔡建乐，乔楚良，等. 混合物介电常数的立方根律及其相对论变换［J］. 河北大学学报，1999，19（2）：129－131.

［18］ 赵凤章，李承祖，等. 颗粒形混合物等效介电常数的一种近似理论［J］.

宇航材料工艺，1989（4）：10－16.

［19］赵凤章，李承祖. 导体颗粒与电介质混合物等效介电常数的近似理论［J］.
宇航材料工艺，1992（3）：20－28.

［20］李剑浩. 混合物电导率和介电常数的研究［J］. 地球物理学报，1996（39）：
364－370.

第6章参考文献

［1］Sewell C T J. On the extinction of sound in a viscous atmosphere by small
obstacles of cylindrical and spherical form［J］. Philos. Trans. Roy. Soc.
London，1910，Ser. A210：239－270.

［2］Carstensen E L，Foldy L L. Propagation of sound through a liquid containing
bubbles［J］. Journal of the Acoustical Society of America，947，19（3）：
481－501.

［3］Urick R J，Ament W S. The propagation of sound in composite media［J］.
Journal of the Acoustical Society of America. 1949，21：115－119.

［4］Epstein P S，Carhart R R. The Absorption of Sound in Suspensions and
Emulsions 1：Water Fog in Air［J］. Journal of the Acoustical Society of
America，1954，25（3）：553－565.

［5］Carstensen E 1，Foldy L L. Propagation of sound through a liquid containing
bubbles［J］. Journal of the Acoustical Society of America，1947，19（3）：
481－501.

［6］Allegra J R，Hawley S A. Attenuation of sound in suspensions and emulsions：
Theory and experiments［J］. Journal of the Acoustical Society of America，
1972，51（5）：1545－1546.

［7］Riebel U. Characterization of Agglomerates and Porous Particles by Ultrasonic
Spectrometry［C］//5th European Symposium Particle Characterization，Nurnberg，
Germany，1992.

［8］J S Tebbutt，R E Challis. Ultrasonic wave propagation in colloidal suspension
and emusions：a comparison of four models［J］. Ultrasonics，1996（34）：
363－368.

［9］A S Dukhin，P J Goeetz，C W Hamlet. Acoustic spectroscopy for concentrated
poly disperse colloids with low density contrast［J］. Langmiur，1996，12（21）：
1998－5004.

［10］U Riebel. Method of and an apparatus for ultrasonic measuring of the solids concentration and particle size distribution in a suspension[P]. United States Patent 4706509，1987 – 11 – 17.

[11] Abda F，Azbaid A，Ensminger D，et al. Ultrasonic device for real-time sewage velocity and suspended particles concentration measurements[J]. Water Science &Technology，2009，60（1）：117.

[12] P V Nelson，Malcolm J W Povey，Yong tao Wang. An ultrasound velocity and attenuation scanner for viewing the temporale volution of a dispersed phase in fluids[J]. Review and Scientific Instruments，2001，72（11）：4234 – 4241.

[13] 苏明旭，蔡小舒，等. 超声衰减发测量颗粒粒度大小[J]. 仪器仪表学报，2004，25（4）：1 – 2.

[14] 苏明旭，蔡小舒，等. 超声衰减法测量悬浊液中颗粒粒度和浓度[J]. 声学学报，2004，29（5）：440 – 444.

[15] 乔榛. 超声法一次风流速和煤粉浓度在线测量研究[D]. 南京：南京理工大学，2013.

[16] 郭盼盼，苏明旭，等. 用蒙特卡罗方法预测液固两相体系中颗粒的超声衰减[J]. 过程工程学报，2014（4）：562 – 567.

[17] 胡浩浩. 混浊海水声衰减初步研究[D]. 青岛：中国海洋大学，2007.

[18] 李辉，李涛，等. 煤体结构类型判断的超声波探测系统研究[J]. 中州煤炭，2006（5）：1 – 2 + 38.

[19] 王卫东，徐志强，等. 基于 ARM + uC/OS-II 的超声波水煤浆粒度检测仪的设计[J]. 工矿自动化，2008（1）：41 – 44.

[20] 吴健，苏明旭，等. 基于连续和脉冲超声波 SiC 颗粒粒度表征的对比[J]. 过程工程学报，2011（4）：549 – 553.

[21] Lloyd，P，Berry，M V Wave propagation through an assembly of spheres：IV. Relations between different multiple scattering theories[J]. Proceedings of the Physical Society，1991（3）：678 – 688.

[22] Mc Clements，DJ Povey M. J. W. Scattering of ultrasound by emulsions[J]. Journal of Physics and Applied Physics，1995，22（1）：38 – 47.

[23] 何桂春，倪文. 超声粒度检测建模及其粒度分布反演计算[J]. 北京科技大学学报，2006，（12）：1101 – 1105.

[24] 苏杭丽. 超声波在悬浮液中的衰减[J]. 河海大学学报（自然科学版），2012（6）：710 – 714.

[25] 张金伟. 非均匀介质的吸收和散射衰减[D]. 北京：中国地震局地球物理研究所，2013.

［26］张宁波. 基于超声衰减的污水悬浊液浓度检测装置研究［D］. 杭州：浙江大学，2016.

第7章参考文献

［1］Waltz E, Llinas J. Multisensor data fusion［M］. London：Artech House，Inc，1990.

［2］李静，贾利民. 数据融合综述［J］. 交通标准化，2007（9）：192－195.

［3］赵建安. 多传感器机动目标跟踪的自适应网格交互多模算法研究［D］. 太原：太原理工大学，2007.

［4］武晓嘉. 多传感器数据融合在温室智能控制中的应用研究［D］. 太原：太原理工大学，2005.

［5］雷倩茹. 基于信息融合技术的火灾探测方法研究［D］. 保定：华北电力大学（河北），2007.

［6］丁怡洁. 工程结构损伤识别的信息融合方法研究［D］. 西安：西安建筑科技大学，2010.

［7］陈俊任，王保强，等. 多传感器数据融合技术与应用［J］. 成都信息工程学院学报，2005，5：503－509.

［8］梁小宇. 无线传感器网络的数据融合与时钟同步机制研究［D］. 武汉：武汉理工大学，2007.

［9］郭璘. 基于信息融合的交通信息采集研究［D］. 合肥：中国科学技术大学，2007.

［10］胡春明. 钢管混凝土拱桥的动力损伤检测与数据融合方法研究［D］. 沈阳：沈阳建筑大学，2009.

［11］Kalman R E. A New Approach to Linear Filtering and Prediction Theory［J］. Transactions of the ASME-Journal of Basic Engineering，1960（82）：35－46.

［12］Kalman R E，Bucy R S. New Results in Linear Filtering and Prediction Theory［J］. Transactions Of the ASME-Journal of Basie Engineering，1961（83）：95－108.

［13］申逸. Kalman 滤波技术在目标跟踪中的应用研究［D］. 长沙：国防科技大学，2006.

［14］胡静. 基于 Kalman 滤波的大坝监控统计模型研究［D］. 西安：西安理工大学，2007.

［15］Peters W H，Ranson W F. Digital Imaging Techniques in Experimental Stress Analysis［J］. Optical Engineering. 1981（21）：427－431.

［16］ Yamaguchi I. A Laser-speckle strain gauge［J］. Journal of Physics E：Scientific Instruments，1981，14（11）：1270－1273.

第8章参考文献

［1］ 张奇，白春华，等. 燃料抛撒过程中的相似律［J］. 北京理工大学学报，2000，20（5）：651－655.

［2］ 於津，彭金华，等. 基于量纲分析的FAE爆炸场云雾膨胀半径的计算［J］. 弹箭与制导学报，2004，24（4）：143－144.

［3］ 鞠伟，丁珏，等. 燃料空气炸药爆炸抛撒初期燃料和壳体的运动特性［J］. 应用力学学报，2013，30（6）：797－802.

［4］ 薛社生，刘家骢，等. 液体燃料爆炸抛撒过程分析［J］. 南京理工大学学报，1998，22（1）：34－38.

［5］ 薛社生. 燃料空气炸药的爆炸抛撒研究［D］. 南京：南京理工大学，1997.

［6］ 薛社生，刘家骢，等. 燃料爆炸抛撒成雾的实验与数值研究［J］. 爆炸与冲击，2001，21（4）：272－276.

［7］ 薛社生，刘家骢. FAE云雾形成过程的实验研究［J］. 火炸药学报，2001，（2）：11－12.

［8］ 蒲加顺，白春华，等. 多元混合燃烧分散爆轰研究［J］. 火炸药学报，1998，21（1）：1－5.

［9］ 郭明儒. 云爆浓度快速多模检测机理与方法研究［D］. 北京：北京理工大学，2016.

［10］ Kalman R E，Bucy R S. New Results in Linear Filtering and Prediction Theory［J］. Transactions Of the ASME-Journal of Basie Engineering，1961（83D）：95－108.

［11］ 申逸. 卡尔曼滤波技术在目标跟踪中的应用研究［D］. 长沙：国防科技大学，2006.

［12］ Hulst H C，van de Hulst H C. Light scattering by small particles［M］. Courier Corporation，1957.

［13］ Kerker M. The Scattering of Light and Other Electromagnetic Radiation［J］. Optics，1969，22（5）：620－645.

［14］ 宋璐，张全法. FIR数字低通滤波器工频干扰抑制能力的提高［J］. 电子测量技术，2009（6）：132－134.

［15］ 姜勤波，马红光，等. 雷达信号全脉冲数据分析的极值序列分析方法［J］. 数据采集与处理，2007（2）：212－217.

第9章参考文献

[1] Qi Z，Tan R. Effect of aluminum dust on flammability of gaseous epoxypropane in air [J] . Fuel，2013，109（7）：647 – 652.

[2] Salamonowicz Z，Kotowski M，et al. Numerical simulation of dust explosion in the spherical 20l vessel [J] . Bulletin of the Polish Academy of Sciences Technical Sciences，2015，63（1）：289 – 293.

[3] Cao W，Gao W，et al. Experimental and numerical study on flame propagation behaviors in coal dust explosions [J] . Powder Technology，2014，266：456 – 462.

[4] Baudry G，Bernard S，et al. Influence of the oxide content on the ignition energies of aluminium powders [J] . Journal of Loss Prevention in the Process Industries，2007，20（4 – 6）：330 – 336.

[5] Chen Z，Fan B. Flame propagation through aluminum particle cloud in a combustion tube [J] . Journal of Loss Prevention in the Process Industries，2005，18（1）：13 – 19.

[6] Cashdollar K L. Overview of dust explosibility characteristics [J] . Journal of Loss Prevention in the Process Industries，2000，13（3 – 5）：183 – 199.

[7] Bing D，Huang W，et al. Visualization and analysis of dispersion process of combustible dust in a transparent Siwek 20 L chamber [J] . Journal of Loss Prevention in the Process Industries，2015（33）.

[8] Russo，Paola，Sanchirico，et al. Effect of the nozzle type on the integrity of dust particles in standard explosion tests [J] . Powder Technology，2015（279）：203 – 208.

[9] Cashdollar K L，Chatrathi K. Minimum Explosible Dust Concentrations Measured in 20 L and 1 – M Chambers [J] . Combustion Science and Technology，1993，87（1 – 6）：157 – 171.

[10] Spida M，et al. Solid Particle distribution of moderately concentrated suspensions in a pilot plant stirred vessel [J] . Chemical Engineering Journal，2005，113（1）：73 – 82.

[11] Yamazaki H，Tojo K，Miyanami K. Concentration Profiles of Solids Suspended in a Stirred Tank [J] . Powder Technology，1986，48（3）：205 – 216.

[12] Omotayo Kalejaiye，Paul R. Amyotte，et al. Cashdollar Effectiveness of dust

dispersion in the 20 – L Siwek chamber[J]. Journal of Loss Prevention in the Process Industries，2010，23：46 – 59.

[13] Yang H，Su M，Wang X. Particle sizing with improved genetic algorithm by ultrasound attenuation spectroscopy[J]. Powder Technology，2016（304）：20 – 6.

[14] Challis R E，Povey M，et al. Ultrasound techniques for characterizing colloidal dispersions[J]. Reports on Progress in Physics，2005，68（7）：1541.

[15] Liu L. Population balance modelling for high concentration nanoparticle sizing with ultrasound spectroscopy[J]. Powder Technology，2010（203）：469 – 476.

[16] Yang H，Su M，Wang X. Particle sizing with improved genetic algorithm by ultrasound attenuation spectroscopy[J]. Powder Technology，2016（304）：20 – 26.

[17] Lloyd P. Wave propagation through an assembly of spheres：II. The density of single-particle eigenstates[J]. Proceedings of the Physical Society，1967，90（1）：207.

[18] Wang Q，Attenborough K，Woodhead S. Particle irregularity and aggregation effects in airborne suspensions at audio – and low ultrasonic frequencies[J]. Journal of Sound and Vibration，2000（236）：781 – 800.

[19] Hu H L，Xu T M，Hui S E，et al. A novel capacitive system for the concentration measurement of pneumatically conveyed pulverized fuel at power stations[J]. Flow Measurement & Instrumentation，2006，17（2）：87 – 92.

[20] Chen Mo，Bai Chunhua，et al. Experimental Study on Explosion of Aluminum Powder/Air Mixture in Long Straight Horizontal Pipeline[J]. Journal of Safety and Environment，2011，11（5）：161 – 164.

[21] Benedetto A D，Russo P，et al. CFD simulations of turbulent fluid flow and dust dispersion in the 20 – liter explosion vessel[J]. Aiche Journal，2013，59（7）：2485 – 2496.

[22] Zhang Qi，Lijuan Liu，et al. Effect of turbulence on explosion of aluminum dust at various concentrations in air[J]. Powder Technology，2018（325）：467 – 475.

第 10 章参考文献

[1] Zhang Q，Tan R. Effect of aluminum dust on flammability of gaseous

epoxypropane in air [J] . Fue, 2013(105): 512 – 517.

[2] Baudry G, Bernard S, Gillard P. Influence of the oxide content on the ignition energies of aluminum powders [J] . Loss Prev, Process Ind, 2007 (20): 330–336.

[3] Chen Z, Fan B. Flame propagation through aluminum particle cloud in a combustion tube [J] . Loss Prev. Process Ind, 2005 (18) 13–19.

[4] Cashdollar K L. Overview of dust explosibility characteristics[J]. Loss Prev, Process Ind, 2000 (13): 183–199.

[5] Du B, et al. Visualization and analysis of dispersion process of combustible dust in a transparent Siwek 20 – L chamber [J] . Process Ind, 2015 (33): 213 – 221.

[6] Sanchirico R, Di Sarli V, Russo P, et al. Effect of the nozzle type on the integrity of dust particles in standard explosion tests [J] . Powder Technol, 2015 (279): 203 – 208.

[7] Cashdollar K L, Chatrathi K. Minimum explosible dust concentrations measured in 20 – L and 1 – m3 chambers [J] . Combustion Science and Technology, 1992 (87): 157 – 171.

[8] Z Salamonowicz, M Kotowski, M Półka W Barnat. Numerical simulation of dust explosion in the spherical 20L vessel, Bulletin of the Polish Academy of Sciences [J] . Tech Sci, 2015 (63): 289 – 293.

[9] W Cao, W Gao, Y Peng, J Liang, F Pan, S Xu. Experimental and numerical study on flame propagation behaviors in coal dust explosions [J] . Powder Technol, 2014 (266): 456–462.

[10] Di Benedetto A, Russo P, Sanchirico R, et al. CFD Simulations of turbulent fluid flow and dust dispersion in the 20liter explosion vessel [J] . AICHE J, 2013 (59): 2485–2496.

[11] Serafin J, Bebcak A, Bernatik A, et al. The influence of air flow on maximum explosion characteristics of dust-air mixtures [J] . Process Ind, 2013 (26): 209 – 214.

[12] Eckhoff R K. Scaling of dust explosion violence from laboratory scale to full industrial scale-A challenging case history from the past [J] . Process Ind,2015(36) :271–280.

[13] Di Sarli V, Russo P, Sanchirico R, et al. CFD simulations of dust dispersion in the 20 L vessel: effect of nominal dust concentration [J] . Process Ind, 2014 (27): 8 – 12.

［14］ Zhang Q，Liu L J. Effect of turbulence on explosion of aluminum dust at various concentrations in air［J］. Powder Technol，2018（325）：467－475.

［15］ Kalejaiye O，Amyotte P R，Pegg M J，et al. Effectiveness of dust dispersion in the 20－L Siwek chamber［J］. Process Ind，2010（23）：46－59.

［16］ Zhai X. Heat balance application in the intermediate storage pulverizing system coal concentration measurement［J］. Appl Energy Technol，2013（35）：215－236.

［17］ 张奇，白春华，等. 中心装药对 FAE 燃料成雾特性影响的试验分析［J］. 含能材料，2007，15（5）：447－450.

［18］ 陈默，白春华，等. 长直水平管道中铝粉空气混合物爆炸试验研究［J］. 安全与环境学报，2011，11（5）：161－164.

［19］ Chen J C，Ma X，Ma Q J. Study on concentration and turbulence of solid-liquid FAE in dispersal process［J］. Defence Technology，2018，14（6）：657－660.

［20］ 李席，王伯良，等. 液固复合 FAE 云雾状态影响因素的试验研究［J］. 爆破器材，2013，42（5）：23－26.

［21］ 丁珏，刘家骢. 液体燃料爆炸抛撒和 FAE 形成过程的数值模拟［J］. 南京理工大学学报，2000，24（2）：168－171.

［22］ Zhang Q，Wei K Z，Luo A M，et al. Numerical simulation on dispersal character of fuel by central HE［J］. Defence Science Journal，2007，57（4）：425－433.

［23］ 陈嘉琛，张奇，等. 固体和液体混合燃料抛撒过程数值模拟［J］. 兵工学报，2014，35（7）：972－976.

［24］ Yamazaki H，Tojo K，Miyanami K. Concentration profiles of solids suspended in a stirred tank［J］. Powder Technology，1986，48（3）：205－216.

［25］ Omotayo K，Paul R A，Michael J P，et al. Cashdollar effectiveness of dust dispersion in the 20－L Siwek chamber［J］. Journal of Loss Prevention in the Process Industries，2010，23（1）：46－59.

［26］ 郭明儒，娄文忠，等 燃料空气炸药固体燃料浓度动态分布试验研究［J］. 兵工学报，2016，37（2）：226－231.

第 11 章参考文献

［1］ Baker R C. Flow Measurement Handbook：Other Momentum-Sensing Meters［P］. 2016，10. 1017/CBO9781107054141（8）：195－233.

［2］ Rahimi-Gorji M，Gorji T B，et al. Details of regional particle deposition and airflow structures in a realistic model of human tracheobronchial airways：two-phase flow simulation ［J］. Computers in Biology and Medicine，2016，74：1 – 17.

［3］ Rahimi-Gorji M，Pourmehran O，et al. CFD simulation of airflow behavior and particle transport and deposition in different breathing conditions through the realistic model of human airways ［J］. Journal of Molecular Liquids，2015，209：121 – 133.

［4］ Thorn R，Johansen G A，et al. Recent developments in three-phase flow measurement ［J］. Measurement Science & Technology，1997，8（7）：691.

［5］ Thorn R，Johansen G，Hjertaker B. Three-phase flow measurement in the petroleum industry ［J］. Measurement Science and Technology，2013（24）：1–17.

［6］ Falcone G，Hewitt G，Alimonti C，et al. Multiphase flow metering：current trends and future developments ［J］. Journal of Petroleum Technology，2002（54）：77–84.

［7］ Yan Y. Mass flow measurement of bulk solids in pneumatic pipelines ［J］. Measurement Science and Technology，1996（7）：1687–1706.

［8］ Y Zheng，Q Liu. Review of certain key issues in indirect measurements of the mass flow rate of solids in pneumatic conveying pipelines ［J］. Measurement，2010（43）：727 – 734.

［9］ Sun J，Yan Y. Non-instrusive measurement and hydrodynamics characterization of gas-solid fluidized beds：a review［J］. Measurement Science and Technology，2016（27）：1 – 31.

［10］ Albion K J，Briens L，Briens C，et al. Multiphase Flow Measurement Techniques for Slurry Transport ［J］. International Journal of Chemical Reactor Engineering，2011，9（1）：537 – 568.

［11］ Zadeh L A. Soft computing and fuzzy logic ［J］. IEEE Software，1994，11（6）：48 – 56.

［12］ Musoff H，Zarchan P. Fundamentals of Kalman Filtering：A Practical Approach ［M］//Linearized Kalman Filtering. 2005：549 – 585.

［13］ Das S，Kumar A，et al. On soft computing techniques in various areas ［G］// Proceedings of the National Conference on Advancement of Computing in Engineering Research，2013.

［14］ Meireles M R G, Almeida P E M, et al. A comprehensive review for industrial applicability of artificial neural networks ［J］. Industrial Electronics, 2003, 50（3）: 585 − 601.

［15］ Hagan M T, Demuth H B, et al. Neural network design［M］. Beijing: China Machine Press, 2002.

［16］ Kevin Gurney. An Introduction to Neural Networks ［OL/EB］. Taylor & Francis e-Library, 2004.

［17］ Bowden G J, Dandy G C, et al. Input determination for neural network models in water resources applications. Part1 − Background and methodology ［J］. Journal of Hydrology, 2005, 301（1 − 4）: 75 − 92.

［18］ Cortes C, Vapnik V. Support-Vector Networks［J］. Machine Learning, 1995, 20（3）: 273 − 297.

［19］ Jordan M, Kleinberg J, Scholkopf B. Support Vector Machines ［J］, Information Science and Statistics, Springer, 2008（12）: 35 − 46.

［20］ Ben-Hur A. Support vector clustering[J]. Scholarpedia, 2008, 3（6）: 5187.

［21］ Suykens J, Vandewalle J. Least Squares Support Vector Machine Classifiers ［J］. Neural Processing Letters, 1999, 9（3）: 293 − 300.

［22］ Jayadeva, Khemchandani R, et al. Twin Support Vector Machines for Pattern Classification ［J］. IEEE Transactions on Pattern Analysis and Machine Intelligence, 2007（29）: 905 − 910.

［23］ Gönen M, Alpaydın E. Multiple Kernel Learning Algorithms［J］. Journal of Machine Learning Research, 2011（12）: 2211 − 2268.

［24］ Lin C F, Wang S D. Fuzzy support vector machines ［J］. IEEE Transactions on Neural Networks, 2002, 13（2）: 464 − 471.

［25］ Tian Y, Shi Y, Liu X. Recent advances on support vector machines research ［J］. Technological & Economic Development of Economy, 2012, 18（1）: 5 − 33.

［26］ Nedjah N, Mourelle L, Abraham A. Genetic Systems Programming Theory and Experiences: Theory and Experiences ［J］. Studies in Computational Intelligence, 2006（36）: 6 − 25.

［27］ Madár J, Abonyi J, Szeifert F. Genetic Programming for the Identification of Nonlinear Input-Output Models ［J］. Industrial & Engineering Chemistry Research, 2015, 44（9）3178 − 3186.

［28］ Castillo O, Melin P. A review on interval type − 2 fuzzy logic applications in intelligent control [J]. Information Sciences, 2014 (279): 615 – 631.

[29] Koski T, Noble J. A Review of Bayesian Networks and Structure Learning [J]. Annales Societatis Mathematicae Polonae, 2012, 40 (1): 53 – 103.

[30] Chang F J, Chang Y T. Adaptive Neuro-Fuzzy Inference System for Prediction of Water Level in Reservoir [J]. Advances in Water Resources, 2006, 29 (1): 1 – 10.

[31] Melin P, Castillo O. Intelligent control of complex electrochemical systems with a neuro-fuzzy-genetic approach [J]. IEEE Transactions on Industrial Electronics, 2001, 48 (5): 951 – 955.

[32] Figueiredo M, Goncalves J L, et al. The use of an ultrasonic technique and neural networks for identification of the flow pattern and measurement of the gas volume fraction in multiphase flows[J]. Experimental Thermal and Fluid Science, 2016, 70: 29.

[33] Xu L., Zhou W, Li X, et al. Wet Gas Metering Using a Revised Venturi Meter and Soft-Computing Approximation Techniques [J]. IEEE Transactions on Instrumentation & Measurement, 2011, 60 (3): 947 – 956.

[34] Shaban H, Tavoularis S. Measurement of gas and liquid flow rates in two-phase pipe flows by the application of machine learning techniques to differential pressure signals [J]. International Journal of Multiphase Flow, 2014, 67: 106 – 117.

[35] Tinghu Yan, Shiwei Fan, et al. Two-Phase Air-Water Slug Flow Measurement in Horizontal Pipe Using Conductance Probes and Neural Network[J]. IEEE Transactions on Instrumentation and Measurement, 2014, 63(2): 456 – 466.

[36] Yan Y, Xu L, Lee P. Mass flow measurement of fine particles in a pneumatic suspension using electrostatic sensing and neural network techniques [J]. IEEE Trans. Instrum. Meas, 2006, 55: 2330 – 2334.

[37] Meribout M, Al-Rawahi N, et al. Integration of impedance measurements with acoustic measurements for accurate two phase flow metering in case of high water-cut[J]. Flow Measurement and Instrumentation, 2010, 21 (1): 8 – 19.

[38] Meribout M, Al-Rawahi N Z, et al. A Multisensor Intelligent Device for Real-Time Multiphase Flow Metering in Oil Fields[J]. IEEE Transactions on Instrumentation and Measurement, 2010, 59 (6): 1507 – 1519.

[39] Wang X, Hu H, Zhang A. Concentration measurement of three-phase flow

based on multi-sensor data fusion using adaptive fuzzy inference system［J］. Flow Measurement & Instrumentation，2014，39：1－8.

［40］ Wang X，Hu H，Liu X. Multisensor Data Fusion Techniques With ELM for Pulverized-Fuel Flow Concentration Measurement in Cofired Power Plant ［J］. IEEE Transactions on Instrumentation and Measurement，2015，64（10）：1－15.

［41］ Liu R P，Fuent M J，et al. A neural network to correct mass flow errors caused by two-phase flow in a digital coriolis mass flowmeter［J］. Flow Measurement & Instrumentation，2002，12（1）：53－63.

［42］ Henry M，Tombs M，et al. Two-phase flow metering of heavy oil using a Coriolis mass flow meter：A case study［J］. Flow Measurement & Instrumentation，2006，17（6）：399－413.

［43］ Shi Y，Jiang R W，et al. Gas-Liquid Two-Phase Flow Correction Method for Digital CMF［J］. IEEE Transactions on Instrumentation and Measurement，2014，63（20）2396－2404.

［44］ Ma L B，Zhang H J，et al. Mass flow measurement of oil-water two-phase flow based on Coriolis flow meter and SVM［J］. Journal of Chemical Engineering of Chinese Universities，2007，21（2）：200－205.

［45］ Wang L. Gas-liquid Two-phase Flow Measurement Using Coriolis Flowmeters Incorporating Artificial Neural Network，Support Vector Machine and Genetic Programming Algorithms［J］. IEEE Transactions on Instrumentation and Measurement，2016（66）：852－868.

［46］ Wang L，Yan Y，et al. Input variable selection for data-driven models of Coriolis flowmeters for two-phase flow measurement［J］. Measurement Science and Technology，2017，28（3）：454－472.

［47］ Lecun Y，Bengio Y，et al. Deep learning［J］，Nature，2015（521）：436－444.

［48］ Azamathulla H M，Ahmad Z. Estimation of Critical Velocity for Slurry Transport through Pipeline Using Adaptive Neuro-Fuzzy Interference System and Gene-Expression Programming［J］. Journal of Pipeline Systems Engineering & Practice，2013，55（2）：131－137.

第 12 章参考文献

［1］ 交通运输部，国家卫生健康委，海关总署，国家药品监督管理局. 新冠病毒疫苗货物运输指南［OL/EB］.［2021－01－25］. http://www. gov. cn.

［2］ Adrián Mota-Babiloni，Joybari MM, et al. Ultralow-temperature refrigeration systems：Configurations and refrigerants to reduce the environmental impact ［J］. International Journal of Refrigeration，2019（3）：111.

［3］ 李海青，等. 两相流参数检测及应用［M］. 杭州：浙江大学出版社，1991.

［4］ 郭烈锦，等. 两相与多相流动力学［M］. 西安：西安交通大学出版社，2002.

［5］ Lou W，Yi X，Qi B. The Simulation for Pressure Loss of Microchannel Heat Sinks Inlet［G］//2nd IEEE International Conference on Nano/Micro Engineered and Molecular Systems. 2007.

［6］ Wang H C，Guo H，et al. Thermodynamic Design and Analysis of Movable Small Scale Mixed-refrigerant Liquid Nitrogen Generators［J］. International Journal of Refrigeration，2018（90）：202–215.

［7］ Qinglu Song，Yanxing Zhao，et al. Condensation two-phase flow patterns for zeotropic mixtures of tetrafluoromethane/ethane in a horizontal smooth tube ［J］. International Journal of Heat and Mass Transfer，2020（148）.135–147.

［8］ Birvalski M，Tummers M J，et al. The PIV measurements of waves and turbulence in stratified horizontal two-phase pipe flow［J］. International Journal of Multiphase Flow，2014，62（10）：161–173.

［9］ Li Yijian，Wu Shuqin，et al. Experimental study on the performance of capacitance-type meters for slush nitrogen measurement［J］. Experimental Thermal and Fluid Science，2017（88）：103–110.

［10］ Chaudhuri A，Sinha D N，et al. Mass fraction measurements in controlled oil-water flows using noninvasive ultrasonic sensors［J］. Journal of Fluids Engineering，2014，136（3）：301–304.

［11］ Abouelwafa M S，Kendall E J. Optimization of continuous wave nuclear magnetic resonance to determine in situ volume fractions and individual flow rates in two component mixtures［J］. Review of Scientific Instruments，1979，50（12）：1545–1549.

［12］ Allegra J R，Hawley S A. Attenuation of sound in suspensions and emulsions：theory and experiments［J］. Journal of Acoustical Society of America，1972，51（5）：1545–1560.

［13］ Chang J S，Ichikawa Y，Irons G A，et al. Void fraction measurement by an ultrasonic transmission technique in bubbly gas-liquid two-phase flow［J］. Measuring Techniques in Gas-Liquid Two-Phase Flows. Springer Berlin

Heidelberg，1984（9）：319－335.

［14］Falcone G，Hewitt G，Alimonti C. Multiphase flow metering：principles and applications［J］. Elsevier，2009（12）：54.

［15］Figueiredo M M F，Goncalves J L，et al. The use of an ultrasonic technique and neural networks for identification of the flow pattern and measurement of the gas volume fraction in multiphase flows［J］. Experimental Thermal and Fluid Science，2016（70）：29－50.

［16］许传龙. 气固两相流颗粒荷电及流动参数检测方法研究［D］. 南京：东南大学，2005.

［17］王自亮. 粉尘浓度传感器的研制和应用［J］. 工业安全与环保，2006，32（4）：24－27.

［18］侯宇刚，刘增平，等. 粉尘浓度在线监测监控系统在煤矿企业的应用［J］. 采矿技术，2006，6（3）：426－428.

［19］李运芝，袁俊明，等. 粉尘爆炸研究进展［J］. 太原师范学院学报（自然科学版），2004，3（2）79－82.

［20］黎世静，马军德，等. 粉尘浓度传感器在粮食系统中的应用［J］. 电子世界，2017（8）：129.

［21］刘炜. 煤矿工作场所空气中粉尘浓度检测［J］. 煤炭与化工，2017，40（3）：154－156.

［22］刘银，廖志鑫，等. 基于单片机的粉尘检测系统的设计［J］. 煤矿机械，2011，32（7）：240－243.

［23］田军委，邓晓荣，等. 智能粉尘浓度检测系统设计［J］. 科技创新导报，2015（32）：24－25.

［24］曾世清，龚本龙，等. 粉尘浓度在线检测的探讨［J］. 中国科技信息，2017（1）：69.

［25］唐娟. 粉尘浓度在线监测技术的现状及发展趋势［J］. 矿业安全与环保，2009，36（5）69－71.

［26］王建宇，丘创逸. 模糊综合方法在中小化工企业的职业病危害风险评估中的应用［J］. 职业与健康，2010，26（1）：1－4.

索　引

0～9

0.5 Ma 初速云雾和二次起爆引信运动关系（图）　84

20 L 球形透明罐　245、246、246（图）

20 L 圆柱形试验罐体（图）　90

40 kHz、200 kHz 超声换能器的主要性能指标（表）　240

211M0160 型压电式压力传感器　91

A～Z

A.A.BAorisov　13

A.L.Ivanduev　32

Abouelwafa　141

Albion　335

Allegra　23、164

Andrei S.Dukhin　165

ANFIS 模型结构图（图）　344

ANN 模型　336、345

Arrhenius 公式　89

Benedetto　276、305、308

C.G.Xie　141

Clausius-Mossotti 公式　146

Clift　42

CMUT 工艺流程超声传感器集成原理（图）　365

D.R.Gardner　13、33

Epstein　164、178

FAE 燃料分散装置　323

FAE 燃料抛撒　14～16

Figueiredo　345

Foldy　164

GA 算法　341

GP 算法　342

H.A.Lorentz　145

H.Yamazaki　17

Hauert　17

Hay&Mercer 理论　165

J.L.D.S.Labbe　16

Juliusz B.Gajewski　18、141

Kalejaiye　17

Karush-Kuhn-Tucker（KKT）定理　339

KB-60F 型智能空气采样泵（图）　187

KCL-2000 冲击试验台　204

　　性能试验参数（表）　204

Klippel　17

Laplace 方程　148

Liu 和 Zhang　17

M.J.Charles　33

M.Rosenblatt　13、32

M.Samirant　16

M.Spida　17、33

M.W.Glass　13

Machado　165

Meribout　349

Mie 散射理论　19、118、164、

MLP 算法　337

Monazam　18

NI PXI 5922 高速数字化仪　91

Omotayo Kalejaiye　33

Q.Zhang　305

R.A.Dobbins　16

R.J.Zabelka　32

RBF-ANN 的结构（图）　338

RBF 算法　338

Riebel　164

RMF 分布状态示意（图）　363

RMF 浓度　258、358～362、364、365

　　分布仿真模型（图）　361

　　检测　359、360、364、365

　　与流型、温度及压力分布关系图

（图）　359

Sarli　305

Sewell　164

SH20 型烟雾试验箱（图）　187

Shaban　346

Shi Y　348

STM32F103ZET6 及其外围电路（图）

　242

SVM 结构原理图（图）　339

SVM 作为分类器　339

SVM 作为识别器　340

Tanh 函数　234、235（图）

Tavoularis　346

T 形电阻网络电路示意图（图）　202

Vapnik　339

Wang L　349

Wang X　346

X 轴线两端固定点处压力曲线（图）

　102、105

Y.Grégoir　33

Zadeh　343

B

爆炸参数测试系统　91、92、92（图）

爆炸极限测试结果　92、93

　　MCRI-1 液雾在不同浓度和 40J 点火

能量下的温度（图）　93

　　MCRI-1 液雾在不同浓度和 40J 点火

能量下的压力（图）　93

　　单质燃料爆炸浓度极限/（g·m−3）

（表）　92

　　混合燃料爆炸浓度极限/（g·m−3）

（表）　93

爆炸浓度　27

爆炸抛撒结构截面图（图）　35

爆炸预警　26

爆炸作用下壳体破裂刚塑性模型　35

北京理工大学　33、90、94、193、222

贝叶斯网络　343

背景及意义　3

标称浓度下的超声衰减系数（表）　320

标准 20 L 铝粉喷撒装置（图）　268

标准浓度检测误差曲线（图）　219

标准声学检测装置（图）　187

并联输入限幅电路（图）　266

波动方程　167～170、175～178

剥离、蒸发效应模型　40

不同 RMF 浓度下的超声分布及衰减曲线（图）　362

不同初始落速条件下 50 kg 燃料抛撒过程　48～57

　　初始静态条件（图）　49

　　初始落速 100 m/s 条件（图）　50

　　初始落速 300 m/s 条件（图）　52

　　初始落速 500 m/s 条件（图）　54

　　初始落速 700 m/s 条件（图）　55

不同初始落速条件下 500 kg 燃料抛撒过程　57～66

　　初始静态条件（图）　57

　　初始落速 100 m/s 条件（图）　59

　　初始落速 300 m/s 条件（图）　61

　　初始落速 500 m/s 条件（图）　62

　　初始落速 700 m/s 条件（图）　64

不同初始落速条件下不同时刻高速云雾浓度沿径向分布（图）　69

不同分散初始速度时的铝粉云团（图）　126

不同分散距离下　128、134

　　淀粉云团特征粒径值（表）　134

铝粉云团特征粒径（表）　128

不同分散速度下淀粉云团浓度分布（图）　135

不同截面的绝对声压云图（图）　183

不同模型计算结果对比表（表）　190

不同驱动载荷时　287、288、296

　　冲击波及模拟抛撒速度（表）　296

　　冲击波曲线及模拟抛撒速度（表）　287

　　激波管出口气流速度与仿真速度对比（表）288

不同深度下的总体测量误差（表）　236

不同时间的超声波脉冲幅值比较（图）　274

不同时间的云雾粒子分布状态（图）　272

不同时间的云雾浓度分布状态（图）　273

不同时刻粉尘抛撒瞬间（图）　248

C

采集脉冲信号（图）　274

参考文献　377～399

参数优化设计　155

测试电路优化原理图（图）　202

测试结果与有效性评估　188

长方体 V 三维矩阵（m×n×l）浓度分布（图）　44

常规最优加权数据融合算法　232

常见浓度检测方法性能量化表（表）　198

常数数据融合算法特征对比（表）　208

场效应管驱动电路　264、265（图）

超低温-低温制冷系统　357

超低温高压冷凝多相流瞬态浓度精准检
    测 356
      概述 356
      机理研究技术路线（图） 361
超声波脉冲 253~255、257、262~264、
    267
      穿过粉尘的响应函数 255
      传感器 267
      浓度信号的 HHT 频谱（图） 262
      时频域分析 257
      收/发电路结构图（图） 264
      瞬态云雾浓度测试技术 253
      瞬态云雾浓度计算模型 254
      信号特征提取（图） 263
      有效时域信号（图） 262
      云雾浓度检测系统原理结构图（图）
    263
超声波衰减系数与频率、粒径和铝粉质
    量浓度之间的关系（图） 256
超声不同波长与颗粒作用区域分布（图）
    179
超声传感器 239~241
      结构及外部尺寸图（图） 239
      实物图（图） 240
      原理样机 240
      原理样机测试示意图（图） 241
      原理样机方向角（图） 241
超声法 163、345
      云雾浓度检测 163
      智能计算 345
超声检测信号衰减曲线（图） 327
超声频率与云雾浓度测试 227
超声腔体状仿真模型图（图） 182
超声衰减 22、23、166、175、180、183、

328、329
      仿真分析 180
      检测法特点 22
      检测浓度的系统方案（图） 23
      浓度检测法 22
      浓度检测机理 166
      燃料云雾浓度检测曲线（图） 328、
329
      数值分析 183
      云雾浓度模型 175
超声信号浓度特征提取过程（图） 275
称重法冷凝剂注入流量分析原理（图）
    360
初始静态条件下不同时刻高速云雾浓度
    沿径向分布（图） 67
初始静态条件下高速云雾浓度沿径向分
    布特征 66
储料装置及喷嘴 284
传统二次起爆的工作原理 76
串联输入限幅电路 265

D

单颗粒在流场中的受力及运动（图） 41
单球形颗粒的声波衰减（图） 181
单周期 8 点均方根 243
弹载浓度检测 267、320
      结构（图） 267
      系统与云团交会时的原始信号（图）
    320
      原型样机（图） 267
弹载式浓度检测系统 204、244
      PCB 电路（图） 244
      原理样机（图） 204
弹载引信检测系统原理样机 266

弹载云团浓度检测装置（图） 267

等效物介电常数测试数据对比（表） 160

等效云雾浓度-引信交会浓度探测试验 315

    试验数据分析 319

    试验系统设计 315

    试验小结 322

低功耗声波电路 237

典型二次起爆型云爆战斗部作用过程（图） 75

典型数据曲线（图） 313

典型云雾的稳定状态下形貌简图（图） 107

电场法 139、140、142、347

    检测智能计算 347

    云雾浓度检测 139

    云雾浓度检测方法 142

    云雾浓度检测示意图（图） 140

电场浓度检测法 20

电感应法 20

    原理及结构（图） 21

电荷撞击法 21

电容传感器参数示意图（图） 155

电容量计算结果曲线图（图） 156

淀粉分散初始速度 136、137

    180 m/s 浓度分布对比（图） 137

    220 m/s 浓度分布对比（图） 136

淀粉云雾粒子浓度分析 133

丁珏 14

动态抛撒条件下模拟试验系统设计 285

动态抛撒条件下燃料分散模拟试验系统（图） 286

动态条件下高速云雾浓度沿径向分布特征 68

动态条件云雾抛撒过程形状与浓度分布特征 66

    初始静态条件下 66

    动态条件下 68

动态云雾浓度 2、25、115、193、281、331

    测试方法 115

    测试技术 193

    测试应用 25

    分布模拟试验系统设计 281

    检测应用 331

多传感器 205、349、351

    融合 351

    融合法检测智能计算 349

    信息融合技术 205

多相流的相分数 335

多相流密度 373

多相流浓度检测应用 355

多相流智能计算 334

    技术 335

    趋势与发展 351

    应用 345

    主要组成部分（图） 336

多相物/流检测发展路线（图） 18

E～F

俄罗斯 ODAB-500PM 燃料空气炸弹 10

二次起爆型云爆弹 5、25

    典型结构示意图（图） 5

    俄罗斯（图） 25

二次起爆型云爆战斗部 4～6

    结构简图（图） 5

云爆剂抛撒形成的炸药云团（图）　4

作用过程（图）　6

二次引信浓度探测指标参数（表）　77

发电厂煤粉运输多相流检测　373

发射模块原理框图（图）　237

反向传播（BP）算法　338

仿真计算参数表（表）　150

非接触电场法气固两相流检测示意及组
　成图（图）　141

非接触式传感器多相流检测方法（图）
　18

非均匀浓度分布（图）　103

非均匀云雾场爆轰　103

非理想黏性介质中的超声传播特性
　170

非线性 RMF 流量浓度的超声衰减检测解
　析模型　362

分布式融合的最优加权数据融合算法示
　意框图（图）　230

分散初始速度　127～130、134、135

　180 m/s 淀粉云团粒径分布（图）
　135

　180 m/s 粒子分布率（图）　130

　180 m/s 粒子粒径分布（图）　129

　220 m/s 淀粉云团粒径分布（图）
　134

　220 m/s 粒子分布率（图）　130

　220 m/s 粒子粒径分布（图）　129

　220 m/s 的淀粉云雾分散二值图（图）
　127

粉尘防爆　3

粉尘浓度　3、17、26

　监测　26

粉尘实时监测及预警界面（图）　371

粉尘事故预警系统　367

粉尘远程监测与事故预警系统平台总体
　设计思路（图）　368

风粉浓度的测量　374

G

概述　2、356

概率推理方法　343

高/低频声波测量误差趋势图（图）　234

高频/低频超声数据的权重曲线（图）
　236

高速摄影系统　285

高速云爆战斗部　31、34、75

　抛撒燃料浓度分布机理分析　31

　抛撒燃料浓度分布模型　34

　抛撒燃料浓度分布数值模拟　48

　引战配合数值模拟　75

　中心管式爆炸燃料抛撒结构（图）
　34

固态等效物　158～161

　参数（表）　158

　介电常数测试数据对比曲线（图）
　160

　介电常数检测系统（图）　159

固体燃料　12

固液混合燃料　35、90

　爆炸极限测试　90

　分散浓度测试　90

　云雾结构变化状态（图）　35

关键部件设计技术　200

管道石油运输多相流检测　372

管理信息系统　367

光全息法　119

光散射法　118

光散射检测法 19

　　测量装置实物及结构原理图（图）
　　19

光透射法 118

光透射检测法 19

光图像可视化法 119

光吸收型粉尘浓度监测仪原理示意图
（图） 20

光相位多普勒法 119

光学法 117、348

　　检测智能计算 348

　　云雾浓度检测 117

光学检测法 19

光学图像可视化云雾浓度检测 121

广域动态燃料云雾浓度时间变化曲线
（图） 314、315

郭盼盼 165

国内外起爆云爆战斗部发展情况（表）
10

国外超声多相流超声检测发展（图） 23

过程工业中多相流检测 371

H

胡浩浩 165

环氧树脂—颗粒等效介电常数对比曲线
（图） 151

环状电容传感器结构示意图（图） 156

辉瑞公司 357

毁伤威力 10、11

惠君明 14

混合方法 343

混合物固态等效物实物图（图） 157

火箭橇弹载浓度检测原理样机布置图
（图） 319

火药驱动力特征曲线（图） 78

J

基本单元边界条件示意图 149

基于 ANN/SVM 的文丘里管多相流测量
系统（图） 346

基于 ANN 的电场法 347、348

　　测量气液流量系统（图） 347

　　气固流量测量系统（图） 348

基于 Clausius-Mossotti 理论云雾浓度计
算模型 145

基于 PCA-ICA 和 ANN 的差压法气液流
量测量系统（图） 347

基于 SVM 的光学法测量气液流量系统
（图） 348

基于 SVM 的光学和涡轮计测量气液流量
系统（图） 349

基于测量误差差值的自适应加权 232、
233

　　数据融合算法 233

　　算法的顶层数据融合 232

基于超声衰减的浓度特征自适应提取
（图） 364

基于电场法的浓度检测机理简图（图）
142

基于电容超声复合传感的文丘里管流量
测量系统（图） 350

基于电容和静电传感器的测量系统（图）
351

基于动态抛撒条件的模拟云雾浓度检测
试验 295

基于经典 ECAH 云雾浓度计算模型 175

基于卡尔曼滤波 209、210、258

　　—希尔伯特的信号特征提取算法

258

　　声—电数据集中融合模型　210

　　数据融合模型　209

基于声波衰减的介质浓度检测方法示意
　图（图）　223

基于声衰减原理的浓度检测系统简图
　（图）　224

基于缩比动态云雾的浓度检测试验
　310

基于旋转体积分方法的体积计算模型
　（图）　310

基于云雾浓度识别的定点自主起爆原理
　（图）　76

激波生成和传播原理图（图）　282

激励信号与接收振荡脉冲信号（图）
　270

集成单芯片压力传感器结构图（图）
　365

集成芯片封装样品（图）　365

技术需求权重分配表（表）　198

监测点处超压时程曲线（图）　108、110~
　112

检测误差（表）251

检测系统　204、243

　　抗过载性能试验　204

　　原理样机　243

交流电桥法检测介电常数（图）　159

交流锁相放大原理检测方法电路原理图
　（图）　201

结论　70、112、138、161、192、220、
　252、277、330、353、375

介电常数计算　145

进化计算方法　341

静态浓度　319

特征变化曲线（图）　319

　　与超声衰减系数关系（图）　319

静态抛撒条件下　281、284、289

　　模拟云雾浓度检测试验　289

　　燃料分散初始速度随时间变化（图）
　284

　　燃料分散模拟试验系统（图）　281

　　燃料分散模拟试验系统设计　281

均匀云雾　95、96

　　场爆轰模拟分析　95

　　起爆点位置设置（表）　96

K

卡尔曼滤波　208~210、231、258~261

　　—希尔伯特信号特征提取过程（图）
　261

　　器　258~260

　　融合的底层数据融合　231

　　算法　208~210

颗粒系运动状态的气动力学分析　215

颗粒云雾模型切面（图）　148

壳体受力情况（图）　36

可燃粉尘　27

　　爆炸事故图（图）　28

空气、铝粉的物性参数（25℃）（表）　184

空气-颗粒等效介电常数对比曲线（图）
　150

控制信号　265

　　产生电路（图）　265

　　电路设计　265

L

冷凝剂加注过程试验图、流型分布图
　（图）　358

离散卡尔曼滤波器　259

离散相浓度与超声散射衰减的曲线关系
　（图）　363

李辉　165

李磊　13

理想粒子介质中的超声传播特性　166

理想黏性介质中的超声传播特性　168

粒径随机分布颗粒云雾建模　147

粒径随机分布颗粒云雾模型数值计算
　148

连续相浓度与超声频率、吸收衰减的曲
　线关系（图）　363

连续性方程　166

两种模型仿真计算结果对比曲线（图）
　183

流程控制装置　284

流量　372

流型　372

罗艾民　14

螺旋式电容传感器　152

　　　原理结构示意图（图）　152

落速 0.3 Ma 时垂直下落（75°）动态云雾
　　　形貌发展图（图）　　81

落速 0.3 Ma 时垂直下落（90°）动态云雾
　　　形貌发展图（图）　　81

铝粉爆炸特性　305～307、309

　　　概述　305

　　　试验系统图（图）　306、307、309

铝粉参数（表）　271

铝粉分散初始速度　132、133

　　　180 m/s 浓度分布对比（图）　133

　　　220 m/s 浓度分布对比（图）　132

铝粉分散浓度分布　131

　　　180 m/s 速度下（图）　131

220 m/s 速度下（图）　131

铝粉和玉米淀粉云雾分散半径随时间变
　　　化曲线（图）　291、297

铝粉颗粒实物及显微照片（图）　125、
　247

铝粉扩散浓度数值仿真　271

铝粉浓度采集系统组成（图）　270

铝粉抛撒的湍流分布（图）　309

铝粉喷撒云雾浓度检测　268、269

　　　试验（图）　269

　　　系统试验系统组成（图）　268

铝粉试验条件表（表）　248

铝粉云雾　126、128、276、290

　　　分散二值图像（图）　290

　　　分散原始云图（图）　126

　　　粒子浓度分析　128

　　　浓度比较分析（表）　276

铝膜厚度为 0.5 mm 时淀粉与铝粉云雾分
　散速度图（图）　283

滤波效果对比曲线（图）　232

M～N

脉冲　263～265、274

　　　电源激励电路模型（图）　265

　　　激发电路模型（图）　264

　　　收/发电路总体结构　263

　　　信号频谱图（图）　274

美国 CBU-72/B 子母弹　10

美国 CPS 公司　358

美国 Los Alamos 国家实验室　13、165

美国国家仪器（NI）公司　91

美国桑迪亚国家实验室　13、32

米塞斯（Mises）屈服准则　36

密度（浓度）　373

模糊逻辑方法 343

模拟动态抛撒 286、287、298～304

　　铝粉云雾浓度及误差数据（图）299～301

　　条件燃料云雾浓度测量布置图（图）298

　　玉米淀粉云雾浓度及误差数据（图）302～304

　　　阻力气流速度设计 287

　　　阻力气流装置设计 286

模拟过载加载数据（表） 205

模拟静态抛撒 292～295

　　铝粉云雾浓度及误差数据（图）292、293

　　玉米淀粉云雾浓度及误差数据（图）294、295

模拟系统云雾浓度分布检测试验 289

模型简化 178

纳维—斯托克斯（Navier-Stokes）方程 42

南京理工大学 33

黏滞衰减 172

浓度分布 44、45

　　　计算 45

　　　描述 44

浓度检测 244、266、316

　　系统二次集成引信原理样机（图）244

　　系统检测流程示意图（图） 266

　　引信系统结构示意图（图） 316

浓度数据对比分析（表） 218

浓度信号处理 273

P～Q

抛撒过程的高速摄像图片（图） 311

喷嘴 246、247、284、285

　　及视图（图） 285

平面梳齿电容传感器 153、153（图）

奇石乐（Kistler）公司 91

气体燃料 11

乔榛 165

驱动信号功率放大电路原理图（图）238

权函数加权平均算法 46

全向高灵敏度电容传感器设计 151

R

燃料分散 281、283

　　初始速度测量 283

　　装置设计 281

燃料环膨胀破裂模型 38

燃料环受力状态（图） 38

燃料空气炸药 2～12、95

　　爆轰典型数值结果（图） 95

　　云团起爆形成的爆轰火球（图） 4

燃料扩散 326

　　半径变化（图） 326

　　尺度变化曲线（图） 326

燃料浓度与云雾爆轰效能的评估方法305

燃料抛撒 40、43、327

　　浓度分布模型 43

　　浓度分布曲线（图） 327

　　形貌发展模型 40

燃料云雾 78、246、291

　　浓度测量布置图（图） 291

　　形成和浓度检测装置实物图（图）246

　　运动模型 78

热传导衰减 173

人工神经网络（ANN） 336

    超声传感多相流测量系统（图）
345

任晓冰 13

S

三次试验数据 188～191

    对比表（表） 188

    对比曲线（图） 189

    计算浓度对比曲线（图） 190

三相融合射流清洗技术流体检测 375

三种测试方法获得的浓度曲线(图) 211

散射衰减 173

射线衰减法 21

    检测装置实物图（图） 22

声-电复合 197～199、205

    动态燃料浓度检测方案 198

    动态云雾浓度检测方案（图） 199

    检测方法原理图（图） 197

    浓度检测方案设计 197

    数据处理 205

声-电复合云雾浓度检测 195、196、199、
200

    方法与关键技术 195

    系统 199

    系统测试流程（图） 200

    系统方案（图） 199

声衰减机制示意图（图） 171

石艺娜 14

试验参数（表） 271

试验分析 218

试验结果与数据分析 248

试验条件 217、289、289（表）

试验系统 90、186、306、315、318、
323

    参数（表） 306

    设计 315

    设计与搭建 323

    箱体内静态浓度采集系统（图）
318

    云团发生箱体布置图（图） 317

    组成 186

试验现场布置图（图） 324

试验云雾浓度检测 245、247

    参数 247

    装置 245

试验装置设计 268

试验总体设计方案（图） 324

输入一层/输出三层 ANN 的结构（图）
337

数据处理流程优化设计 242

数据分析 160

数据驱动模型 352

数据融合 211、212、229、236

    处理 212

    模型效果评估验证 211

    算法 229

    算法效果测试（图） 236

    作用模式 229

数据提取 211

数值分析计算参数（表） 156

数值计算物理参数（表） 256

衰减—颗粒粒径曲线（图） 186、225

衰减—频率曲线（图） 185、226

衰减—质量浓度曲线（图） 184

双核并行工作模式设计 202

双核并行作业模式示意图（图） 203

双频超声传感器选型　239

双频超声法铝粉浓度检测及误差数据
　（图）　249～251

双频超声复合检测　223、237

　　　方法示意图（图）　223

　　　系统原理样机　237

双频超声浓度检测　229、245

　　　融合算法　229

　　　系统试验验证　245

双频超声衰减浓度检测基本原理　223

双频超声云雾浓度　221、225

　　　复合检测　225

　　　云雾浓度检测方法及其关键技术
　221

水平多相燃烧爆炸系统（图）　94

水平激波管　282

顺序浓度检测流程涉及的工作环节示意
　图（图）　203

瞬态云雾浓度检测系统设计　268

四种组合条件下典型云雾的形貌（图）
　107

苏明旭团队　165

速度　373

T～W

提取状态方程与测试方程　212

同步触发器　285

同心共面环状电容传感器结构　154

　　　及电场分布示意图（图）　154

　　　设计　154

图像采集控制终端　285

图像法粒子扩散形貌分析　125

微处理控制器　241

微米级铜粉试样及显微照片（图）　188

位置 A 和 B 的铝粉浓度分布（图）　308

稳态云雾模拟试验　213、216

　　　验证　213

　　　装置参数优化　216

　　　装置方案设计　213

物态方程　166

X

希尔伯特变换　258、260、261

系统平台架构（图）　369

相关云雾装置（图）　213

相含率　373

箱体内浓度特征变化曲线（图）　319

肖绍清　14

小结　88、351

新型冠状病毒　356

新型智能传感系统对区域供热管网进行
　精确监测　375

信号处理电路原理图（图）　238

信号滤波过程（图）　260

信息融合体系结构示意图（图）　206

绪论　1

薛社生　13

Y

压差法检测智能计算　346

亚 pF 微电容检测电路设计　200

沿 X 轴方向云雾爆轰压力场　101、104

　　　历史曲线（图）　101

　　　曲线（图）　104

研究 MEMS 阵列式超声-压力单片集成与
　微纳制造工艺　364

研究 RMF　360、364

　　　多频谱超声波脉冲瞬态浓度检测方

法 364

　浓度与超声衰减分布物理场耦合机

　理 360

液滴、颗粒的粒径 40、41

　变化模型 40

　运动模型 41

液固混合 12

　燃料 12

　云爆燃料抛撒研究现状 12

液体燃料 11

仪表式浓度检测系统 204、244

　PCB 电路（图） 244

　原理样机（图） 204

遗传编程 GP 结构图（图） 342

遗传算法流程图（图） 342

意法半导体公司 241

引言 32、74、118、140、164、196、222、

　254、280、334、356

引信浓度探测装置结构图（图） 316

引信-云团交会下云雾浓度检测系统

　317

　现场图（图） 317

　组成（图） 317

引信运动模型 77

引战配合分析 84

英国基尔大学 165

英国利兹大学 165

优化极板参数（表） 157

有落速和落角时云雾爆轰过程 106

与颗粒测量相关的声学部分研究（表）

　24

预警管理体系 366

　基本框架（图） 366

　要素 366

预警信息管理的流程图（图） 367

原始参考脉冲信号波形图（图） 273

原始数据特征参数表（表） 313

云爆弹 2、8、10、325

　国内外发展现状 8

　毁伤威力研究现状 10

　静态抛撒燃料云雾浓度检测试验流

　程 325

　美国 10

云爆燃料 2、7、11、283、286

　成分 7

　动态抛撒落速下激波管结构设计示

　意图（图） 286

　发展现状 11

　静态抛撒落速下激波管结构设计示

　意图（图） 283

　扩散 7

　浓度 7

云爆燃料抛撒 15、29、279、310、325

　过程图（图） 325

　浓度 29

　浓度测试验证 279

　浓度分布模型 29

　试验 310

　云团 15

云爆战斗部 8、9、34、73

　典型产品 8、9

　燃料抛撒浓度分布模型 34

　引战配合模型仿真分析 73

云团 312

　尺寸—时间曲线（图） 312

　平均浓度—时间曲线（图） 312

　体积—时间曲线（图） 312

云团交会 321、322

前后超声能量衰减（图） 322

前后超声信号提取（图） 322

特征信号与原始信号对比（图） 321

云雾（铝粉）质量浓度分布图（图） 275

云雾爆轰 89、94～100、323

峰值超压和爆轰速度测试结果（图） 95

计算模型参数（表） 96

模型 89

浓度分布试验 323

性能验证 94

压力场发展（图） 97～100

云雾爆炸场发展过程 108～111

（0.3 Ma，75°） 109

（0.3 Ma，90°） 108

（0.9 Ma，75°） 111

（0.9 Ma，90°） 110

云雾爆炸风险评估系统 366

云雾边缘 82、83

速度曲线（图） 82

位移曲线（图） 83

云雾超声衰减铝粉粒径与浓度关系曲线（图） 227

云雾的静电储能 149

云雾管道内不同测点处压力随时间的变化曲线（图） 94

云雾静电总能 149

云雾矩阵网络划分（图） 43

云雾粒径与超声最优检测频率匹配 225

云雾粒子 123～125、146、147

分散及浓度检测试验系统（图） 124

结构简图（图） 147

浓度计算 146

浓度检测系统 125

浓度检测系统工作流程（图） 123

抛撒示意（图） 125

消光法浓度检测系统（图） 123

云雾模拟试验装置系统架构（图） 214

云雾浓度 121、122、143、147、157、158、180、186、212、226、263、333

计算分析 180

计算模型 143

检测系统 121、158

检测系统设计 263

检测验证方法 157

试验验证 186

数据曲线（图） 212

数值仿真分析 147

图像处理流程图（图） 122

与最优检测频率匹配 226

智能检测方法与关键技术 333

云雾抛撒 80、269

喷嘴（图） 269

装置参数详表（表） 80

云雾气固（颗粒）两相混合物等效样本 157

云雾燃料抛撒的分布特性 15

云雾运动形貌仿真模拟 80

云雾装置结构及具体布置（图） 318

运动方程 167

Z

站点粉尘浓度及趋势数据统计界面（图） 370

张奇 14、16、33

真实密度 373

振荡天平法 22

检测装置实物图（图） 22

整体模型的绝对声压云图（图） 182

支持向量机（SVM） 339

指状电容传感器 152

　　原理图及实物图（图） 152

智能计算技术 352

轴向速度 84～88

　　0.3 Ma 时二次起爆引信运动参数
（表） 85

　　0.3 Ma 时云雾和二次起爆引信交会
状态（图） 84

　　0.5 Ma 时二次起爆引信运动参数
（表） 85

　　0.5 Ma 时云雾和二次起爆引信交会
状态（图） 85

　　0.8 Ma 时二次起爆引信运动参数
（表） 86

　　0.8 Ma 时云雾和二次起爆引信交会
状态（图） 86

　　1.0 Ma 时二次起爆引信运动参数
（表） 87

　　1.0 Ma 时云雾和二次起爆引信交会
状态（图） 86

　　1.5 Ma 时二次起爆引信运动参数
（表） 87

　　1.5 Ma 时云雾和二次起爆引信交会
状态（图） 87

　　1.8 Ma 时二次起爆引信运动参数
（表） 88

　　1.8 Ma 时云雾和二次起爆引信交会
状态（图） 88

柱状计算坐标系示意图（图） 155

自适应神经模糊推理系统（ANFIS） 343

总体设计思路 368

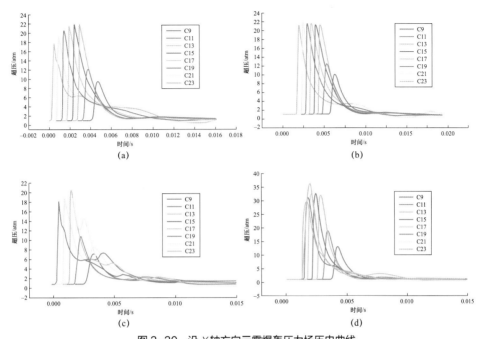

图 3-30　沿 X 轴方向云雾爆轰压力场历史曲线

（a）中心单点；（b）偏心单点；（c）两点对称；（d）三点对称

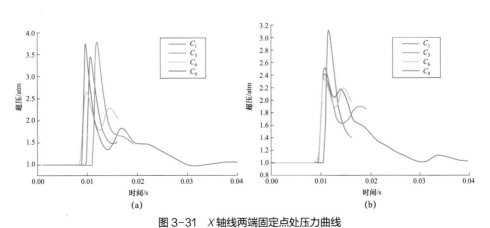

图 3-31　X 轴线两端固定点处压力曲线

（a）左端；（b）右端

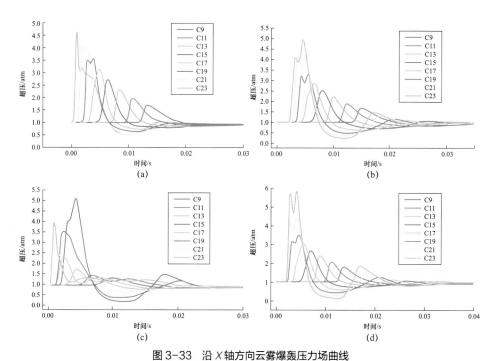

图 3-33　沿 X 轴方向云雾爆轰压力场曲线

（a）中心单点；（b）偏心单点；（c）两点对称；（d）三点对称

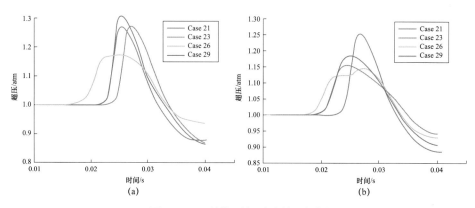

图 3-34　X 轴线两端固定点处压力曲线

（a）左端；（b）右端

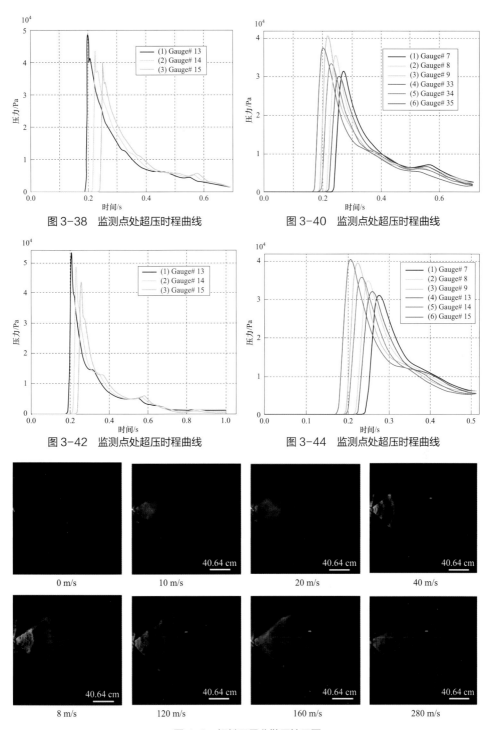

图 3-38　监测点处超压时程曲线

图 3-40　监测点处超压时程曲线

图 3-42　监测点处超压时程曲线

图 3-44　监测点处超压时程曲线

0 m/s　　10 m/s　　20 m/s　　40 m/s

8 m/s　　120 m/s　　160 m/s　　280 m/s

图 4-9　铝粉云雾分散原始云图

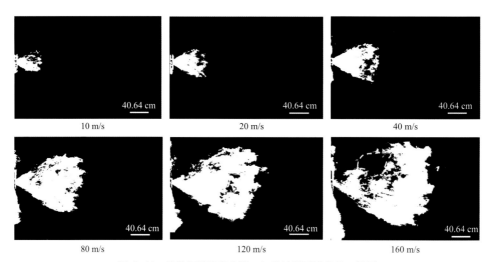

图 4-11　分散初始速度 220m/s 的淀粉云雾分散二值图

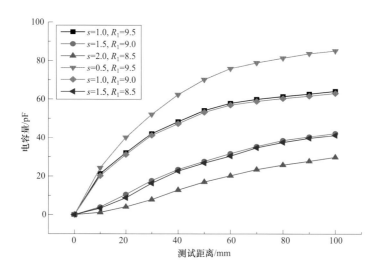

图 5-15　电容量计算结果曲线图

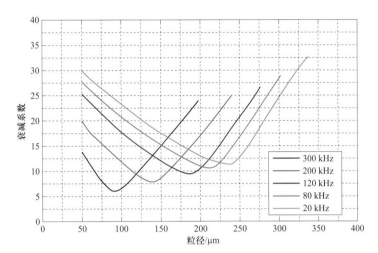

图 8-4　衰减—颗粒粒径曲线（铝粉—空气混合物质量浓度为 400 g/m³）

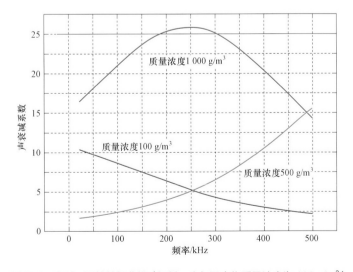

图 8-5　衰减—颗粒粒径曲线（铝粉—空气混合物质量浓度为 400 g/m³）

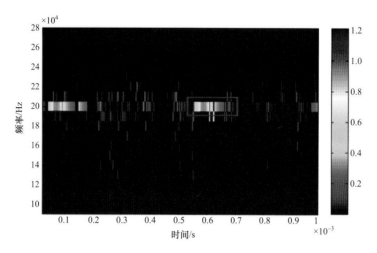

图 9-5 脉冲超声浓度信号的 HHT 频谱

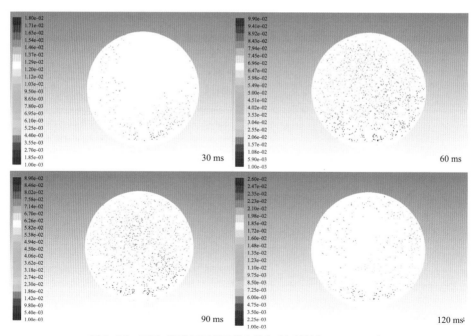

图 9-25 不同时间的云雾粒子分布状态（铝粉粒径＝100 nm）

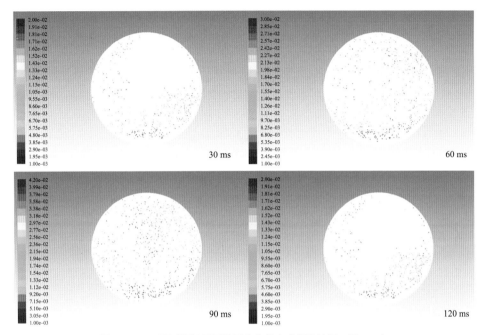

图 9-26　不同时间的云雾粒子分布状态（铝粉粒径＝10mm）

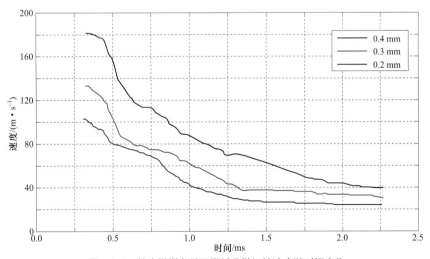

图 10-5　静态抛撒条件下燃料分散初始速度随时间变化

表 10-1　不同驱动载荷时的冲击波曲线及模拟抛撒速度

驱动载荷	冲击波曲线	模拟抛撒速度 / (m·s⁻¹)
高压段压力为 1 MPa		178
高压段压力为 2 MPa		278
高压段压力为 3 MPa		357

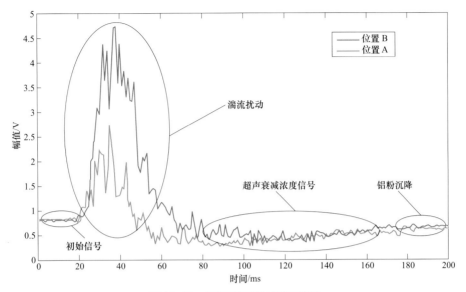

图 10-19　铝粉爆炸特性试验系统图

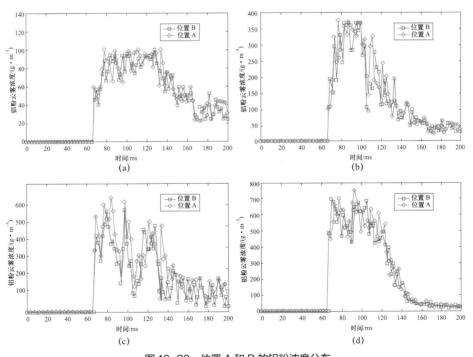

图 10-20　位置 A 和 B 的铝粉浓度分布

（a）100 g/m³ 铝粉分布状态；（b）300 g/m³ 铝粉分布状态；

（c）500 g/m³ 铝粉分布状态；（d）700 g/m³ 铝粉分布状态

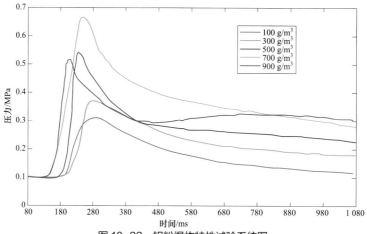

图 10-22　铝粉爆炸特性试验系统图

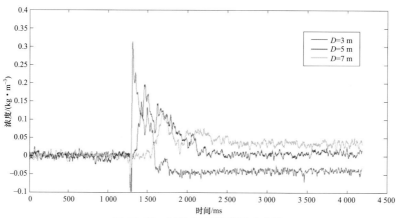

图 10-29　试验 1 浓度时间变化曲线

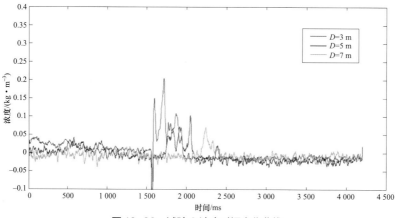

图 10-30　试验 2 浓度时间变化曲线

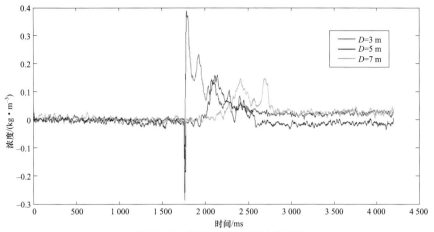

图 10-31　试验 3 浓度时间变化曲线

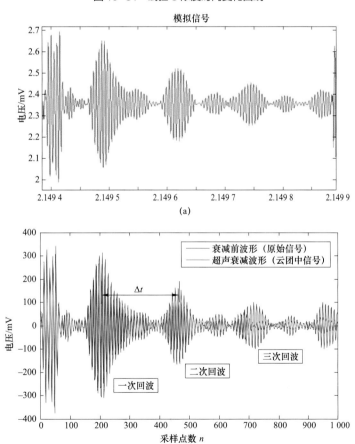

(a)

(b)

图 10-43　云团交会的特征信号与原始信号对比

（a）云团交会的特征信号；（b）原始信号

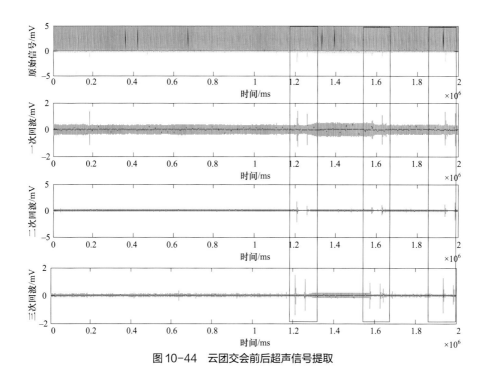

图 10-44　云团交会前后超声信号提取

图 12-10　基于超声衰减的浓度特征自适应提取

（a）脉冲超声原始波形；（b）脉冲超声频谱图；（c）脉冲超声中心频率提取；（d）浓度特征提取